高等学校计算机科学与技术专业系列教材

编译原理教程

（第五版）

主　编　李玉军　胡元义

副主编　邓亚玲　谈姝辰　赵明华

U0379256

西安电子科技大学出版社

内 容 简 介

本书系统地介绍了编译程序的设计原理及实现技术。在内容的组织上,本书强调知识的实用性,将编译的基本理论与具体的实现技术有机地结合起来,既注重了理论的完整性,化繁为简,又将理论融于具体的实例中,化难为易,以达到准确、清楚地阐述相关概念和原理的目的。在具体内容讲述中,思路清晰、条理分明,给出的示例丰富并具有实用性与连贯性,使读者对编译的各个阶段有一个全面、直观的认识。本书采用的算法全部由 C 语言描述,各章均附有习题。

本书可作为本科计算机专业的教材,也可作为计算机软件工程人员的参考资料。

图书在版编目(CIP)数据

编译原理教程 / 李玉军,胡元义主编. —5 版. —西安:
西安电子科技大学出版社,2021.7(2023.11 重印)
ISBN 978–7–5606–6076–9

Ⅰ. ①编…　　Ⅱ. ①李…　②胡…　　Ⅲ. ①编译程序—程序设计—高等学校—教材
Ⅳ. TP314

中国版本图书馆 CIP 数据核字(2021)第 103618 号

策　　划　马乐惠
责任编辑　陈　婷
出版发行　西安电子科技大学出版社(西安市太白南路 2 号)
电　　话　(029)88202421　88201467　　邮　　编　710071
网　　址　www.xduph.com　　　　　　电子邮箱　xdupfxb001@163.com
经　　销　新华书店
印刷单位　咸阳华盛印务有限责任公司
版　　次　2021 年 7 月第 5 版　2023 年 11 月第 24 次印刷
开　　本　787 毫米×1092 毫米　1/16　印　张　17
字　　数　400 千字
印　　数　83 501～87 500 册
定　　价　40.00 元

ISBN 978–7–5606–6076–9 / TP

XDUP 6378005–24

如有印装问题可调换

前　言

计算机语言之所以能由单一的机器语言发展到现今的数千种高级语言，就是因为有了编译技术。编译技术是计算机科学中发展得最成熟的一个分支，它集中体现了计算机发展的成果与精华。

"编译原理"是计算机专业的一门核心课程，在计算机本科教学中占有十分重要的地位。编译原理课程具有很强的理论性与实践性，读者学习起来普遍感到内容抽象、不易理解。为此，本书采取了由浅入深、循序渐进的方法来介绍编译原理的基本概念和实现方法。在内容的组织上，本书将编译的基本理论与具体的实现技术有机地结合起来，既注重了理论的完整性，化繁为简，又将理论融于具体的实例中，化难为易，以达到准确、清晰地阐述相关概念和原理的目的。除了各章节对理论阐述的条理性之外，书中给出的例子也具有实用性与连贯性，使读者对编译的各个阶段有一个全面、直观的认识，从而透彻地领悟编译原理的精髓。

本书立足于"看得懂、学得会、用得上"，以编译核心知识为纲，以实用实现技术为主，以丰富的示例实践为线，侧重于编译理论的具体实现。书中的算法全部采用 C 语言描述，文法也尽可能采用 C 语言的文法。

本书在前四版的基础上又做了进一步修改，增加了对并行编译技术的介绍，对第四版书中存在的不足之处进行了修订、补充和完善。

本书共分九章。第 1 章简要介绍了编译的基本概念。第 2 章介绍了词法分析的相关内容，主要涉及正规表达式与有限自动机。第 3 章主要介绍语法分析，首先简要地介绍了文法的有关概念，然后介绍了自顶向下语法分析方法——递归下降分析法和 LL(1) 分析法，最后介绍了自底向上语法分析方法——算符优先分析法和 LR 分析法。第 4 章介绍了语法制导翻译与中间代码生成的有关内容，给出了如何在语法分析的同时进行语义加工并产生出中间代码的方法。第 5 章介绍了代码优化的有关内容，主要涉及基本块优化和循环优化；此外，还增加了"全局优化概述"一节，以便读者对代码优化有一个全面、完整的了解。第 6 章介绍了程序运行时存储空间的组织。第 7 章讨论目标代码生成的有关内容，讲述了如何由中间代码产生出最终目标代码。第 8 章简要地介绍了符号表的组织与错误处理的方法。第 9 章概要地介绍了并行编译技术。

为了便于读者正确理解有关概念，各章配有一定数量的习题。这些习题大多选自本科生和研究生的考试试题，也包括作者结合多年教学实践经验设计出来的典型范例，力求使读者抓住重点、突破难点，进一步全面、深入地巩固所学知识。

由于水平所限，书中难免存在一些缺点和错误，恳请广大读者批评指正。

编　者
2021 年 3 月

前 言

目　　录

第1章 绪 论

　　计算机的诞生是科学发展史上的一个里程碑。经过半个多世纪的发展，计算机已经改变了人类生活、工作的各个方面，成为人类不可缺少的工具。计算机之所以能够如此广泛地被应用，应当归功于高级程序设计语言。计算机语言之所以能由最初单一的机器语言发展到现今数千种高级语言，就是因为有了编译程序。没有高级语言，计算机的推广应用是难以实现的；而没有编译程序，高级语言就无法使用。编译理论与技术也是计算机科学中发展得最迅速、最成熟的一个分支，它集中体现了计算机发展的成果与精华。

1.1　程序设计语言和编译程序

　　为了处理和解决实际问题，每一种计算机都可以实现其特定的功能，而这些功能是通过计算机执行一系列相应的操作来实现的。计算机所能执行的每一种操作对应为一条指令，计算机能够执行的全部指令集合就是该计算机的指令系统。

　　计算机硬件的器件特性决定了计算机本身只能直接接受由 0 和 1 编码的二进制指令和数据，这种二进制形式的指令集合称为该计算机的机器语言，它是计算机唯一能够直接识别并接受的语言。

　　用机器语言编写程序很不方便且容易出错，编写出来的程序也难以调试、阅读和交流。为此，出现了用助记符代替机器语言(二进制编码)的另一种语言，这就是汇编语言。汇编语言是建立在机器语言之上的，因为它是机器语言的符号化形式，所以较机器语言直观；但是计算机并不能直接识别这种符号化语言，用汇编语言编写的程序必须翻译成机器语言之后才能执行，这种“翻译”是通过专门的软件——汇编程序实现的。

　　尽管汇编语言与机器语言相比在阅读和理解上有了长足的进步，但其依赖具体机器的特性是无法改变的，这给程序设计增加了难度。随着计算机应用需求的不断增长，出现了更加接近人类自然语言的功能更强、抽象级别更高的面向各种应用的高级语言。高级语言已经从具体机器中抽象出来，摆脱了依赖具体机器的问题。用高级语言编制的程序几乎能够在不改动的情况下在不同种类的计算机上运行且不易出错，这是汇编语言难以做到的，但高级语言程序翻译(编译)成最终能够直接执行的机器语言程序其难度却大大增加了。

　　由于汇编语言和机器语言一样都是面向机器的，故相对于面向用户的高级语言来说，它们都被称为低级语言，而 FORTRAN、PASCAL、C、ADA、Java 这类面向应用的语言则称之为高级语言。因此，编译程序就是指这样一种程序，通过它能够将用高级语言编写的源程序转换成与之在逻辑上等价的低级语言形式的目标程序，见图 1-1。

　　一个高级语言程序的执行通常分为两个阶段，即编译阶段和运行阶段，如图 1-2 所示。

编译阶段将源程序变换成目标程序；运行阶段则由所生成的目标程序连同运行系统(数据空间分配子程序、标准函数程序等)接收程序的初始数据作为输入，运行后输出计算结果。

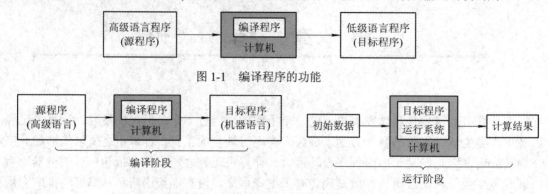

图 1-1　编译程序的功能

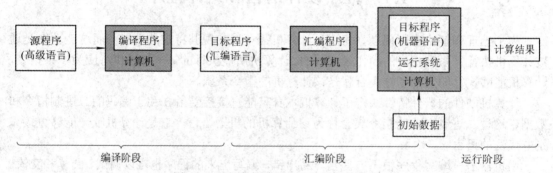

图 1-2　源程序的编译和运行阶段

如果编译生成的目标程序是汇编语言形式的，那么在编译与运行阶段之间还要添加一个汇编阶段，它将编译生成的汇编语言目标程序再经过汇编程序变换成机器语言目标程序，如图 1-3 所示。

图 1-3　源程序的编译、汇编和运行阶段

用高级语言编写的程序也可通过解释程序来执行。解释程序也是一种翻译程序，它将源程序作为输入，一条语句一条语句地读入并解释执行，如图 1-4 所示。解释程序与编译程序的主要区别是：编译程序将源程序翻译成目标程序后再执行该目标程序；而解释程序则逐条读出源程序中的语句并解释执行，即在解释程序的执行过程中并不产生目标程序。典型的解释型高级语言是 BASIC 语言。

图 1-4　解释程序解释执行过程示意

1.2　编译程序的历史及发展

20 世纪 40 年代，由于冯·诺伊曼在存储程序计算机方面的开创性工作，计算机可以执行编写的一串代码或程序，这些程序最初都是用机器语言(Machine Language)编写的。机器语言就是计算机能够执行的全部指令集合的二进制形式，例如：

C7 06 0000 0002

表示在 IBM PC 上使用的 Intel 8x86 处理器将数字 2 移至地址 0000(十六进制)的指令。用机器语言编写程序很不方便且容易出错，因此这种代码形式很快就被汇编语言(Assembly Language)取代。在汇编语言中，指令和存储地址都以符号形式给出。例如，汇编语言指令

MOV X, 2

就与前面的机器指令等价(假设符号存储地址 X 是 0000)。汇编程序(Assembler)再将汇编语言的符号代码和存储地址翻译成与机器语言相对应的二进制代码。汇编语言大大提高了编程的速度和准确性，至今人们仍在使用它，在有存储容量小和速度快的要求时尤其如此。但是，汇编语言依赖于具体机器的特性是无法改变的，这给编程和程序调试增加了难度。很明显，编程技术发展的下一个重要步骤就是用更简洁的数学定义或自然语言来描述和编写程序，它应与任何机器无关，而且也可通过一个翻译程序将其翻译为可在计算机上直接执行的二进制代码。例如，前面的汇编语言代码"MOV X, 2"可以写成一个简洁的与机器无关的形式"X=2"。

1954～1957 年，IBM John Backus 带领的一个研究小组对 FORTRAN 语言及其编译器进行了开发。但是，由于对编译程序的理论及技术研究刚刚开始，这个语言的开发付出了巨大的辛劳。与此同时，波兰语言学家 Noam Chomsky 开始了他的自然语言结构研究。Noam Chomsky 根据文法(Grammar,产生语言的规则)的难易程度及识别它们所需的算法对语言进行了分类，定义了 0 型、1 型、2 型和 3 型这四类文法及其相应的形式语言，并分别与相应的识别系统相联系。2 型文法(上下文无关文法, Context-free Grammar)被证明是程序设计语言中最有用的文法，它代表着目前程序设计语言结构的标准。Noam Chomsky 的研究结果最终使得编译器结构异常简单，甚至还具有自动化功能。有限自动机(Finite Automata)和正规表达式(Regular Expression)与上下文无关文法紧密相关，它们与 Noam Chomsky 的 3 型文法相对应，并引出了表示程序设计语言的单词符号形式。接着又产生了生成有效目标代码的方法——这就是最初的编译器，它们被沿用至今。随着对语法分析研究的深入，重点转移到对编译程序的自动生成的研究上。开发的这种程序最初被称为编译程序的编译器，但因为它们仅仅能够自动完成编译器的部分工作，所以更确切地应称为分析程序生成器(Parser Generator)；这些程序中最著名的是 Steve Johnson 在 1975 年为 UNIX 系统编写的语法分析器自动生成工具 YACC(Yet Another Compiler-Compiler)。类似地，有限自动机的研究也产生出另一种称为词法分析器自动生成工具(Scanner Generator)Lex。

20 世纪 70 年代后期和 80 年代初，大量的研究都关注于编译器其他部分的自动生成，其中包括代码生成。这些努力并未取得多少成功，这是由于这部分工作过于复杂，对其本质不甚了解，在此不再赘述。

现今编译器的发展包括了更为复杂的算法应用程序，它用于简化或推断程序中的信息，这又与具有此类功能的更为复杂的程序设计语言发展结合在一起。其中典型的有用于函数语言编译 Hindley-Milner 类型检查的统一算法。目前，编译器已经越来越成为基于窗口的交互开发环境(Interactive Development Environment，IDE)的一部分，这个开发环境包括了编辑器、链接程序、调试程序以及项目管理程序。尽管近年来对 IDE 进行了大量的研究，

但是基本的编译器设计在近 40 年中都没有多大的改变。

现代编译技术已转向并行编译的研究，由于本书重点是介绍经典的编译理论和技术，因此，对并行编译的发展仅做综述介绍。

1.3　编译过程和编译程序结构

编译程序的工作过程是指从输入源程序开始到输出目标程序为止的整个过程。此过程是非常复杂的。一般来说，整个编译过程可以划分成五个阶段：词法分析阶段、语法分析阶段、语义分析和中间代码生成阶段、优化阶段和目标代码生成阶段。

1．词法分析

词法分析的任务是输入源程序，对构成源程序的字符串进行扫描和分解，识别出一个个单词符号，如基本字(if、for、begin 等)、标识符、常数、运算符和界符(如"("、")"、"="、";")等，将所识别出的单词用统一长度的标准形式(也称内部码)来表示，以便于后继语法工作的进行。因此，词法分析工作是将源程序中的字符串变换成单词符号流的过程，词法分析所遵循的是语言的构词规则。

2．语法分析

语法分析的任务是在词法分析的基础上，根据语言的语法规则(文法规则)把单词符号流分解成各类语法单位(语法范畴)，如"短语"、"子句"、"句子(语句)"、"程序段"和"程序"。通过语法分析可以确定整个输入串是否构成一个语法上正确的"程序"。语法分析所遵循的是语言的语法规则，语法规则通常用上下文无关文法描述。

3．语义分析和中间代码生成

语义分析和中间代码生成的任务是对各类不同语法范畴按语言的语义进行初步翻译，包含两个方面的工作：一是对每种语法范畴进行静态语义检查，如变量是否定义、类型是否正确等；二是在语义检查正确的情况下进行中间代码的翻译。注意，中间代码是介于高级语言的语句和低级语言的指令之间的一种独立于具体硬件的记号系统，它既有一定程度的抽象，又与低级语言的指令十分接近，因此转换为目标代码比较容易。把语法范畴翻译成中间代码所遵循的是语言的语义规则，常见的中间代码有四元式、三元式、间接三元式和逆波兰记号等。

4．优化

优化的任务主要是对前阶段产生的中间代码进行等价变换或改造(另一种优化是针对目标机即对目标代码进行优化)，以期获得更为高效(节省时间和空间)的目标代码。常用的优化措施有删除冗余运算、删除无用赋值、合并已知量、循环优化等。例如，其值并不随循环而发生变化的运算可提到进入循环前计算一次，而不必在循环中每次循环都进行计算。优化所遵循的原则是程序的等价变换规则。

5．目标代码生成

目标代码生成的任务是把中间代码(或经优化处理之后)变换成特定机器上的机器语言程序或汇编语言程序，实现最终的翻译工作。最后阶段的工作因为目标语言的关系而十分依赖硬件系统，即如何充分利用机器现有的寄存器，合理地选择指令，生成尽可能短且有效的目标代码，这些都与目标机器的硬件结构有关。

上述编译过程的五个阶段是编译程序工作时的动态特征，编译程序的结构可以按照这五个阶段的任务分模块进行设计。编译程序的结构示意如图 1-5 所示。

编译过程中源程序的各种信息被保留在不同的表格里，编译各阶段的工作都涉及构造、查找或更新有关的表格，编译过程的绝大部分时间都用在造表、查表和更新表格的事务上，因此，编译程序中还应包括一个表格管理程序。

出错处理与编译的各个阶段都有联系，与前三个阶段的联系尤为密切。出错处理程序应在发现错误后，将错误的有关信息如错误类型、出错地点等向用户报告。此外，为了尽可能多地发现错误，应在发现错误后还能继续编译下去。

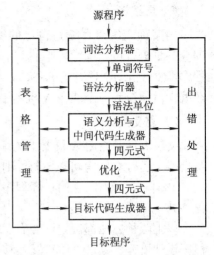

图 1-5 编译程序的结构示意

一个编译过程可分为一遍、两遍或多遍完成，每一遍完成所规定的任务。例如，第一遍只完成词法分析的任务，第二遍完成语法分析和语义加工工作并生成中间代码，第三遍再实现代码优化和目标代码生成。当然，也可一遍即完成整个编译工作。至于一个编译程序究竟应分为几遍，如何划分，这和源程序语言的结构与目标机器的特征有关。分多遍完成编译过程可以使整个编译程序的逻辑结构更清晰，但遍数多势必增加读写中间文件的次数，从而消耗过多的时间。

1.4 编译程序的开发

由于计算机语言功能的完善、硬件结构的发展、环境界面的友好等都对编译程序提出了更多、更高的要求，因而构造一个编译系统并非易事。虽然编译理论和编译技术的不断发展已使编译程序的生产周期不断缩短，但是要研制完成一个编译程序仍需要相当长的时间，工作也相当艰巨。因此，如何高效、高质量地生成一个编译程序一直是计算机系统设计人员追求的目标。

编译程序的任务是把源程序翻译成某台计算机上的目标程序，因此，开发人员首先要熟悉这种源程序语言，对源程序语言的语法和语义要有准确无误的理解。此外，开发人员还需确定编译程序的开发方案及方法，这是编译开发过程中最关键的一步，其作用是使编译程序具有易读性和易改性，以便将来对编译程序的功能进行更新和扩充。选择合适的语言编写编译程序也是非常重要的，语言选择不当会使开发出来的编译程序的可靠性变差，难以维护且质量也无法保证。目前大部分编译程序都是用 C 语言之类的高级语言编写的，这不仅减少了开发的工作量，也缩短了开发周期。最后，开发人员对目标机要有深入的研究，这样才能充分利用目标机的硬件资源和特点，产生质量较高的目标程序。

编译程序的开发常常采用自编译、交叉编译、自展和移植等技术实现。

1. 自编译

用某种高级语言编写自己的编译程序称为自编译。例如，假定 A 机器上已有一个 PASCAL 语言可以运行，则可以用 PASCAL 语言编写出一个功能更强的 PASCAL 语言编译程序，然后借助于原有的 PASCAL 编译程序对新编写的 PASCAL 编译程序进行编译，从而在编译后即得到一个能在 A 机器上运行的功能更强的 PASCAL 编译程序。

2. 交叉编译

交叉编译是指用 A 机器上的编译程序来产生可在 B 机器上运行的目标代码。例如，若 A 机器上已有 C 语言可以运行，则可用 A 机器中的 C 语言编写一个编译程序，它的源程序是 C 语言程序，而产生的目标程序则是基于 B 机器的，即能够在 B 机器上执行的低级语言程序。

以上两种方法都假定已经有了一个系统程序设计语言可以使用，若没有可使用的系统程序设计语言，则可采用自展或移植的方法来开发编译程序。

3. 自展

自展的方法是：首先确定一个非常简单的核心语言 L_0，然后用机器语言或汇编语言编写出它的编译程序 T_0；再把语言 L_0 扩充到 L_1，此时有 $L_0 \subset L_1$，并用 L_0 编写 L_1 的编译程序 T_1(即自编译)；然后再把语言 L_1 扩充为 L_2，此时有 $L_1 \subset L_2$，并用 L_1 编写 L_2 的编译程序 T_2……这样不断扩展下去，直到完成所要求的编译程序为止。

4. 移植

移植是指 A 机器上的某种高级语言的编译程序稍加改动后能够在 B 机器上运行。一个程序若能较容易地从 A 机器上搬到 B 机器上运行，则称该程序是可移植的。移植具有一定的局限性。

用系统程序设计语言来编写编译程序虽然缩短了开发周期并提高了编译程序的质量，但实现的自动化程度不高。实现编译程序的最高境界是能够有一个自动生成编译程序的软件工具，只要把源程序的定义以及机器语言的描述输入到该软件中，就能自动生成这个语言的编译程序，如图 1-6 所示。

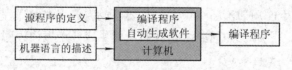

图 1-6　编译程序自动生成示意

计算机科学家和软件工作者为了实现编译程序的自动生成进行了大量研究工作，随着形式语言学研究的发展和编译程序自动生成工作的进展，已经出现了一些编译程序中某一部分的自动生成系统，如 UNIX 操作系统下的软件工具 Lex 和 YACC 等。

1.5　构造编译程序所应具备的知识内容

要在某一台机器上为某种语言构造一个编译程序，必须掌握下述三方面的内容。

(1) 对被编译的源语言(如 C、PASCAL 等)，要深刻理解其结构(语法)和含义。例如，下面的 for 循环语句：

```
for(i=1;i<=10+i;i++)
    x=x+1;
```

就存在对循环终值的理解问题。一种理解是以第一次进入 for 循环的 i 值计算出循环终值，此循环终值在循环中不再改变，也即循环终值为 11；而另一种理解则是循环终值表达式 10+i 中的 i 值随循环在不断地改变，此时 for 语句将出现死循环。如 TURBO PASCAL 就是按第一种语义进行翻译的，而 TURBO C 和 VC++6.0 则是按第二种语义进行翻译的。此外，如果出了循环后还要引用 i 值，那么这个 i 值究竟是循环终值还是循环终值加 1？因此，对语义的不同理解可以得到不同的编译程序。

其次，C 语言中的 for 循环语句还可以写成下面的形式：

```
for ( i=0, j=5; i<3, j>0; i++, j-- )
    printf ("%d,%d\n", i, j );
```

逗号表达式"i<3,j>0"作为循环终值表达式，C 语言规定该表达式的值取逗号表达式中最右一个表达式的值，因此当 i 值为 3 时循环并不终止，只有当 j 值为 0 时循环才结束。不了解 C 语言的逗号表达式的功能就会得到错误的运行结果。

此外，下面 C 语言的函数：

```
#include<stdio.h>
int f(int x,int y)
{
    return x+y;
}
void main()
{
    int i=3;
    printf("%d\n",f(i,++i));
}
```

C 编译程序对函数参数传递的处理是由右向左进行的，因此，先传递的是第二个参数++i，即 i 值先进行自增，由 3 变为 4，也即这时函数 f 的两个实参的值都为 4，最终程序的运行结果是 8，而不是 7。不了解 C 语言的函数传递方式就很容易得到错误的结果。

即使是同一个 C 语言语句，不同版本的编译系统翻译的结果也是不一样的。例如：

```
i=3;
k=(++i)+(++i)+(++i);
```

对 VC++ 6.0 版本的 C 语言来说，执行语句"k=(++i)+(++i)+(++i);"的过程是先执行前两个"++i"，即先对 i 进行两次自增，i 值变为 5，然后相加得到 10；接下来再将这个 10 与第三个"++i"相加，也是先对 i 进行自增，其值由 5 变为 6，最后 10 加 6 得到 16，所以 k 值最终为 16。对 Turbo C 版本的 C 语言来说，执行语句"k=(++i)+(++i)+(++i);"的过程是先执行三次"++i"，即先对 i 进行三次自增，i 值变为 6，然后再将自增后的三个 i 值相加，其结果为 18，所以 k 值最终为 18。也即，不同的 C 编译程序给出了不同的解释。

(2) 必须对目标机器的硬件和指令系统有深刻的了解。例如，两个数相加的指令在

8086/8088 汇编中假定用下面两种指令实现：

   ADD AX，06 或 ADD BX，06

粗略看来，这两条加法指令除了寄存器不同外没有本质上的差别，其实不然。由于 AX 是累加器，因此，从机器指令的代码长度来说(见附录 1)，第一条指令比第二条指令节省一个字节。此外，从 PC 硬件结构来看，AX 本身就是累加器且相加的结果也在累加器中，这就节省了传送的时间；而第二条指令则先要将 BX 中的值送到累加器中，相加后又要从累加器中取出结果再送回寄存器 BX 中。显然，第二条指令要比第一条指令费时，因此，在可能的情况下，应尽量生成像第一条指令这样的目标代码。

  (3) 必须熟练掌握编译方法，编译方法掌握的如何将直接影响到编译程序的成败，一个好的编译方法可能得到事半功倍的效果。

  由于编译程序是一个极其复杂的系统，故在讨论中只好把它分解开来，一部分一部分地进行研究。在学习编译程序的过程中，应注意前后联系，切忌用静止的、孤立的观点看待问题；作为一门技术课程，学习时还必须注意理论联系实际，多练习、多实践。

习　题　1

  1.1 完成下列选择题：

(1) 下列叙述中正确的是_____。

  A．编译程序是将高级语言程序翻译成等价的机器语言程序的程序

  B．机器语言因其使用过于困难，所以现在计算机根本不使用机器语言

  C．汇编语言是计算机唯一能够直接识别并接受的语言

  D．高级语言接近人们的自然语言，但其依赖具体机器的特性是无法改变的

(2) 将编译程序分成若干个"遍"是为了_____。

  A．提高编译程序的执行效率

  B．使编译程序的结构更加清晰

  C．利用有限的机器内存并提高机器的执行效率

  D．利用有限的机器内存但降低了机器的执行效率

(3) 构造编译程序应掌握_____。

  A．源程序   B．目标语言

  C．编译方法   D．以上三项

(4) 编译程序绝大多数时间花在_____上。

  A．出错处理   B．词法分析

  C．目标代码生成   D．表格管理

(5) 编译程序是对_____。

  A．汇编程序的翻译   B．高级语言程序的解释执行

  C．机器语言的执行   D．高级语言的翻译

  1.2 计算机执行用高级语言编写的程序有哪些途径？它们之间主要区别是什么？

  1.3 请画出编译程序的总框图。如果你是一个编译程序的总设计师，设计编译程序时应当考虑哪些问题？

第 2 章 词 法 分 析

词法分析是编译的第一个阶段，其任务是：从左至右逐个字符地对源程序进行扫描，产生一个个单词符号，把字符串形式的源程序改造成为单词符号串形式的中间程序。执行词法分析的程序称为词法分析程序，也称为词法分析器或扫描器。词法分析器的功能是输入源程序，输出单词符号。

词法分析可以采用如下两种处理结构：

(1) 把词法分析程序作为主程序。将词法分析工作作为独立的一遍来完成，即把词法分析与语法分析明显分开，由词法分析程序将字符串形式的源程序改造成单词符号串形式的中间程序，以这个中间程序作为语法分析程序的输入。在这种处理结构中，词法分析和语法分析是分别实现的，如图 2-1(a) 所示。

(2) 把词法分析程序作为语法分析程序调用的子程序。在进行语法分析时，每当语法分析程序需要一个单词时便调用词法分析程序，词法分析程序每一次调用便从字符串源程序中识别出一个单词交给语法分析程序。在这种处理结构中，词法分析和语法分析实际上是交替进行的，如图 2-1(b) 所示。

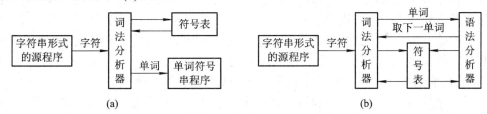

图 2-1　词法分析的两种处理结构

(a) 词法分析程序作为主程序；(b) 词法分析程序作为子程序

由于把词法分析器安排成一个子程序比较自然，因此，词法分析程序通常采用第二种处理结构。

2.1　词法分析器的设计方法

2.1.1　单词符号的分类与输出形式

1. 单词符号分类

词法分析程序简单地说就是读单词程序，该程序扫描用高级语言编写的源程序，将源程序中由单词符号组成的字符串分解出一个个单词来。因此，单词符号是程序语言的基本语法单位，具有确定的语法意义。程序语言的单词符号通常可分为下面五种。

(1) 保留字(也称基本字)：如 C 语言中的 if、else、while 和 do 等，这些字保留了语言所规定的含义，是编译程序识别各类语法成分的依据。几乎所有程序语言都限制用户使用保留字来作为标识符。

(2) 标识符：用来标记常量、数组、类型、变量、过程或函数名等，通常由用户自己定义。

(3) 常数：包括各种类型的常数，如整型常数 386、实型常数 0.618、布尔型常数 TRUE 等。

(4) 运算符：如"+"、"−"、"*"、"/"、">"、"<"等。

(5) 界符：在语言中是作为语法上的分界符号使用的，如"，"、"；"、"("、")"等。

注意：一个程序语言的保留字、运算符和界符的个数是确定的，而标识符或常数的使用则不限定个数。

2．词法分析程序输出单词的形式

我们知道，词法分析程序的输入是源程序字符串，而输出是与源程序等价的单词符号序列，并且所输出的单词符号通常表示成如下的二元式：

(单词种别，单词自身的值)

(1) 单词种别。单词种别表示单词的种类，它是语法分析所需要的信息。一个语言的单词符号如何划分种类、分为几类、如何编码都属于技术性问题，主要取决于处理上的方便。通常让每种单词对应一个整数码，这样可最大限度地把各个单词区别开来。对于保留字，可将其全体视为一种，也可一字一种，采用一字一种的分类方法处理起来比较方便；标识符一般统归为一种；常数可统归为一种，也可按整型、实型、布尔型等分为几种；运算符和界符可采用一符一种的分法，也可统归为一种。

(2) 单词自身的值。单词自身的值是编译中其它阶段所需要的信息。对于单词符号来说，如果一个种别只含有一个单词符号，那么对于这个单词符号，其种别编码就完全代表了它自身的值。如果一个种别含有多个单词符号，那么对于它的每个单词符号，除了给出种别编码之外还应给出单词符号自身的值，以便把同一种类的不同单词区别开来。注意，标识符自身的值就是标识符自身的字符串，而常数自身的值是常数本身的二进制数值。此外，我们也可用指向某类表格中一个特定项目的指针来区分同类中的不同单词。例如，对于标识符，可以用它在符号表的入口指针作为它自身的值；而常数也可用它在常数表的入口指针作为它自身的值。

2.1.2　状态转换图

在词法分析中，可以用状态转换图来识别单词。状态转换图是有限的有向图，结点代表状态，用圆圈表示；结点之间可由有向边连接，有向边上可标记字符。例如，图 2-2 表示在状态 i 下，若输入字符为 x，则读入 x 并转换到状态 j；若输入字符为 y，则读入 y 并转换到状态 k。

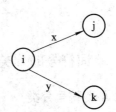

图 2-2　不同输入字符的状态转换

状态(即结点)数是有限的，其中必有一初始状态以及若干终止状态，终止状态(终态)的结点用双圈表示以区别于其它状态。图 2-3 给出了用于识别标识符、无符号整数、无符号数的状态转换图，其初始状态均用 0 状态表示。

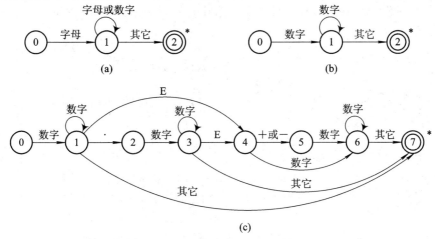

图 2-3　标识符及无符号数的状态转换图

(a) 标识符；(b) 无符号整数；(c) 无符号数

当到达一类单词符号的终止状态时即可给出相应的单词编码。某些终止状态是在读入了一个其它不属于该单词的符号后才得到相应的单词编码的，这表明在识别单词的过程中多读入了一个符号，所以识别出单词后应将最后多读入的这个符号予以回退；我们对此类情况的处理是在终态上以"*"作为标识。

对于不含回路的分支状态来说，可以让它对应一个 switch() 语句或一组 if-else 语句。例如，图 2-4(a) 的状态 i 所对应的 switch 语句如下：

```
s=getchar( );
switch(s)
{   case 'a':
    case 'b':
     …
    case 'z':
     … ;                        //实现状态 j 功能的语句
    case '0':
    case '1':
     …
    case '9':
     … ;                        //实现状态 k 功能的语句
}
```

对于含回路的状态来说，可以让它对应一个 while 语句。例如，图 2-4(b) 的状态 i 所对应的 while 语句如下：

```
getchar( );
```

```
while( letter( )||digit( ))
    getchar( );
…;                          //实现状态 j 功能的语句
```

终态一般对应一个 return( )语句。return 意味着从词法分析器返回到调用段，一般指返回到语法分析器。

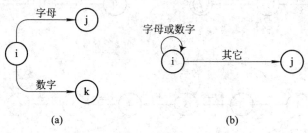

(a)   (b)

图 2-4   含有分支或回路的状态示意

(a) 含分支的状态 i；(b) 含回路的状态 i

2.2   一个简单的词法分析器示例

2.2.1   C 语言子集的单词符号表示

一个非常重要的事实是：大多数程序语言的单词符号都可以用状态转换图予以识别。作为一个综合例子，我们来构造一个 C 语言子集的简单词法分析器。表 2.1 列出了这个 C 语言子集的所有单词符号以及它们的种别编码和内码值。由于直接使用整数编码不利于记忆，故该例中用一些特殊符号来表示种别编码。

表 2.1   C 语言子集的单词符号及内码值

单词符号	种别编码	助记符	内码值
while	1	while	—
if	2	if	—
else	3	else	—
switch	4	switch	—
case	5	case	—
标识符	6	id	id 在符号表中的位置
常数	7	num	num 在常数表中的位置
+	8	+	—
−	9	−	—
*	10	*	—
<=	11	relop	LE
<	11	relop	LT
==	11	relop	EQ
=	12	=	—
;	13	;	—

2.2.2　C 语言子集对应的状态转换图

在设计的状态转换图中，首先对输入串做预处理，即剔除多余的空白符(在实际的词法分析中，预处理还包括剔除注释和制表换行符等编辑性字符的工作)，使词法分析工作既简单又清晰。其次，将保留字作为一类特殊的标识符来处理，也即对保留字不专设对应的状态转换图，当转换图识别出一个标识符时就去查对表 2.1 的前五项，确定它是否为一个保留字。当然，也可以专设一个保留字表来进行处理。

图 2-5 就是对应表 2.1 这个简单词法分析的状态转换图。

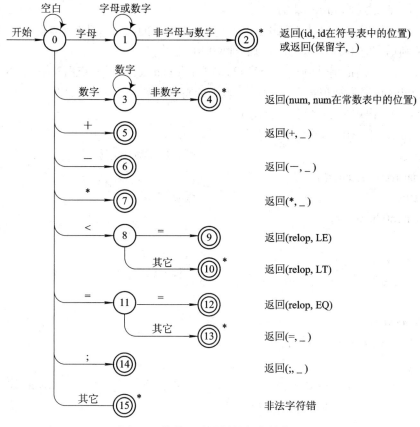

图 2-5　简单词法分析的状态转换图

注意：在状态 2 时，所识别出的标识符应先与表 2.1 的前五项逐一比较，若匹配，则该标识符是一个保留字，否则就是标识符。如果是标识符，应先查符号表，看表中是否有此标识符。若表中无此标识符，则将它登录到符号表中，然后返回其在符号表中的入口指针(地址)作为该标识符的内码值；若表中有此标识符，则给出重名错误信息。在状态 4 时，应将识别的常数转换成二进制常数并将其登录到常数表中，然后返回其在常数表中的入口指针作为该常数的内码值。

2.2.3　状态转换图的实现

状态转换图非常容易用程序实现，最简单的办法是让每个状态对应一小段程序。对于

图 2-5 所示的状态转换图，我们首先引进一组变量和函数如下：

(1) character：字符变量，存放最新读入的源程序字符。

(2) token：字符数组，存放构成单词符号的字符串。

(3) getbe( )：若 character 中的字符为空白，则调用 getchar( )，直至 character 为非空白字符为止。

(4) concatenation( )：将 token 中的字符串与 character 中的字符连接并作为 token 中新的字符串。

(5) letter( )和 digit( )：判断 character 中的字符是否为字母和数字的布尔函数，是则返回 true(即 1)，否则返回 false(即 0)。

(6) reserve( )：按 token 数组中的字符串查表 2.1 中的前五项(即判别其是否为保留字)，若是保留字则返回它的种别编码，否则返回 0 值。

(7) retract( )：扫描指针回退一个字符，同时将 character 置为空白。

(8) buildlist( )：将标识符登录到符号表中或将常数登录到常数表中。

(9) error( )：出现非法字符，显示出错信息。

相对于图 2-5 的词法分析器构造如下：

```
token=' ';                    //对 token 数组初始化
character=getchar( );
getbe( );                     //滤除空格
switch(character)
{
    case 'a':
    case 'b':
    …
    case 'z':
        while( letter( ) ‖ digit( ))
        {
            concatenation( );        //将当前读入的字符送入 token 数组
            character =getchar( );
        }
        retract( );              //扫描指针回退一个字符
        c=reserve( );
        if(c==0)
        {
            buildlist( );            //将标识符登录到符号表中
            return(id,指向 id 的符号表入口指针);
        }
        else
            return(C 语言子集中的保留字种别编码,null);
        break;
```

```
case '0':
case '1':
    …
case '9':
        while(digit( ))
        {
            concatenation( );
            character=getchar( );
        }
        retract( );
        buildlist( );                    //将常数登录到常数表中
        return(num, num 的常数表入口指针);
        break;
case '+':
        return('+', null);
        break;
case '−':
        return('−', null);
        break;
case '*':
        return('*', null);
        break;
case '<':
        character=getchar( );
        if(character=='=')
                return(relop, LE);
        else
        {
            retract( );
            return(relop, LT);
        }
        break;
case '=':
        character=getchar( );
        if(character== '=')
            return(relop, EQ);
        else
        {
            retract( );
```

```
                return('=', null);
            }
            break;
        case ';':
            return(';', null);
            break;
    default:
        error( );
    }
```

2.3　正规表达式与有限自动机简介

2.3.1　正规表达式与正规集

　　状态转换图对构造词法分析程序是行之有效的，为了便于词法分析器的自动生成，还须将状态转换图的概念加以形式化。正规表达式就是一种形式化的表示法，它可以表示单词符号的结构，从而精确地定义单词符号集。正规表达式简称为正规式，它表示的集合即为正规集。

　　为了理解正规式与正规集的含义，我们以程序语言中的标识符为例予以说明。程序语言中使用的标识符是一个以字母开头的字母数字串，如果字母用 letter 表示，数字用 digit 表示，则标识符可表示为

　　　　letter(letter | digit)*

其中，letter 与 (letter | digit)* 的并置表示两者的连接；括号中的"|"表示 letter 或 digit 两者选一；"*"表示零次或多次引用由"*"标记的表达式；(letter | digit)*是 letter | digit 的零次或多次并置，即表示一长度为 0、1、2、…的字母数字串；letter(letter | digit)*表示以字母开头的字母数字串，也即标识符集。letter(letter | digit)*就是表示标识符的正规式，而标识符集就是这个正规式所表示的正规集。

　　对于给定的字母表Σ，正规式和正规集的递归定义如下：

　　(1) ε 和 Φ 都是Σ上的正规式，它们所表示的正规集分别为{ ε }和Φ。

　　(2) 对任一个 a∈Σ，a 是Σ上的一个正规式，它所表示的正规集为{a}。

　　(3) 如果 R 和 S 是Σ上的正规式，它们所表示的正规集分别为 L(R) 和 L(S)，则：

　　① R | S 是Σ上的正规式，它所表示的正规集为 L(R)∪L(S)；

　　② R · S 是Σ上的正规式，它所表示的正规集为 L(R)L(S)；

　　③ (R)* 是Σ上的正规式，它所表示的正规集为 (L(R))*；

　　④ R 也是Σ上的正规式，它所表示的正规集为 L(R)。

　　(4) 仅由有限次使用规则(1)～(3)得到的表示式是Σ上的正规式，它所表示的集合是Σ上的正规集。

　　在上述定义中，规则(1)、(2)为基础规则，规则(3)为归纳规则，规则(4)是界限规则或终

止规则。此外，Σ 上的一个字是指由 Σ 中的字符所构成的一个有穷序列；不包含任何字符的序列称为空字，用 ε 表示。我们用 Σ^* 表示 Σ 上所有字的全体，则空字 ε 也在其中。例如，若 Σ = {a,b}，则 Σ^* = {ε,a,b,aa,ab,ba,bb,aaa,…}。我们还用 Φ 表示不含任何元素的空集{}。这里需要注意 ε、{}和{ε}的区别：{ε}是由空字组成的集合，而{}则表示不含任何字的集合。

正规式间的运算符"|"表示或，"•"表示连接(通常可省略)，"*"表示闭包，使用括号可以改变运算的次序。如果规定"*"优先于"•"，"•"优先于"|"，则在不出现混淆的情况下括号也可以省去。注意，Σ^* 的正规式 R 和 S 的连接可以形式化地定义为

$$RS = \{\alpha\beta \mid \alpha \in R \,\&\, \beta \in S\}$$

即集合 RS 中的字是由 R 和 S 中的字连接而成的，且 R 自身的 n 次连接记为

$$R^n = \underbrace{RR\cdots R}_{n\,个}$$

我们规定 $R^0 = \{\varepsilon\}$，并令 $R^* = R^0 \cup R^1 \cup R^2 \cup R^3 \cup \cdots$，则称 R^* 是 R 的闭包；此外，令 $R^+ = RR^*$，并称 R^+ 是 R 的正则闭包。闭包 R^* 中的每个字都是由 R 中的字经过有限次连接而生成的。

对于 Σ 上的正规式 R 和 S，如果它所表示的正规集 L(R)=L(S)，则称 R 和 S 等价并记为 R=S。不难证明，正规式具有下列性质：

(1) 交换律：R | S = S | R。

(2) 结合律：R | (S | T) = (R | S) | T;　　　R(ST) = (RS)T。

(3) 分配律：R(S | T) = RS | RT;　　　(R | S)T = RT | ST。

(4) 同一律：εR = Rε = R。

例 2.1　令 Σ = {a,b}，设 R=a(a | b)* 是 Σ 上的正规式，试求其表示的正规集。

[解答]　L(R)=L(a(a | b)*)=L(a)L((a | b)*)=L(a)(L(a | b))*=L(a)(L(a) ∪ L(b))*
　　　　　={a}({a} ∪ {b})*={a}{a,b}*={a}{ε,a,b,aa,ab,ba,bb,aaa,…}
　　　　　={a,aa,ab,aaa,aab,aba,abb,aaaa,…}

例 2.2　判断下述正规式之间是否等价：

(1) (a | b)* 与 a* | b*　　　(2) (ab)* 与 a*b*　　　(3) (a | b)* 与 (a*b*)*

[解答]　(1) (a | b)* 对应的正规集其 a、b 可任意交替出现，如 abbaaaba…；而 (a* | b*) 对应的正规集只可出现任意个 a 或者任意个 b；因此两者不等价。

(2) (ab)* 对应的正规集是以任意个 ab 对出现的，即 ababab…；而 a*b* 对应的正规集则是先出现任意个 a 后接任意个 b，即 a…ab…b；因此两者不等价。

(3) 由于 (a | b)* 对应的正规集其 a、b 可任意交替出现，如 aababbb；而 (a*b*)* 可采用如下构造方法得到字 aababbb：

$$(a^*b^*)^2 = (a^*b^*)^0 \cup (a^2b^1)^1 \cup (a^1b^3)^2 = aababbb$$

反之，对 (a*b*)* 产生的任意字也可由 (a | b)* 得到，即两者是等价的。

例 2.3　证明：设 $L(a^+) = \{a\}^* - \{\varepsilon\}$，则有 $a^+ = aa^*$。

[证明]　$L(a^+) = \{a\}^* - \{\varepsilon\} = \{\varepsilon, a, a^2, a^3, \cdots\} - \{\varepsilon\}$
　　　　　$= \{a, a^2, a^3, \cdots\} = \{a\} \cdot \{\varepsilon, a, a^2, \cdots\}$
　　　　　$= \{a\}\{a\}^* = L(a)L(a^*) = L(aa^*)$

故　　　　　　　　　　　$a^+ = aa^*$

2.3.2　有限自动机

有限自动机(FA)是更一般化的状态转换图，它分为确定有限自动机 DFA 和非确定有限自动机 NFA 两种。

1．确定有限自动机(DFA)

一个确定的有限自动机 M_d(记为 DFA M_d)是一个五元组 $M_d = (S，\Sigma，f，s_0，Z)$，其中：

(1)　S 是一个有限状态集，它的每一个元素称为一个状态。

(2)　Σ 是一个有穷输入字母表，它的每一个元素称为一个输入字符。

(3)　f 是一个从 $S \times \Sigma$ 到 S 的单值映射，即 $f(s_i，a) = s_j$ 且有 s_i、$s_j \in S$ 和 $a \in \Sigma$。

(4)　$s_0 \in S$，是唯一的一个初态。

(5)　$Z \subset S$，是一个终态集。

注意：$f(s_i，a) = s_j$ 表示当前状态为 s_i 且输入字符为 a 时，自动机将转换到下一个状态 s_j，也即 s_j 称为 s_i 的一个后继状态。状态转换函数 f 是单值函数，$f(s_i, a)$ 唯一确定了下一个要转换的状态，即由每个状态发出的有向边(输出边)上所标记的输入字符各不相同。

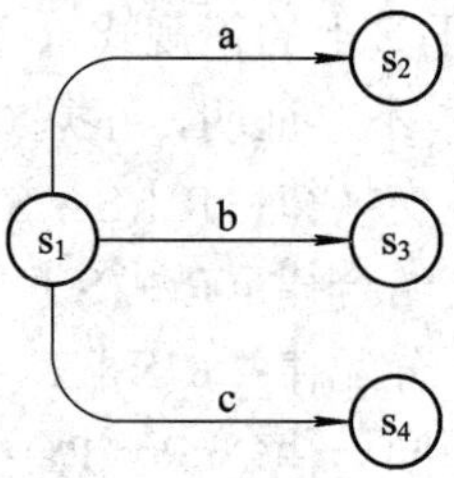

例如，对图 2-6 所给出的状态 s_1 有：

$$f(s_1, a) = s_2$$
$$f(s_1, b) = s_3$$
$$f(s_1, c) = s_4$$

因此，f 是单值映射函数。

图 2-6　DFA 的状态转换示意

2．非确定有限自动机(NFA)

一个非确定有限自动机 M_n(记为 NFA M_n)是一个五元组 $M_n = (S，\Sigma，f，Q，Z)$，其中：

(1)　S、Σ、Z 的意义与 DFA 相同。

(2)　f 是一个从 $S \times \Sigma^*$ 到 S 的子集映射。

(3)　$Q \subset S$，是一个非空初态集。

NFA 和 DFA 的区别主要有两点：其一是 NFA 可以有若干个初始状态，而 DFA 仅有一个初始状态；其二是 NFA 的状态转换函数 f 不是单值函数，而是一个多值函数，即 $f(s_i, a) = \{$某些状态的集合$\}(s_i \in S)$，它表示不能由当前状态和当前输入字符唯一地确定下一个要转换的状态，也即允许同一个状态对同一个输入字符可以有不同的输出边。

例如，对图 2-7 所给出的状态 s_1 有：

$$f(s_1, a) = \{s_1, s_2, s_3\}$$

即 f 是一个从 $S \times \Sigma^*$ 到 S 的子集映射；Σ^* 表示输出边上所标记的不仅是字符，也可以是字。此外，NFA 还允许 $f(s_1, \varepsilon) = \{$某些状态的集合$\}$，即在 NFA 的状态转换图中输出边上的标记还可是 ε(空字)。

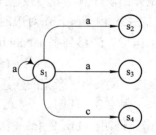

图 2-7　NFA 的状态转换示意

3．状态转换图与状态转换矩阵

DFA 和 NFA 都可以用状态转换图表示。假定 DFA(或 NFA)有 m 个状态、n 个输入字符 (或字)，则这个状态转换图含有 m 个状态，每个状态最多有 n 条输出边与其它状态相连接，每一条输出边用 Σ(或 Σ^*)中的一个不同的输入字符(或一个输入字)作标记，整个图含有唯一一个初态(或多个初态)和若干个终态。

DFA 和 NFA 也可以用状态转换矩阵表示。状态转换矩阵的行表示状态，列表示输入符号，矩阵元素表示 $f(s_i, a)$ 的值。

例 2.4 假定 DFA $M_d = (\{s_0, s_1, s_2\}, \{a, b\}, f, s_0, \{s_2\})$，且有：

$$f(s_0, a) = s_1 \qquad\qquad f(s_0, b) = s_2$$
$$f(s_1, a) = s_1 \qquad\qquad f(s_1, b) = s_2$$
$$f(s_2, a) = s_2 \qquad\qquad f(s_2, b) = s_1$$

试给出 DFA M_d 的状态转换图与状态转换矩阵。

[解答] DFA M_d 的状态转换图见图 2-8，状态转换矩阵见表 2.2。

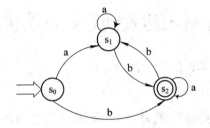

图 2-8 例 2.4 的 DFA M_d 状态转换图

表 2.2 状态转换矩阵

状态 ＼ 字符	a	b
s_0	s_1	s_2
s_1	s_1	s_2
s_2	s_2	s_1

例 2.5 假定 NFA $M_n = (\{s_0, s_1, s_2\}, \{a,b\}, f, \{s_0, s_2\}, \{s_1\})$，且有：

$$f(s_0, a) = \{s_2\} \qquad\qquad f(s_0, b) = \{s_0, s_1\}$$
$$f(s_1, a) = \Phi \qquad\qquad f(s_1, b) = \{s_2\}$$
$$f(s_2, a) = \Phi \qquad\qquad f(s_2, b) = \{s_1\}$$

试给出 NFA M_n 的状态转换图与状态转换矩阵。

[解答] NFA M_n 的状态转换图见图 2-9，状态转换矩阵见表 2.3。

对于 FA M 和任一 Σ 上的字符串 α(即 $\alpha \in \Sigma^*$)，如果存在一条从初始状态到终止状态的通路，通路上有向边(输出边)所标识的字符依次连接所得到的字符串恰为 α，则称 α 可以为 FA M 所接受或称 α 为 FA M 所识别。FA M 所能识别的字符串集称为 FA M 所识别的语言，记为 L(M)。

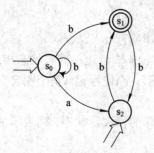

图 2-9 例 2.5 的 NFA M_n 的状态转换图

表 2.3 状态转换矩阵

状态 \\ 字	a	b
s_0	$\{s_2\}$	$\{s_0, s_2\}$
s_1	Φ	$\{s_2\}$
s_2	Φ	$\{s_1\}$

注意：对于任何两个 FA M 和 FA M'，如果 L(M) =L(M')，则称有限自动机 M 和 M'等价。此外，对于任一给定的 NFA M，一定存在一个 DFA M'，使 L(M) =L(M')。因此，DFA 是 NFA 的特例，NFA 可以有 DFA 与之等价，即两者描述能力相同。DFA 便于识别，易于计算机实现，而 NFA 便于定理的证明。

2.4 正规表达式到有限自动机的构造

由正规表达式与有限自动机的等价性可知：如果 R 是 Σ 上的一个正规表达式，则必然存在一个 NFA M，使得 L(M)= L(R)；反之亦然。

2.4.1 由正规表达式构造等价的非确定有限自动机(NFA)

由正规表达式构造等价的 NFA M 的方法如下：

(1) 将正规表达式 R 表示成如图 2-10 所示的拓广转换图。

(2) 对正规表达式采用如图 2-11 所示的三条转换规则来构造 NFA M。

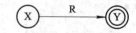

图 2-10 拓广转换图

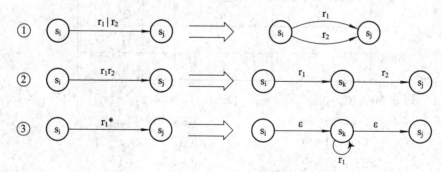

图 2-11 转换规则

对于给定的正规表达式 R，首先将其表示成如图 2-10 所示的形式，其中 X 为初始状态，Y 为终止状态；然后逐步将这个拓广转换图运用图 2-11 的三条转换规则不断加入新结点进行分解，直至每条有向边上仅标识有 Σ 的一个字母或 ε 为止，则 NFA M 构造完成。

例 2.6 对给定正规表达式 $b^*(d \mid ad)(b \mid ab)^+$构造其 NFA M。

[解答] 先用 $R^+=RR^*$改造题设的正规表达式为 $b^*(d \mid ad)(b \mid ab)(b \mid ab)^*$，然后构造其 NFA M，如图 2-12 所示。

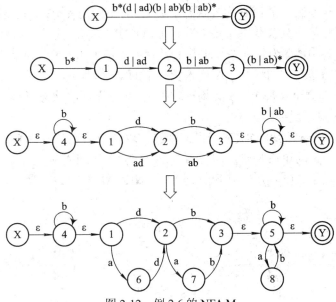

图 2-12 例 2.6 的 NFA M

注意，拓广后的状态转换图中如果有下面两种情况之一存在，则为 NFA M：

(1) 有 ε 边存在。

(2) 某结点对同一输入字符存在多条输出边(即为多值映射)。

2.4.2 NFA 的确定化

NFA 的确定化是指对给定的 NFA M 都能相应地构造出一个与之等价的 DFA M，使它们能够识别相同的语言。我们采用子集法来对 NFA M 确定化。

首先定义 NFA M 的一个状态子集 I 的 ε_闭包，即 ε_CLOSURE(I)，则：

(1) 若 $s_i \in I$，则 $s_i \in$ ε_CLOSURE(I)。

(2) 若 $s_i \in I$，则对从 s_i 出发经过 ε 通路所能到达的任何状态 s_j，都有 $s_j \in$ ε_CLOSURE(I)。

其次，对 FA M 的一个状态子集 I，若 a 是 Σ 中的一个字符，定义

$$I_a = ε\_CLOSURE(J)$$

其中，J 是所有那些可以从 I 中的某一状态出发经过有向边 a 而能到达的状态集。

例 2.7 已知一状态转换图如图 2-13 所示，且假定 I = ε_{1} = {1, 2}，试求从状态 I 出发经过一条有向边 a 而能到达的状态集 J 和 ε_CLOSURE(J)。

[解答] 从状态 I 中的状态 1 或状态 2 出发经过一条 a 弧而能到达的状态集 J 为

$$\{5, 3, 4\}$$

若 $s_i \in J$，则由 s_i 出发经过任意条 ε 有向边而能到达的任何状态 $s_j \in$ ε_CLOSURE(J)，因此 ε_CLOSURE(J) 为

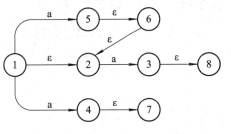

图 2-13 例 2.7 的状态转换图

$$\{5, 6, 2, 3, 8, 4, 7\}$$

用子集法对 NFA M 确定化的方法如下：

(1) 构造一张转换表，其第一列为状态子集 I，对不同的 a(a∈Σ)在表中单设一列 I_a。

(2) 表的第一行第一列其状态子集 I 为 ε_CLOSURE(s_0)；其中，s_0 为初始状态。

(3) 根据第一列中的 I 为每一个 a 求其 I_a 并记入对应的 I_a 列中，如果此 I_a 不同于第一列已存在的所有状态子集 I，则将其顺序列入空行中的第一列。

(4) 重复步骤(3)直至对每个 I 及 a 均已求得 I_a，并且无新的状态子集 I_a 加入第一列时为止；此过程可在有限步后终止。

(5) 重新命名第一列的每一状态子集，则转换表便成为新的状态转换矩阵，其状态转换函数 f 是 S×Σ 到 S 的单值映射，即为与 NFA M 等价的 DFA M'。

例 2.8　正规表达式 $(a|b)^*(aa|bb)(a|b)^*$ 的 NFA M 如图 2-14 所示，试将其确定化为 DFA M'。

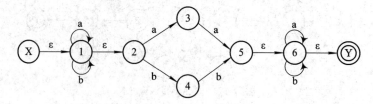

图 2-14　例 2.8 的 NFA M

[解答]　用子集法将图 2-14 所示的 NFA M 确定化为表 2.4。

表 2.4　例 2.8 的转换表

I	I_a	I_b
{X,1,2}	{1,2,3}	{1,2,4}
{1,2,3}	{1,2,3,5,6,Y}	{1,2,4}
{1,2,4}	{1,2,3}	{1,2,4,5,6,Y}
{1,2,3,5,6,Y}	{1,2,3,5,6,Y}	{1,2,4,6,Y}
{1,2,4,5,6,Y}	{1,2,3,6,Y}	{1,2,4,5,6,Y}
{1,2,4,6,Y}	{1,2,3,6,Y}	{1,2,4,5,6,Y}
{1,2,3,6,Y}	{1,2,3,5,6,Y}	{1,2,4,6,Y}

对表 2.4 中的所有子集重新命名，得到表 2.5 的状态转换矩阵及对应的状态转换图(见图 2-15)。注意，状态 3、4、5、6 因其原来对应的子集中含有终态 Y 而均为终态。

表 2.5　例 2.8 的状态转换矩阵

S	a	b
0	1	2
1	3	2
2	1	4
3	3	5
4	6	4
5	6	4
6	3	5

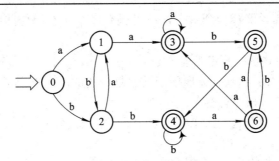

图 2-15 例 2.8 未化简的 DFA M'

2.4.3 确定有限自动机(DFA)的化简

对 NFA 确定化后所得到的 DFA 可能含有多余的状态,因此还应对其进行化简。所谓 DFA M 的化简,是指寻找一个状态数比 M 少的 DFA M',使得 L(M)=L(M')。化简了的 DFA M' 满足下述两个条件:

(1) 没有多余状态。

(2) 在其状态集中,没有两个相互等价的状态存在。

所谓两个状态相互等价是指:对一给定的 DFA M,若存在状态 s_1、$s_2 \in S$ 且 $s_1 \neq s_2$,如果从 s_1 出发能识别字符串 α 而停于终态,从 s_2 出发也同样能够识别这个 α 而停于终态;反之,若从 s_2 出发能识别字符串 β 而停于终态,则从 s_1 出发也能识别这个 β 而停于终态,则称 s_1 和 s_2 是等价的,否则就是可区分的。

一个 DFA M 的状态最小化过程是将 M 的状态集分割成一些不相交的子集,使得任何不同的两个子集其状态都是可区分的,而同一子集中的任何两个状态都是等价的。最后,从每个子集中选出一种状态,同时消去其它等价状态,就得到最简的 DFA M' 且 L(M)=L(M')。

DFA M 的化简方法如下:

(1) 首先将 DFA M 的状态集 S 中的终态与非终态分开,形成两个子集,即得到基本划分。

(2) 对当前已划分出的 $I^{(1)}$、$I^{(2)}$、…、$I^{(m)}$ 子集(属于不同子集的状态是可区分的),看每一个 I 是否能进一步划分;也即对某一 $I^{(i)} = \{s_1, s_2, …, s_k\}$,若存在一个输入字符 $a(a \in \Sigma)$ 使得 $I_a^{(i)}$ 不全包含在当前划分的某一子集 $I^{(j)}$ 中(即跨越到两个子集),就将 $I^{(i)}$ 一分为二(见图 2-16)。

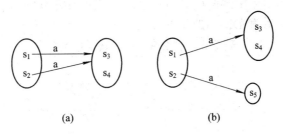

图 2-16 是否划分示意

(a) 无需划分;(b) 需要划分

(3) 重复步骤(2),直到子集个数不再增加为止(即每个子集已是不可再分的了)。所谓不能划分，是指该子集或者仅有一个状态，或者虽有多个状态但这些状态均不可区分(即等价)。

那么，如何进行划分呢？假定当前子集 $I^{(i)}=\{s_1, s_2, \cdots\}$，且状态 s_1 和 s_2 经过有向边 a 分别到达状态 t_1 和 t_2，而 t_1 和 t_2 又分属于当前已划分出的两个不同子集 $I^{(j)}$ 和 $I^{(k)}$，则此时应将 $I^{(i)}$ 分为两部分，使得一部分含有 s_1：

$$I^{(i1)}=\{s \mid s\in I^{(i)}且 s 经有向边 a 到达 t_1\}$$

而另一部分含有 s_2：

$$I^{(i2)}=I^{(i)}-I^{(i1)}$$

由于 t_1 和 t_2 是可区分的，即存在一个字符串 α，t_1 将读出 α 而停于终态，而 t_2 或读不出 α 或可以读出 α 但不能到达终态。因此，字符串 α 将把状态 s_1 和 s_2 区分开来，也就是说，$I^{(i1)}$ 中的状态与 $I^{(i2)}$ 中的状态是可区分的。至此，我们已将 $I^{(i)}$ 划分为两个子集 $I^{(i1)}$ 和 $I^{(i2)}$，形成了新的划分。

当子集个数不再增加时，就得到一个最终划分。对最终划分的每一个子集，我们选取子集中的一个状态作为代表。例如，假定 $I^{(i)}=\{s_1, s_2, s_3\}$ 是这样一个子集，且我们挑选了 s_1 代表这个子集。这时，凡在原来 DFA M 中有指向 s_2 和 s_3 的有向边均改为在新的 DFA M' 中指向 s_1。改向之后，就可将 s_2 和 s_3 从原来的状态集 S 中删除了。若 $I^{(i)}$ 中含有原来的初态，则 s_1 就是 DFA M' 中的新初态；若 $I^{(i)}$ 中含有原来的终态，则 s_1 就是 DFA M' 中的新终态。此时，DFA M' 已是最简的了(含有最少的状态)。

例 2.9 化简由例 2.8 得到的 DFA M。

[解答]　(1) 首先将状态集 S={0,1,2,3,4,5,6} 划分为终态集 {3,4,5,6} 和非终态集 {0,1,2}。

(2) 考察 $\{0,1,2\}_a$：因 $0_a=2_a=\{1\}$，而 $1_a=\{3\}$，分属于非终态集和终态集，故将 {0,1,2} 划分为 {0,2} 和 {1}。

(3) 考察 $\{0,2\}_b$：$0_b=\{2\}$，$2_b=\{4\}$，它们分属于两个不同的状态集，故 {0,2} 划分为 {0} 和 {2}。

(4) 考察 $\{3,4,5,6\}_a$：$3_a=6_a=\{3\}\subset\{3,4,5,6\}$；$4_a=5_a=\{6\}\subset\{3,4,5,6\}$，即都属于终态集，故不进行划分。

(5) 考察 $\{3,4,5,6\}_b$：$3_b=6_b=\{5\}\subset\{3,4,5,6\}$；$4_b=5_b=\{4\}\subset\{3,4,5,6\}$，即都属于终态集，故不进行划分。

(6) 按顺序重新命名状态子集 {0}、{1}、{2}、{3,4,5,6} 为 0、1、2、3，则得到化简后的状态转换矩阵(见表 2.6)和 DFA M''(见图 2-17)。

表 2.6　例 2.9 的状态转换矩阵

S	a	b
0	1	2
1	3	2
2	1	3
3	3	3

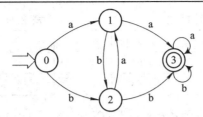

图 2-17 例 2.9 化简后的 DFA M″

2.4.4 正规表达式到有限自动机构造示例

例 2.10 试用 DFA 的等价性证明正规表达式 $(a\,|\,b)^*$ 与 $(a^*b^*)^*$ 等价。

[解答] (1) 正规表达式 $(a\,|\,b)^*$ 对应的 NFA M 如图 2-18 所示。

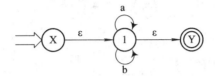

图 2-18 $(a\,|\,b)^*$ 的 NFA M

用子集法将图 2-18 所示的 NFA M 确定化得到如表 2.7 所列的转换表,重新命名后得到如表 2.8 所列的状态转换矩阵。

表 2.7 $(a\,|\,b)^*$ 的转换表

I	I_a	I_b
{X,1,Y}	{1,Y}	{1,Y}
{1,Y}	{1,Y}	{1,Y}

表 2.8 $(a\,|\,b)^*$ 的状态转换矩阵

S	a	b
0	1	1
1	1	1

由于状态 0 和状态 1 均为终态,无论输入什么字符,其下一状态仍是终态,故最简 DFA M 如图 2-19 所示。

(2) 正规表达式 $(a^*b^*)^*$ 对应的 NFA M 如图 2-20 所示。

图 2-19 $(a\,|\,b)^*$ 的最简 DFA M

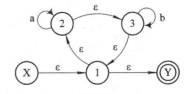

图 2-20 $(a^*b^*)^*$ 的 NFA M

用子集法将图 2-20 所示的 NFA M 确定化得到如表 2.9 所列的转换表,重新命名得到如表 2.10 所列的状态转换矩阵。

<table>
<tr><td colspan="3" align="center">表 2.9 $(a^*b^*)^*$ 的转换表</td></tr>
</table>

I	I_a	I_b
{X,1,2,3,Y}	{2,3,1,Y}	{2,3,1,Y}
{2,3,1,Y}	{2,3,1,Y}	{2,3,1,Y}

表 2.10 $(a^*b^*)^*$ 的状态转换矩阵

S	a	b
0	1	1
1	1	1

由于表 2.8 和表 2.10 的状态转换矩阵相同，故 $(a|b)^*$ 和 $(a^*b^*)^*$ 等价。

注意，对正规表达式 a^*b^* 构造 DFA M，则首先画出 NFA M 如图 2-21 所示，用子集法将图 2-21 所示的 NFA M 确定化得到如表 2.11 所列的转换表，重新命名得到如表 2.12 所列的状态转换矩阵。

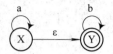

图 2-21 a^*b^* 的 NFA M

表 2.11 a*b* 的转换表

I	I_a	I_b
{X,Y}	{X,Y}	{Y}
{Y}	—	{Y}

表 2.12 a*b* 的状态转换矩阵

S	a	b
0	0	1
1	—	1

(注：表中的空集 Φ 一律用"—"表示)

虽然状态 0 和状态 1 都是终态，但两者面对字符 a 转换的下一状态是不一样的：$0_a=0$，$1_a=\Phi$(即"—")；也即状态 0 和状态 1 不等价，故不可将图 2-21 的 DFA M 合并成图 2-19 的 DFA M。因此，正规表达式 a^*b^* 根据表 2.12 最终得到的 DFA M 如图 2-22 所示。

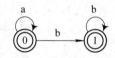

图 2-22 a^*b^* 的 DFA M

例 2.11 C 语言可接受的合法的文件名为 device:name.extension，其中第一部分(device:)和第三部分(.extension)可缺省。若 device、name 和 extension 都是字母串，长度不限，但至少为 1，试画出识别这种文件名的 DFA M。

[解答] 以字母"c"代表字母，则所求正规式为

$$(cc^*: | \varepsilon)cc^*(.cc^* | \varepsilon)$$

应用例 2.10 由图 2-18 化简为图 2-19 的结论，去掉多余的 ε 弧，得到的 NFA M 如图 2-23 所示。

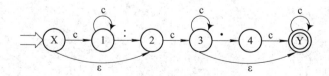

图 2-23 例 2.11 的 NFA M

用子集法将 NFA M 确定化，得到如表 2.13 所列的转换表；重新命名后得到如表 2.14 所列的状态转换矩阵和如图 2-24 所示的 DFA M'。

表 2.13　例 2.11 的转换表

I	I_c	$I_:$	$I_.$
{X, 2}	{1, 3, Y}	—	—
{1, 3, Y}	{1, 3, Y}	{2}	{4}
{2}	{3, Y}	—	—
{4}	{Y}	—	—
{3, Y}	{3, Y}	—	{4}
{Y}	{Y}	—	—

表 2.14　例 2.11 的状态转换矩阵

S	c	:	.
0	1	—	—
1	1	2	3
2	4	—	—
3	5	—	—
4	4	—	3
5	5	—	—

重新命名

由表 2.14 可以看出，终态集中的状态 1 对应三种输入字符的下一状态均存在，状态 4 对应三种输入字符的下一状态存在两个，而状态 5 对应三种输入字符的下一状态仅有一个存在，故状态 1、4、5 都是可区分的。相应地，非终态 0、2、3 对应输入字母 c 的下一状态也都是可区分的了。因此，图 2-24 的 DFA M' 已为最简。

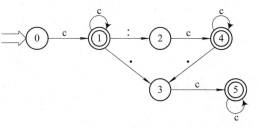

图 2-24　例 2.11 的 DFA M'

例 2.12　某高级程序语言无符号数的正规表达式为

$$\text{digit}^+[.\text{digit}^+][e[+|-]\text{digit}^+]$$

其中，digit 表示数字，"[]" 表示 "[]" 中的内容可有可无，试给出其 DFA M。

[解答]　我们用 d 代表 digit，"[]" 中的内容为无时用 ε 表示，则本题的正规式又可表示为

$$\text{dd}^*(.\text{dd}^*|\varepsilon)(e(+|-|\varepsilon)\text{dd}^*|\varepsilon)$$

由此，用状态转换图表示接受无符号数的 NFA M 如图 2-25 所示。

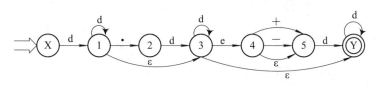

图 2-25　例 2.12 的 NFA M

用子集法将 NFA M 确定化，得到如表 2.15 所列的转换表(I_+ 和 I_- 用 $I_\pm$ 表示在同一列中)；重新命名后得到如表 2.16 所列的状态转换矩阵和如图 2-26 所示的 DFA M'。

表 2.15　例 2.12 的转换表

I	$I_\pm$	I_d	$I_.$	I_e
{X}	—	{1, 3, Y}	—	—
{1, 3, Y}	—	{1, 3, Y}	{2}	{4, 5}
{2}	—	{3, Y}	—	—
{4, 5}	{5}	{Y}	—	—
{3, Y}	—	{3, Y}	—	{4, 5}
{5}	—	{Y}	—	—
{Y}	—	{Y}	—	—

表 2.16　例 2.12 的状态转换矩阵

S	±	d	.	e
0	—	1	—	—
1	—	1	2	3
2	—	4	—	—
3	5	6	—	—
4	—	4	—	3
5	—	6	—	—
6	—	6	—	—

重新命名

根据表 2.16 的化简过程如下：首先分为非终态和终态两个集合{0，2，3，5}和{1，4，6}。由非终态集{0，2，3，5}可知，状态 3 面对输入符号"+"、"−"的下一状态与状态 0、2、5 不同，故将状态 3 划分出来。终态集{1，4，6}中的状态 1、4、6 面对不同输入符号的下一非空状态分别有 3、2、1 种，故它们都是可区分的，并由此导致状态 0、2、5 面对输入符号"d"的下一状态也不相同，即状态 0、2、5 均可区分。故图 2-26 的 DFA M'已为最简。

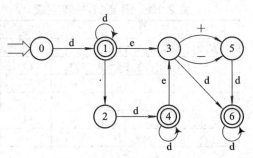

图 2-26　例 2.12 的 DFA M'

例 2.13　构造一个 DFA M，它接收 Σ={a,b}上所有满足下述条件的字符串：该字符串中的每个 a 都有至少一个 b 直接跟在其右边。

[解答]　已知 Σ={a,b}，根据题意得到正规表达式为 $b^*(abb^*)^*$。根据此正规表达式画出相应的 NFA M 如图 2-27 所示。

用子集法将 NFA M 确定化，得到如表 2.17 所列的转换表；重新命名后得到如表 2.18 所列的状态转换矩阵和如图 2-28 所示的 DFA M'。

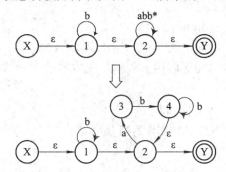

图 2-27　例 2.13 的 NFA M(一)

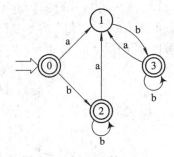

图 2-28　例 2.13 的 DFA M'

表 2.17　例 2.13 的转换表(一)

I	I_a	I_b
{X, 1, 2, Y}	{3}	{1, 2, Y}
{3}	—	{4, 2, Y}
{1, 2, Y}	{3}	{1, 2, Y}
{4, 2, Y}	{3}	{4, 2, Y}

重新命名 ⟹

表 2.18　例 2.13 的状态转换矩阵

S	a	b
0	1	2
1	—	3
2	1	2
3	1	3

用 DFA M 的化简方法先得到一个初始划分，即终态集为{0,2,3}，非终态集为{1}；由化简方法可知这已是最终划分(状态 0、状态 2、状态 3 均为等价状态)，重新命名终态集为 0、非终态集为 1 后得到最终化简的 DFA M" 如图 2-29 所示。

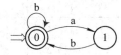

图 2-29　例 2.13 最终化简后的 DFA M"

实际上，根据正规表达式 $b^*(abb^*)$ 可以看出，当 b^* 和 $(abb^*)^*$(在此指括号外的这个"＊")的闭包*都取 0 时，则由初态 X 到终态 Y 有一条 ε 通路，即得到图 2-30。由图 2-30 的状态

Y 上的正规式 abb*可以看出，当 b*的闭包*取 0 时，则由状态 Y 出发，经过 a 和 b 又应回到状态 Y，而 b*则可描述为由状态 Y 出发又回到状态 Y 的一条标记为 b 的有向边，这样就得到图 2-31。

图 2-30　例 2.13 的 NFA M(二)　　　图 2-31　例 2.13 的 NFA M(三)

用子集法对图 2-31 进行确定化，得到表 2.19，重新命名并进行化简，最终可得到图 2-29。

表 2.19　例 2.13 的转换表(二)

I	I_a	I_b
{X,Y}	{1}	{X,Y}
{1}	—	{Y}
{Y}	{1}	{Y}

此题根据题意也可得到正规表达式为 $(ab \mid b)^*$，最终同样可化简为图 2-29。

例 2.14　构造一个 DFA M，它接收 $\Sigma = \{a, b\}$ 上所有含奇数个 a 的字符串。

[解答]　根据题意，我们首先可以构造出字符串中含偶数个 a 的正规表达式：$(b \mid ab^*a)^*$，然后在其之前添加一个 a 即为奇数个 a。因此，得到含奇数个 a 的字符串的正规表达式为：$b^*a(b \mid ab^*a)^*$。根据此正规表达式画出相应的 NFA M 如图 2-32 所示。图 2-32 中每条边上为单个字符且是单值映射，并且无 ε 边出现，故已是 DFA M；体现在表 2-20 中，对每个输入字符的输出，即子集映射此时已全部是单个字符，即为单值映射。

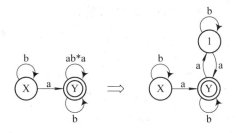

图 2-32　例 2.14 的 NFA M

用子集法将图 2-32 的 NFA M(由于是单值映射，故已为 DFA M)确定化，得到如表 2.20 所列的转换表；重新命名后得到如表 2.21 所列的状态转换矩阵。

表 2.20　例 2.14 的转换表

I	I_a	I_b
{X}	{Y}	{X}
{Y}	{1}	{Y}
{1}	{Y}	{1}

重新命名 ⟹

表 2.21　例 2.14 的状态转换矩阵

S	a	b
0	1	0
1	2	1
2	1	2

根据表 2.21 的状态转换矩阵进行最小化，得到两个初始划分：{0,2}和{1}；由于状态 0 和状态 2 为等价状态，删去状态 2 即得到最简 DFA M，如图 2-33 所示。

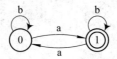

图 2-33　　例 2.14 最终化简后的 DFA M

最后需要说明的是，采用如图 2-34 所示的三条转换规则可以实现从 FA M 到正规表达式的转换。

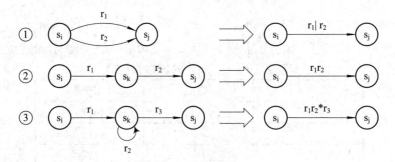

图 2-34　　转换规则

2.5　词法分析器的自动生成

由于各种不同的高级程序语言中单词的总体结构大致相同，基本上都可用一组正规表达式描述，因而人们希望构造这样的自动生成系统：只要给出某高级语言各类单词词法结构的一组正规表达式以及识别各类单词时词法分析程序应采取的语义动作，该系统便可自动产生此高级程序语言的词法分析程序。所生成的词法分析程序的作用如同一台有限自动机，可以用来识别和分析单词符号。正规表达式与有限自动机的理论研究产生了自动生成词法分析程序的技术和工具。

Lex 是由美国 Bell 实验室的 M.Lesk 和 Schmidt 于 1975 年用 C 语言研制的一个词法分析程序的自动生成工具。对任何高级程序语言，用户必须用正规表达式描述该语言的各个词法类(这一描述称为 Lex 的源程序)，Lex 就可以自动生成该语言的词法分析程序。Lex 及其编译系统的作用如图 2-35 所示。

图 2-35　　Lex 及其编译系统的作用

一个 Lex 源程序由用 "%%" 分隔的三部分组成：第一部分为正规式的辅助定义式，第二部分为识别规则，最后一部分为用户子程序。其书写格式为

辅助定义式

%%

识别规则

%%

用户子程序

其中，辅助定义式和用户子程序是任选的，而识别规则是必需的。如果用户子程序缺省，则第二个分隔符号"%%"可以省去；但如果无辅助定义式部分，第一个分隔符号"%%"不能省去，因为第一个分隔符号用于指示识别规则部分的开始。

下面给出一个简单语言的单词符号的 Lex 源程序例子，其输出单词的类别编码用整数编码表示：

Auxiliary Definitions	/*辅助定义*/

letter→A｜B｜C｜…｜Z｜a｜b｜c｜…｜z

digit→0｜1｜2｜3｜…｜9

%%

Recognition Rules	/*识别规则*/

1 while	{return(1,null)}
2 do	{return(2,null)}
3 if	{return(3,null)}
4 else	{return(4,null)}
5 switch	{return(5,null)}
6 {	{return(6,null)}
7 }	{return(7,null)}
8 (	{return(8,null)}
9)	{return(9,null)}
10 +	{return(10,null)}
11 −	{return(11,null)}
12 *	{return(12,null)}
13 /	{return(13,null)}
14 =	{return(14,null)}
15 ;	{return(15,null)}

16 letter (letter｜digit)*　　　{if(keyword(id)==0)

　　　　　　　　　　{return(16,null);

　　　　　　　　　　　return(id)};

　　　　　　　　　　else return(keyword(id))}

17 digit (digit)*　　　{val=int(id);

　　　　　　　　　return(17,null);

　　　　　　　　　return(val)}

18 (letter｜digit｜{｜}｜(｜)｜+｜−｜*｜/｜=｜;)*

　　　　　　　　　{return(18,null);

$$inslit(id);$$
$$return(pointer, lenth)\}$$

该 Lex 源程序中用户子程序为空；其中识别规则{A_{18}}语句中调用过程"inslit(id)"是指将字符串常量 id 存放到字符表中，"pointer"中存放该串的起始位置，"lenth"存放该串的长度。

Lex 有两种使用方式：一种是将 Lex 作为一个单独的工具，用以生成所需的识别程序；另一种是将 Lex 和语法分析器自动生成工具(如 YACC)结合起来使用，以生成一个编译程序的扫描器和语法分析器。

习　题　2

2.1　完成下列选择题：

(1) 词法分析所依据的是_____。

　　A．语义规则　　　　　　　　　　B．构词规则

　　C．语法规则　　　　　　　　　　D．等价变换规则

(2) 词法分析器的输入是_____。

　　A．单词符号串　　　　　　　　　B．源程序

　　C．语法单位　　　　　　　　　　D．目标程序

(3) 词法分析器的输出是_____。

　　A．单词的种别编码　　　　　　　B．单词的种别编码和自身的值

　　C．单词在符号表中的位置　　　　D．单词自身值

(4) 状态转换图(见图 2-36)接受的字集为 _____。

　　A．以 0 开头的二进制数组成的集合

　　B．以 0 结尾的二进制数组成的集合

　　C．含奇数个 0 的二进制数组成的集合

　　D．含偶数个 0 的二进制数组成的集合

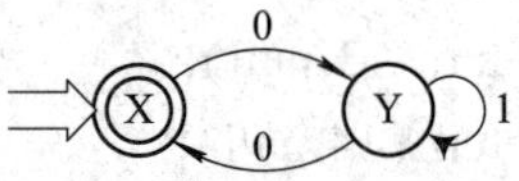

图 2-36　习题 2.1 的 DFA M

(5) 对于任一给定的 NFA M，_____一个 DFA M'，使 L(M)=L(M')。

　　A．一定不存在　　B．一定存在　　C．可能存在　　D．可能不存在

(6) DFA 适用于_____。

　　A．定理证明　　B．语法分析　　C．词法分析　　D．语义加工

(7) 下面用正规表达式描述词法的论述中，不正确的是_____。

　　A．词法规则简单，采用正规表达式已足以描述

　　B．正规表达式的表示比上下文无关文法更加简洁、直观和易于理解

　　C．正规表达式描述能力强于上下文无关文法

  D．有限自动机的构造比下推自动机简单且分析效率高

(8) 与 $(a \mid b)^{*}(a \mid b)$ 等价的正规式是_____。

  A．$(a \mid b)(a \mid b)^{*}$ B．$a^{*} \mid b^{*}$

  C．$(ab)^{*}(a \mid b)^{*}$ D．$(a \mid b)^{*}$

(9) 在状态转换图的实现中，_____一般对应一个循环语句。

  A．不含回路的分叉结点   B．含回路的状态结点

  C．终态结点   D．A～C 都不是

(10) 已知 DFA $M_d = (\{s_0, s_1, s_2\}, \{a, b\}, f, s_0, \{s_2\})$，且有：

$$f(s_0, a) = s_1 \qquad\qquad f(s_1, a) = s_2$$
$$f(s_2, a) = s_2 \qquad\qquad f(s_2, b) = s_2$$

则该 DFA M 所能接受的语言可以用正规表达式表示为_____。

  A．$(a \mid b)^{*}$ B．$aa(a \mid b)^{*}$

  C．$(a \mid b)^{*}aa$ D．$a(a \mid b)^{*}a$

  2.2 什么是扫描器？扫描器的功能是什么？

  2.3 设 $M = (\{x, y\}, \{a, b\}, f, x, \{y\})$ 为一非确定的有限自动机，其中 f 定义如下：

$$f(x, a) = \{x, y\} \qquad\qquad f(x, b) = \{y\}$$
$$f(y, a) = \Phi \qquad\qquad f(y, b) = \{x, y\}$$

试构造相应的确定有限自动机 M'。

  2.4 正规式 $(ab)^{*}a$ 与正规式 $a(ba)^{*}$ 是否等价？请说明理由。

  2.5 设有 $L(G) = \{a^{2n+1}b^{2m}a^{2p+1} \mid n \geqslant 0, p \geqslant 0, m \geqslant 1\}$。

(1) 给出描述该语言的正规表达式；

(2) 构造识别该语言的确定有限自动机(可直接用状态图形式给出)。

  2.6 有语言 $L = \{w \mid w \in (0, 1)^{+}$，并且 w 中至少有两个 1，又在任何两个 1 之间有偶数个 0\}，试构造接受该语言的确定有限状态自动机(DFA M)。

  2.7 已知正规式 $((a \mid b)^{*} \mid aa)^{*}b$ 和正规式 $(a \mid b)^{*}b$。

(1) 试用有限自动机的等价性证明这两个正规式是等价的；

(2) 给出相应的正规文法。

  2.8 构造一个 DFA M，它接收 $\Sigma = \{a, b\}$ 上所有不含子串 abb 的字符串。

  2.9 构造一个 DFA M，它接收 $\Sigma = \{a, b\}$ 上所有含偶数个 a 的字符串。

  2.10 下列程序段以 B 表示循环体，A 表示初始化，I 表示增量，T 表示测试：

```
I=1;
while( I<=n )
{
    sum=sum+a[I];
    I=I+1;
}
```

请用正规表达式表示这个程序段可能的执行序列。

  2.11 将图 2-37 所示的非确定有限自动机(NFA M)变换成等价的确定有限自动机(DFA M′)。其中，X 为初态，Y 为终态。

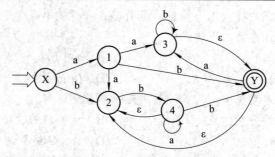

图 2-37　习题 2.11 的 NFA M

2.12　有一台自动售货机，接受 1 分和 2 分硬币，出售 3 分钱一块的硬糖。顾客每次向机器中投放大于等于 3 分的硬币，便可得到一块糖(注意：只给一块并且不找钱)。

(1) 写出售货机售糖的正规表达式；

(2) 构造识别上述正规式的最简 DFA M。

第3章 语法分析

语法分析是编译过程的核心部分，其基本任务是根据语言的语法规则进行语法分析，若不存在语法错误则给出正确的语法结构并为语义分析和代码生成做准备。在描述程序语言的语法结构时，需借助于上下文无关文法，而文法是描述程序语言的依据。语法分析的方法通常分为两类，即自顶向下分析方法和自底向上分析方法。所谓自顶向下分析法，就是从文法的开始符号出发，根据文法的规则进行推导，最终推导出给定的句子来。自底向上的分析法则是从给定的输入串开始，根据文法规则逐步进行归约，直至归约到文法的开始符号为止。

3.1 文法和语言

文法是程序语言的生成系统，而自动机则是程序语言的识别系统：用文法可以精确地定义一个语言，并依据该文法构造出识别这个语言的自动机。因此，文法对程序语言和编译程序的构造具有重要意义，如程序语言的词法可用正规文法描述，语法可用上下文无关文法描述，而语义则要借助于上下文有关文法描述。

3.1.1 文法和语言的基本概念

1. 语言

通常我们用 Σ 表示字母表，字母表中的每个元素称为字符或符号。不同语言的字母表可能是不同的，程序语言的字母表通常是 ASCII 字符集。由字母表 Σ 中的字符所组成的有穷系列称为 Σ 上的字符串或字，字母表 Σ 上的所有字符串(包括空串)组成的集合用 Σ^* 表示。那么，对字母表 Σ 来说，Σ^* 上的任意一个子集都称为 Σ 上的一个语言，记为 $L(L \subset \Sigma^*)$，该语言的每一个字符串称为语言 L 的一个语句或句子。

例如，设 $\Sigma = \{a, b, c\}$，则 $L = \{\varepsilon, a, aa, ab, aaa, aab, aba, abb, \cdots\}$ 为 Σ 上的一个语言。如果 a 表示字母，b 表示数字，c 看做其它符号，我们可以将 L 看作是程序语言中的标识符集(当然，该标识集中的标识符允许以数字开头)，其中的每个标识符就是标识符集中的一个句子。

2. 文法

文法通常表示成四元组 $G[S] = (V_T, V_N, S, \xi)$，其中：

(1) V_T 为终结符号集，这是一个非空有限集，它的每个元素称为终结符号。

(2) V_N 为非终结符集，它也是一个非空有限集，其每个元素称为非终结符号，且有 $V_T \cap V_N = \Phi$。

(3) S 为一文法开始符，是一个特殊的非终结符号，即 $S \in V_N$。

(4) ξ 是产生式的非空有限集，其中每个产生式(或称规则)是一序偶 (α,β)，通常写作

$$\alpha \rightarrow \beta \quad 或 \quad \alpha ::= \beta$$

读作 "α 是 β" 或 "α 定义为 β"。在此，α 为产生式的左部，而 β 为产生式的右部，α、β 是由终结符和非终结符组成的符号串，$\alpha \in (V_T \cup V_N)^+$ 且至少有一个非终结符，而 $\beta \in (V_T \cup V_N)^*$。

终结符号是指语言不可再分的基本符号，通常是一个语言的字母表；终结符代表了语法的最小元素，是一种个体记号。非终结符号也称语法变量，它代表语法实体或语法范畴；非终结符代表一个一定的语法概念，因此，一个非终结符是一个类、一个集合。例如，在程序语言中，可以把变量、常数、"+"、"*" 等看作是终结符，而像 "算术表达式" 这个非终结符则代表着一定算术式组成的类，如 i*(i+i)、i+i+i 等；也即每个非终结符代表着由一些终结符和非终结符且满足一定规则的符号串组成的集合。

文法开始符号是一个特殊的非终结符，它代表文法所定义的语言中我们最终感兴趣的语法实体，即语言的目标，而其它语法实体只是构造语言目标的中间变量。如表达式文法的语言目标是表达式，而程序语言的目标通常为程序。

产生式(也称产生规则或规则)是定义语法实体的一种书写规则。一个语法实体的相关规则可能不止一个。例如，有：

$$P \rightarrow \alpha_1$$
$$P \rightarrow \alpha_2$$
$$\vdots$$
$$P \rightarrow \alpha_n$$

为书写方便，可将这些有相同左部的产生式合并为一个，即缩写成

$$P \rightarrow \alpha_1 \mid \alpha_2 \mid \cdots \mid \alpha_n$$

其中，每个 $\alpha_i (i = 1, 2, \cdots, n)$ 称为 P 的一个候选式，直竖 "|" 读为 "或"，它与 "→" 一样是用来描述文法的元语言符号(即不属于 Σ 的字符)。

例 3.1　试构造产生标识符的文法。

[解答]　首先，标识符是以字母开头的字母数字串，我们用 L 表示 "字母" 类非终结符，用 D 表示 "数字" 类非终结符，而用 T 表示 "字母或数字" 类非终结符，则有：

$$L \rightarrow a \mid b \mid \cdots \mid z$$
$$D \rightarrow 0 \mid 1 \mid \cdots \mid 9$$
$$T \rightarrow L \mid D$$

其次，如果用 S 表示 "字母数字串" 类，则 T 是一字母或数字，ST 也是字母数字串，即

$$S \rightarrow T \mid ST$$

其中，产生式 S→T | ST 是一种左递归形式，由它可以产生一串 T。

最后，作为 "标识符" 的非终结符 I，它或者是一单个字母，或者为一字母后跟字母数字串，即

$$I \rightarrow L \mid LS$$

因此，产生标识符的文法 G[I] 为：

$$G[I] = (\{a, b, \cdots, z, 0, \cdots, 9\}, \{I, S, T, L, D\}, I, \xi)$$

$$\xi: \quad I \to L \mid LS$$
$$S \to T \mid ST$$
$$T \to L \mid D$$
$$L \to a \mid b \mid \cdots \mid z$$
$$D \to 0 \mid 1 \mid \cdots \mid 9$$

例 3.2 写一文法，使其语言是奇数集合，但不允许出现以 0 打头的奇数。

[解答] 根据题意，我们可以将奇数划分为如图 3-1 所示的三个部分，即最高位允许出现 1~9，用非终结符 B 表示；中间部分可以出现任意多位数字 0~9，每一位用非终结符 D 表示；最低位只允许出现 1、3、5、7、9 等奇数，用 A 表示。

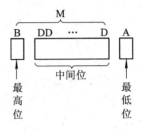

图 3-1 奇数划分示意

由于中间部分可出现任意位，所以另引入了一个非终结符 M，它包括最高位和中间位部分。假定开始符为 N，则可得到文法 G[N] 为

$$G[N] = (\{0, 1, \cdots, 9\}, \{N, A, M, B, D\}, N, \xi)$$

$$\xi: \qquad N \to A \mid MA \qquad\qquad //\text{一位数字} \mid \text{多位数字}$$
$$M \to B \mid MD \qquad\qquad //\text{仅两位数字(无中间位)} \mid \text{多于两位数字}$$
$$A \to 1 \mid 3 \mid 5 \mid 7 \mid 9$$
$$B \to 1 \mid 2 \mid 3 \mid 4 \mid 5 \mid 6 \mid 7 \mid 8 \mid 9$$
$$D \to 0 \mid B$$

3. 文法产生的语言

设文法 $G[S] = (V_T, V_N, S, \xi)$ 且 α、$\beta \in (V_T \cup V_N)^*$，如果存在产生式 $A \to \delta (\delta \in (V_T \cup V_N)^*)$，则称 $\alpha A \beta$ 可直接推出 $\alpha \delta \beta$，即

$$\alpha A \beta \Rightarrow \alpha \delta \beta$$

其中 "$\Rightarrow$" 表示直接推导出，是应用产生规则进行推导的记号。注意 "$\Rightarrow$" 与 "$\to$" 不同，"$\to$" 是产生式中的定义记号。直接推导是指对文法符号串 $\alpha A \beta$ 中的非终结符 A 用相应的产生式 $A \to \delta$ 的右部 δ 来替换，从而得到 $\alpha \delta \beta$。我们给出推导的说明如下：

(1) 如果 α_1 可直接推出 α_2，α_2 可直接推出 α_3，$\cdots$，α_{n-1} 可直接推出 α_n，即存在一个自 α_1 至 α_n 的推导序列：$\alpha_1 \Rightarrow \alpha_2 \Rightarrow \alpha_3 \Rightarrow \cdots \Rightarrow \alpha_n (n > 0)$，则我们称 α_1 可推导出 α_n，记为 $\alpha_1 \overset{+}{\Rightarrow} \alpha_n$，它表示从 α_1 出发经过一步或若干步可推导出 α_n。

(2) 如果记 $\alpha_1 \overset{0}{\Rightarrow} \alpha_1$，则 $\alpha_1 \overset{*}{\Rightarrow} \alpha_n$ 表示从 α_1 出发，经过 0 步或若干步可推导出 α_n；也即 $\alpha_1 \overset{*}{\Rightarrow} \alpha_n$ 意味着或者 $\alpha_1 = \alpha_n$，或者 $\alpha_1 \overset{+}{\Rightarrow} \alpha_n$。

例如，对下面的文法 G[E]：

$$E \to E + E \mid E * E \mid (E) \mid i \tag{3.1}$$

其中，唯一的非终结符 E 可以看成是代表一类算术表达式。我们可以从 E 出发进行一系列的推导，如表达式 i+i*i 的推导如下：

$$E \Rightarrow E + E \Rightarrow E + E * E \Rightarrow E + E * i \Rightarrow E + i * i \Rightarrow i + i * i$$

注意：在每一步推导过程中，只能对其中的一个非终结符用其对应的产生式右部的一个候选式来替换。

假定 G[S]是一个文法，S 是它的开始符号，如果 $S \overset{*}{\Rightarrow} \alpha$，$\alpha \in (V_T \cup V_N)^*$，则称 α 是文法 G[S]的一个句型；如果 $\alpha \in V_T^*$，则称 α 是文法 G[S]的一个句子。仅含终结符的句型是一个句子。因此，句型和句子的定义如下：

(1) 句型：由文法的开始符 S 出发，经过 0 步或有限步推导出来的符号串 α(即 $S \overset{*}{\Rightarrow} \alpha$，$\alpha \in (V_T \cup V_N)^*$)。

(2) 句子：由文法的开始符 S 出发，经过 1 步或有限步推导出来的符号串 α 且该符号串 α 全部由终结符组成($S \overset{+}{\Rightarrow} \alpha$ 且 $\alpha \in V_T^*$)。

由定义可知，开始符 S 本身只能是文法的一个句型而不可能是一个句子。此外，上面推导出的 i+i*i 是文法 G[E]的一个句子(当然也是一个句型)，而 E+E、E+E*E、E+E*i 和 E+i*i 都是文法 G[E]的句型。

对于文法 G[S]，它所产生的句子的全体称为由文法 G[S]产生的语言，记为 L(G)，即

$$L(G) = \{\alpha \mid S \overset{+}{\Rightarrow} \alpha \text{ 且 } \alpha \in V_T^*\}$$

在此需要注意：① S 至少进行一次推导；② S 所推导出的 α 必须全部由终结符组成。

3.1.2　形式语言分类

语言学家 Noam Chomsky 于 1956 年首先建立了形式语言的描述，定义了四类文法及相应的形式语言，并分别与相应的识别系统相联系，它对程序语言的设计、编译方法、计算复杂性等方面都产生了重大影响。

1. 0 型文法与 0 型语言(对应图灵机)

如果文法 G[S]的每一个产生式具有下列形式：

$$\alpha \rightarrow \beta$$

其中，$\alpha \in (V_T \cup V_N)^* V_N (V_T \cup V_N)^*$，即至少含有一个非终结符；$\beta \in (V_T \cup V_N)^*$；则称文法 G[S]为 0 型文法或短语文法，记为 PSG。0 型文法相应的语言称为 0 型语言或称递归可枚举集，它的识别系统是图灵(Turing)机。

2. 1 型文法与 1 型语言(对应线性界限自动机，自然语言)

文法 G[S]的每一个产生式 $\alpha \rightarrow \beta$，均在 0 型文法的基础上增加了字符长度上满足$|\alpha| \leqslant |\beta|$ 的限制，则称文法 G[S]为 1 型文法或上下文有关文法，记为 CSG。1 型文法相应的语言称为 1 型语言或上下文有关语言，它的识别系统是线性界限自动机。

1 型文法的另一种定义方法是文法 G[S]的每一个产生式具有下列形式：

$$\alpha A \delta \rightarrow \alpha \beta \delta$$

其中，α、$\delta \in (V_T \cup V_N)^*$，$A \in V_N$，$\beta \in (V_T \cup V_N)^+$。显然，它满足前述定义的长度限制，但它更明确地表达了上下文有关的特性，即 A 必须在 α、δ 的上下文环境中才能被 β 所替换。

3. 2 型文法与 2 型语言(对应下推自动机，程序设计语言)

文法 G[S]的每一个产生式具有下列形式：

$$A \rightarrow \alpha$$

其中，$A \in V_N$，$\alpha \in (V_T \cup V_N)^*$，则称文法 G[S] 为 2 型文法或上下文无关文法，记为 CFG。2 型文法相应的语言称为 2 型语言或上下文无关语言，它的识别系统是下推自动机。

4. 3 型文法与 3 型语言(对应有限自动机)

文法 G[S] 的每个产生式具有下列形式：

$$A \rightarrow a \text{ 或 } A \rightarrow aB$$

其中，A、$B \in V_N$，$a \in V_T^*$，则文法 G[S] 称为 3 型文法、正规文法或右线性文法，记为 RG。3 型文法相应的语言为 3 型语言或正规语言，它的识别系统是有限自动机。3 型文法还可以呈左线性形式：

$$A \rightarrow a \text{ 或 } A \rightarrow Ba$$

5. 四类文法的关系与区别

由四类文法的定义可知，从 0 型文法到 3 型文法逐渐增加限制。1～3 型文法都属于 0 型文法，2、3 型文法不一定属于 1 型文法(如果存在形如 $A \rightarrow \varepsilon$ 的产生式，则不属于 1 型文法)，3 型文法属于 2 型文法。四类文法的区别如下：

(1) 1 型文法中不允许有形如 "$A \rightarrow \varepsilon$" 的产生式存在，而 2、3 型文法则允许形如 "$A \rightarrow \varepsilon$" 的产生式存在；

(2) 0、1 型文法的产生式左部存在含有终结符号的符号串或两个以上的非终结符，而 2 型和 3 型文法的产生式左部只允许是单个的非终结符号。

例 3.3　试判断下列产生式集所对应的文法和产生的语言：

(1) ① S→ACaB　(2) ① S→aSBC　(3) ① S→Ac　(4) ① S→aS
　② Ca→aaC　　② S→aBC　　② S→Sc　　② S→aA
　③ CB→DB　　③ CB→DB　　③ A→ab　　③ A→bA
　④ CB→E　　　④ DB→DC　　④ A→aAb　　④ A→bB
　⑤ aD→Da　　⑤ DC→BC　　　　　　　　⑤ B→cB
　⑥ AD→AC　　⑥ aB→ab　　　　　　　　⑥ B→c
　⑦ aE→Ea　　⑦ bB→bb
　⑧ AE→ε　　　⑧ bC→bc
　　　　　　　　⑨ cC→cc

[解答]　由四类文法的定义与区别可知，(1)～(4)分别为 0～3 型文法。

(1) 该 0 型文法产生的 0 型语言为 $L_0(G) = \{a^{2^n} \mid n > 0\}$。例如：当 n=2 时，句子 $a^{2 \times 2}$=aaaa，是通过下列推导得到的：

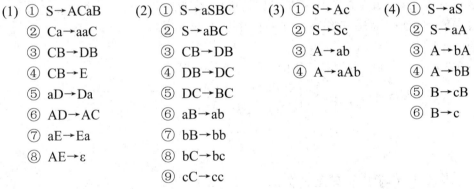

$$S \overset{(1)}{\Rightarrow} ACaB \overset{(2)}{\Rightarrow} AaaCB \overset{(3)}{\Rightarrow} AaaDB \overset{(5)}{\Rightarrow} AaDaB \overset{(5)}{\Rightarrow} ADaaB \overset{(6)}{\Rightarrow} ACaaB \overset{(2)}{\Rightarrow} AaaCaB \overset{(2)}{\Rightarrow} AaaaaCB$$
$$\overset{(4)}{\Rightarrow} AaaaaE \overset{(7)}{\Rightarrow} AaaaEa \overset{(7)}{\Rightarrow} AaaEaa \overset{(7)}{\Rightarrow} AaEaaa \overset{(7)}{\Rightarrow} AEaaaa \overset{(8)}{\Rightarrow} aaaa$$

(2) 该 1 型文法产生的 1 型语言为 $L_1(G) = \{a^n b^n c^n \mid n \geq 1\}$。例如，当 n=2 时，句子 $a^2 b^2 c^2$=aabbcc 是通过下列推导得到的：

$$S \overset{(1)}{\Rightarrow} aSBC \overset{(2)}{\Rightarrow} aaBCBC \overset{(3)}{\Rightarrow} aabCBC \overset{(4)}{\Rightarrow} aabDBC \overset{(5)}{\Rightarrow} aabDCC \overset{(7)}{\Rightarrow} aabBCC \overset{(8)}{\Rightarrow} aabbCC \Rightarrow$$
$$aabbcC \overset{(9)}{\Rightarrow} aabbcc$$

(3) 该 2 型文法产生的 2 型语言为 $L_2(G) = \{a^n b^n c^m \mid m、n \geq 1\}$。例如当 n=2、m=3 时，

句子 $a^2b^2c^3$=aabbccc 是通过下列推导得到的：

$$S \overset{(2)}{\Rightarrow} Sc \overset{(2)}{\Rightarrow} Scc \overset{(1)}{\Rightarrow} Accc \overset{(4)}{\Rightarrow} aAbccc \overset{(3)}{\Rightarrow} aabbccc$$

(4) 该 3 型文法产生的 3 型语言为 $L_3(G)=\{a^m b^n c^k \mid m、n、k \geqslant 1\}$。例如当 m=2、n=3、k=4 时，句子 $a^2b^3c^4$=aabbbcccc 是通过下列推导得到的：

$$S \overset{(1)}{\Rightarrow} aS \overset{(2)}{\Rightarrow} aaA \overset{(3)}{\Rightarrow} aabA \overset{(3)}{\Rightarrow} aabbA \overset{(3)}{\Rightarrow} aabbbB \overset{(5)}{\Rightarrow} aabbbcB \overset{(5)}{\Rightarrow} aabbbccB \overset{(5)}{\Rightarrow}$$

$$aabbbcccB \overset{(6)}{\Rightarrow} aabbbcccc$$

由例 3.3 可知：$\{a^n b^n c^n \mid n \geqslant 1\} \subset \{a^n b^n c^m \mid m、n \geqslant 1\} \subset \{a^m b^n c^k \mid m、n、k \geqslant 1\}$，这说明对文法规则定义形式的限制虽然加强了，但相应的语言反而更大了。因此，不能主观认定文法限制越大则语言越小，也即下述结论是不成立的：

$$3 型语言 \subset 2 型语言 \subset 1 型语言 \subset 0 型语言$$

在编译方法中，通常用 3 型文法来描述高级程序语言的词法部分，然后用有限自动机 FA 来识别高级语言的单词；利用 2 型文法来描述高级语言的语法部分，然后用下推自动机 PDA 来识别高级语言的各种语法成分。

例 3.4　给出字母表 $\Sigma=\{a,b\}$ 上的同时只有奇数个 a 和奇数个 b 的所有字符串集合的正规文法。

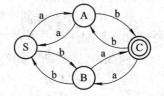

图 3-2　例 3.4 的 DFA

[解答]　为了构造字母表 $\Sigma=\{a,b\}$ 上同时只有奇数个 a 和奇数个 b 的所有字符串的正规表达式，参考例 2.14 的 DFA M，我们画出如图 3-2 所示的 DFA M，即由开始符 S 出发，经过奇数个 a 到达状态 A，或经过奇数个 b 到达状态 B。再由状态 A 出发，经过奇数个 b 到达状态 C(终态)；同样，由状态 B 出发，经过奇数个 a 到达终态 C。

由图 3-2 可直接得到正规文法 G[S] 如下：

$$G[S]:\ S \to aA \mid bB$$
$$A \to aS \mid bC \mid b$$
$$B \to bS \mid aC \mid a$$
$$C \to bA \mid aB \mid \varepsilon$$

3.1.3　正规表达式与上下文无关文法

1. 正规表达式到上下文无关文法的转换

正规表达式所描述的语言结构均可以用上下文无关文法描述，反之则不一定。由正规表达式构造上下文无关文法的一种方法如下：

(1) 构造正规表达式的 NFA。

(2) 若 0 为初始状态，则 A_0 为开始符号。

(3) 如果存在映射关系 f(i,a)=j，则定义产生式 $A_i \to aA_j$。

(4) 如果存在映射关系 f(i,ε)=j，则定义产生式 $A_i \to A_j$。

(5) 若 i 为终态，则定义产生式 $A_i \to \varepsilon$。

例 3.5　用上下文无关文法描述正规表达式 $(a \mid b)^* abb$。

[解答]　首先构造识别正规表达式 $(a \mid b)^* abb$ 的 NFA M 如图 3-3 所示。

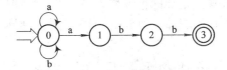

图 3-3　例 3.5 的 NFA M

由构造上下文无关文法的方法得到上下文无关文法 G[A_0] 如下：

$$G[A_0]: \quad A_0 \rightarrow aA_0 \mid bA_0 \mid aA_1$$
$$A_1 \rightarrow bA_2$$
$$A_2 \rightarrow bA_3$$
$$A_3 \rightarrow \varepsilon$$

事实上，由正规表达式构造上下文无关文法还可以采用另一种方法，即通过分析正规表达式的特性凭经验直接构造。如可把 $(a \mid b)^*abb$ 看作由 $(a \mid b)^*$ 和 abb 两部分组成，第一部分是由 0 个或若干个 a 和 b 组成的字符串，而第二部分则仅由 abb 字符串组成，由此得到上下文无关文法 G[A] 如下：

$$G[A]: \quad A \rightarrow HT$$
$$H \rightarrow aH \mid bH \mid \varepsilon$$
$$T \rightarrow abb$$

2. 正规表达式与上下文无关文法描述的对象

上下文无关文法既可以描述程序语言的语法，又可以描述程序语言的词法，但基于下述原因，应采用正规表达式描述词法：

(1) 词法规则简单，采用正规表达式已足以描述。

(2) 正规表达式的表示比上下文无关文法更加简洁、直观和易于理解。

(3) 有限自动机的构造比下推自动机简单且分析效率高。

贯穿词法分析和语法分析始终如一的思想是：语言的描述和语言的识别是表示一个语言的两个不同的侧面，二者缺一不可。用正规表达式和上下文无关文法描述语言时的识别方法(即自动机)不同。通常，正规表达式适合于描述线性结构，如标识符、关键字和注释等；而上下文无关文法则适合于描述具有嵌套(层次)性质的非线性结构，如不同结构的语句 if-else、while 等。

3.2　推导与语法树

在此后的讨论中，我们用大写字母 A、B、S、E 等表示非终结符，用小写字母 a、b、i、j 等表示终结符，并用希腊字母等表示文法符号串，即 α、β、δ、γ 等均属于 $(V_T \cup V_N)^*$。

3.2.1　推导与短语

1. 规范推导

在 3.1.1 节中，所给句子 i+i*i 推导序列中的每一步推导都是对句型中的最右非终结符用相应产生式的右部进行替换，这样的推导称为最右推导。如果每一步推导都是对句型中的最左非终结符用相应产生式的右部进行替换，则称为最左推导。例如句子 i+i*i 按文法(3.1)的最左推导是

$$E \Rightarrow E+E \Rightarrow i+E \Rightarrow i+E*E \Rightarrow i+i*E \Rightarrow i+i*i$$

从一个句型到另一个句型的推导过程并不是唯一的，为了对句子的结构进行确定性分析，我们往往只考虑最左推导或最右推导，并且称最右推导为规范推导。规范推导的逆过程便是规范归约(最左归约)。

2. 短语

设 αβδ 是文法 G[S] 的一个句型，如果有：

$$S \overset{*}{\Rightarrow} \alpha A\delta \quad 且 \quad A \overset{+}{\Rightarrow} \beta$$

则称 β 是句型 αβδ 关于非终结符 A 的一个短语，或称 β 是 αβδ 的一个短语。特别是有 A→β 产生式时，β 为句型 αβδ 的一个直接短语或简单短语。

短语的两个条件缺一不可。仅有 A $\overset{+}{\Rightarrow}$ β 未必意味着 β 就是句型 αβδ 的一个短语，还需要有 S $\overset{*}{\Rightarrow}$ αAδ 这一前提条件加以限制，即由开始符 S 出发能够推导出 αAδ 句型，而句型 αAδ 中的非终结符 A 又能够推导出短语 β；这时 β 既是非终结符 A 的一个短语，也是句型 αβδ 的一个短语。也即，短语属于句型的组成部分。

例如，对文法(3.1)，因为 E $\overset{*}{\Rightarrow}$ E+E*E ⇒ E+E*i，所以 i 是 E+E*i 的一个短语，并且是直接短语；而由 E $\overset{*}{\Rightarrow}$ E+E $\overset{+}{\Rightarrow}$ E+E*i 知 E*i 是 E+E*i 的一个短语，但非直接短语；而 E+E*i 是 E+E*i 自身的短语。

3. 句柄

一个句型的最左直接短语称为该句型的句柄。注意，一个句型的直接短语可能不只一个，但最左直接短语则是唯一的。如对 S $\overset{*}{\Rightarrow}$ αAδ ⇒ αβδ 来说，将句型 αβδ 中的句柄 β 用产生式的左部符号代替便得到新句型 αAδ，这是一次规范归约，恰好与规范推导相反。

4. 素短语

含有终结符的短语，如果它不存在也具有同样性质的真子串(即素短语中不得含有其它素短语)，则该短语为素短语。例如，在 E $\overset{+}{\Rightarrow}$ E+E*i 中，i、E*i 和 E+E*i 是句型 E+E*i 的三个短语；其中，i 为素短语；E*i 虽为短语且含有终结符，但它的真子串 i 是素短语，故 E*i 不是素短语；同样 E+E*i 也不是素短语。

3.2.2　语法树与二义性

1. 语法树

对程序语言来说，有两个问题需要解决：其一是判别程序在语法上是否正确；其二是句子的识别或分析。在编译方法中，为了便于识别或分析句子而引入了语法树这一重要的辅助工具。语法树以图示化的形式把句子分解成各个组成部分来描述或分析句子的语法结构，这种图示化的表示与所定义的文法规则完全一致，但更为直观和完整。

对文法 G[S]=(V_T, V_N, S, ξ)，满足下列条件的树称为 G[S] 的语法树：

(1) 每个结点用 G[S]的一个终结符或非终结符标记。

(2) 根结点用文法开始符 S 标记。

(3) 内部结点(指非树叶结点，内部结点也包括根结点)一定是非终结符，如果某内部结点 A 有 n 个分支，它的所有子结点从左至右依次标记为 x_1、x_2、…、x_n，则 $A \rightarrow x_1x_2 \cdots x_n$ 一定是文法 G[S]的一条产生式。

(4) 如果某结点标记为 ε，则它必为叶结点且是其父结点的唯一子结点。

相应于一个句型的语法树是以文法的开始符 S 作为根结点的，并随着推导逐步展开；当某个非终结符被它对应的产生式右部的某个候选式所替换时，这个非终结符所对应的结点就产生出下一代新结点，即候选式中从左至右的每一个符号都依次顺序对应一个新结点，且每个新结点与其父结点之间都有一条连线(树枝)。在一棵语法树生长过程中的任何时刻，所有那些没有后代的树叶结点自左至右排列起来就是一个句型。

例如，与文法(3.1)的句子 i+i*i 相应的语法树如图 3-4 所示。

在构造语法树时可以发现，一个句型的最左推导及最右推导只决定先生长左子树还是先生长右子树，句型推导结束时相应的语法树也随之完成，这时已不能看出是先生长左子树还是先生长右子树，所呈现的仅仅是已经长成的这个句子或句型的语法树。这与使用文法规则进行推导是有差异的，即使用文法规则的推导过程是有先后之分的。因此，一棵语法树表示了一个句型种种可能的(但未必是所有的——见下面文法的二义性)不同推导过程，包括最左(最右)推导。如果我们坚持使用最左(或最右)推导，那么一棵语法树就完全等价于一个最左(或最右)推导，这种等价性也包括语法树的每一步生长和推导的每一步展开的这种完全一致性。

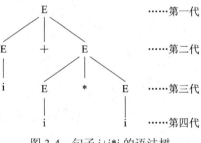

图 3-4　句子 i+i*i 的语法树

2．子树和短语

语法树的某个内部结点(即非树叶结点)连同它的所有后代组成了一棵子树，子树的根结点即为此内部结点。只含有单层分枝的子树称为简单子树。

子树与短语的关系十分密切，根据子树的概念，句型的短语、直接短语、句柄和素短语的直观解释如下：

(1) 短语：子树的末端结点(即树叶)组成的符号串是相对于子树根的短语。

(2) 直接短语：简单子树的末端结点组成的符号串是相对于简单子树根的直接短语。

(3) 句柄：最左简单子树的末端结点组成的符号串为句柄。

(4) 素短语：子树的末端结点组成的符号串含终结符，且在该子树中不再有含有终结符的更小子树。

短语和直接短语的进一步解释是：

(1) 短语：由内部结点向下生长的全部树叶自左至右的排列。每个内部结点都有一个短语，也可能有些内部结点的短语是同一个。

(2) 直接短语：内部结点直接一步生长出来的结点全部都由树叶组成(即以该内部结点为根的子树是简单子树)，该全部树叶自左至右的排列即为直接短语。

因此，直接短语是在短语基础上增加了只能向下生长一步且向下生长一步所产生的结点全部都由树叶组成这一限制；而句柄则是在直接短语的基础上增加了"最左"这一条件限制。

对素短语来说，首先要求素短语本身必须是一个短语，并在短语基础上又增加了两条限制(求素短语的另一种方法见本章3.4.2节)：①构成素短语的全部树叶中至少含有一个终结符；②该素短语的全部树叶中不得含有其它素短语。

显然，从语法树出发寻找短语、直接短语、句柄和素短语要直观得多。此外，要注意的是子树末端结点组成的符号串是指由该子树根开始向下生长的所有末端结点(即树叶)自左至右的排列，该子树的部分末端结点并不是该子树的短语。

对图 3-5 所示的关于句型 E+E*i 的语法树来说，它有 3 个内部结点(对应 3 棵子树)，即有 3 个短语，分别为 i、E*i 和 E+E*i；直接短语、句柄和素短语均为 i；而 E+E 由于在句型 E+E*i 的限制下只是树根 E 的部分末端结点，因而不是短语。但是，在图 3-6 中给出的 E+E+E*i 的句型下，E+E 却是子结点 E 的一个直接短语。

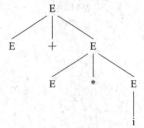

图 3-5　E+E*i 的语法树

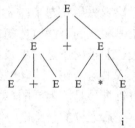

图 3-6　E+E+E*i 的语法树

例如，对本节下面将要介绍的无二义性算术表达式文法：

$$G[E]：E→E+T \mid T$$
$$T→T*F \mid F$$
$$F→(E) \mid i$$

句型 (T+T)*i 对应的语法树如图 3-7 所示。

对图 3-7 所示关于句型 (T+T)*i 的语法树，它有 7 个内部结点(对应 7 棵子树)，相应就有 7 个短语；但根结点(内部结点)E 和第二层内部结点 T 向下生长出来的是同一树叶序列，故两者短语相同，都是 (T+T)*i。第三层的内部结点 T 和第四层的内部结点 F 向下生长的也是同一树叶序列，即两者短语也相同，均为 (T+T)。其余内部结点对应的短语各不相同，因此该句型(语法树)共有 5 个短语：T、T+T、(T+T)、i、(T+T)*i。

图 3-7 对应的直接短语有两个：一个是最下面的内部结点 E 直接一步生长成的树叶 T，另一个是第三层的内部结点 F 直接一步生长成的树叶 i。由于 T 在 i 的左边，故 T 为句柄。

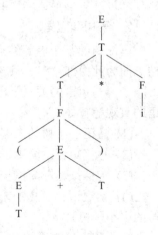

图 3-7　(T+T)*i 对应的语法树

素短语首先必须是一个短语，其次要至少含有一个终结符并且该素短语中不再含有其它更小的素短语。因此，直接短语 T 因其是非终结符(即该短语不含终结符)而不是素短语；直接短语 i 因本身是终结符且不含其它更小的素短语，故为素短语；短语 T+T 满足至少含有一个终结符的条件且 T+T 中不含其它更小的素短语，故为素短语；短语 (T+T) 虽然满

足至少含有一个终结符的条件，但因其含有更小的素短语 T+T 而不是素短语；短语 (T+T)*i
也因同样的原因不是素短语。

现在，可以将句型和短语的关系归纳如下：由根结点(即文法开始符)向下生长的任何
时候，其生长出的全部树叶自左至右的排列就是一个句型。语法树的每个内部结点生长出
的全部树叶自左至右的排列就是短语。由于根结点也是内部结点，所以根结点生长出的全
部树叶自左至右的排列既是句型，又是短语。

3．文法的二义性

文法 G[S] 的一个句子如果能找到两种不同的最左推导(或最右推导)，或者存在两棵不
同的语法树，则称这个句子是二义性的。一个文法如果包含二义性的句子，则这个文法是
二义文法，否则是无二义文法。

例如，对文法(3.1)，句子 i+i*i 存在着两种最左推导或最右推导，所形成的两棵不同的
语法树如图 3-8 所示。

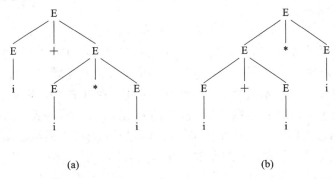

图 3-8　句子 i+i*i 的两棵不同的语法树

再如，条件语句的文法 G[S] 为

$$G[S]:\quad S\rightarrow if\ b\ S$$
$$S\rightarrow if\ b\ S\ else\ S$$
$$S\rightarrow a$$

其中，$V_N = \{S\}$，$V_T = \{a, b, if, else\}$，则句子 if b if b a else a 所对应的两棵不同语法树见图
3-9。因此，文法 G[S] 是二义性文法。

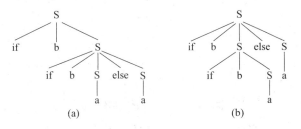

图 3-9　句子 if b if b a else a 的两棵不同语法树

显然，二义性文法将给编译程序的执行带来麻烦。对于二义性文法的句子，当编译程
序对它的结构进行语法分析时，就会产生两种甚至多种不同的解释；由于语法结构的这种
不确定性，因而必将导致语义处理上的不确定性。

4. 文法二义性的消除

一个文法是二义性的，并不说明该文法所描述的语言也是二义性的。也即，对于一个二义性文法 G[S]，如果能找到一个非二义性文法 G'[S]，使得 L(G')=L(G)，则该二义性文法的二义性是可以消除的。如果找不到这样的 G'[S]，则二义性文法描述的语言为先天二义性的。

文法二义性消除的方法如下：

(1) 不改变文法中原有的语法规则，仅加进一些语法的非形式规定。如对文法(3.1)，不改变已有的四条规则(即四个产生式)，仅加进运算符的优先顺序和结合规则，即*优先于+，且*、+都服从左结合。这样，对文法(3.1)中的句子 i+i*i 就只有如图 3-8(a)所示的唯一一棵语法树。

(2) 构造一个等价的无二义性文法，即把排除二义性的规则合并到原有文法中，改写原有的文法。

方法(2)是通过添加新的非终结符来消除文法中的二义性，以达到将原文法改造成一个等价的无二义性文法的目的。

那么，如何才能将文法(3.1)改写为无二义性的文法呢？在构造算术表达式文法时可以按运算符的优先级将产生式分为三个层次："+"、"-" 类为一层，"*"、"/" 类为一层，而括号 "()" 和运算对象 "i" 为另一层；这三层的优先级依次递增。由此，我们在文法(3.1)原有的非终结符 E 基础上再添加两个非终结符 T 和 F，即以 E、T、F 来分别代表三个层次的划分。并且，我们可以由后面将要介绍的归约看出：离根结点越远的短语先被归约，离根结点越近的短语后被归约。体现在文法上就是离开始符(对应根结点)越远的产生式其优先级越高，离开始符越近的产生式其优先级越低，开始符所在的产生式其优先级最低。据此，我们可以将文法(3.1)改写为无二义性的文法 G'[E] 如下：

$$G'[E]:\quad E\rightarrow E+T\mid T$$
$$T\rightarrow T*F\mid F$$
$$F\rightarrow (E)\mid i$$

此时，句子 i+i*i 就只有如图 3-10 所示的唯一一棵语法树。

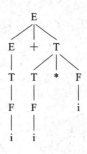

图 3-10　句子 i+i*i 的语法树

例 3.6　试将如下的二义性文法 G[S] 的二义性消除：
$$G[S]:\quad S\rightarrow if\ b\ S\mid if\ b\ S\ else\ S\mid a$$

[解答]　消除 G[S] 的二义性可采用如下两种方法：

(1) 不改变已有规则，仅加进一项非形式的语法规定：else 与离它最近的 if 匹配(即最近匹配原则)，这样，文法 G[S] 的句子 if b if b a else a 只对应唯一的一棵语法树(见图 3-11)。

(2) 改写文法 G[S] 为 G'[S]：S→S₁ | S₂

$$S_1 \rightarrow \text{if b } S_1 \text{ else } S_1 \mid a$$

$$S_2 \rightarrow \text{if b } S \mid \text{if b } S_1 \text{ else } S_2$$

这是因为引起二义性的原因是 if-else 语句的 if 后可以是任意 if 型语句，所以改写文法时规定 if 和 else 之间只能是 if-else 语句或其它语句。这样，改写后文法 G'[S] 的句子 if b if b a else a 只对应唯一的一棵语法树(如图 3-12 所示)。

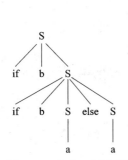
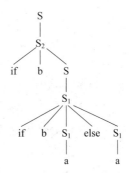

图 3-11　复合 if 语句的语法树　　　　图 3-12　G'[S] 的复合 if 语句的语法树

我们总希望一个文法是无二义性的，这样，句子的分析可以按唯一确定的方式进行。但是，文法的二义性是不可判定的，即不存在一种算法，能够在有限步内判定一个文法是否为二义性的。有时候，二义性文法也可带来一定的好处，如语法分析中二义性文法的应用。

3.3　自顶向下的语法分析

自顶向下分析就是从文法的开始符出发并寻找出这样一个推导序列：推导出的句子恰为输入符号串；或者说，能否从根结点出发向下生长出一棵语法树，其叶结点组成的句子恰为输入符号串。显然，语法树的每一步生长(每一步推导)都以能否与输入符号串匹配为准，如果最终句子得到识别，则证明输入符号串为该文法的一个句子；否则，输入符号串不是该文法的句子。

3.3.1　递归下降分析法

递归下降分析法是一种自顶向下的分析方法，文法的每个非终结符对应一个递归过程(函数)。分析过程就是从文法开始符出发执行一组递归过程(函数)，这样向下推导直到推出句子；或者说从根结点出发，自顶向下为输入串寻找一个最左匹配序列，建立一棵语法树。

1. 自顶向下分析存在的不确定性

假定文法 G[S] 为

$$G[S]: \quad S \rightarrow xAy$$

$$A \rightarrow ab \mid a$$

若输入串为 xay，则其分析过程如下：

(1) 首先建立根结点 S。

(2) 文法关于 S 的产生式只有一个，也即由 S 生长的语法树如图 3-13(a) 所示，它的第一个终结符 x 与输入串待分析的字符 x 匹配。此时，下一个待分析的字符为 a，期待着与语法树中在 x 右侧且与 x 相邻的叶结点 A 匹配。

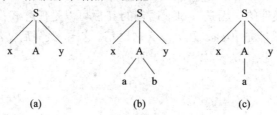

图 3-13　试探分析对应的语法树

(3) 非终结符 A 有两个候选式，先选用第一个候选式生长的语法树(如图 3-13(b) 所示)；这时语法树的第二个叶结点 a 恰与待分析的字符 a 匹配。

(4) 输入串中下一个待分析的字符为 y，它期待与第三个叶结点 b 匹配，但匹配时发现这两个字符是不同的，即匹配失败，这是因为生成 A 的子树时所选用的是其第一个候选式，即(3)中对字符 a 的匹配是虚假匹配。

(5) 因不匹配而将 A 所生成的这棵子树注销，即把匹配指针回退(回溯)到输入串的第二个字符 a，也就是恢复与 A 匹配时的现场，即(3)之前。

(6) 此时 A 选用第二个候选式并生长语法树如图 3-13(c) 所示，这时第二个叶结点 a 与输入串的第二个字符 a 匹配。

(7) 此时输入串的下一个待分析字符指向 y，而语法树的下一个未匹配的叶结点也为 y，两者恰好匹配。因此，图 3-13(c) 所示的语法树即为输入串 xay 的语法树。

显然，这种自顶向下的分析是一个不断试探的过程；也即，在分析过程中，如果出现多个产生式(即候选式)可供选择，则逐一试探每一候选式进行匹配，每当一次试探失败，就选取下一候选式再进行试探；此时，必须回溯到这一次试探的初始现场，包括注销已生长的子树及将匹配指针调回到失败前的状态。这种带回溯的自顶向下分析方法实际上是一种穷举的试探方法，其分析效率极低，在实用的编译程序中很少使用。

2. 确定的自顶向下分析

为了实现确定的(即无回溯的)自顶向下分析，则要求文法满足下述两个条件：

(1) 文法不含左递归，即不存在这样的非终结符号 A：有 A→A…存在或者有 A$\overset{+}{\Rightarrow}$Aα；

(2) 无回溯，对文法的任一非终结符号，当其产生式右部有多个候选式可供选择时，各候选式所推出的终结符号串的首字符集合要两两不相交。

左递归是程序语言的语法规则中并不少见的形式，例如前述消除了二义性的算术表达式文法的一个规则：

　　　　E→E+T　　　　　　//简单表达式→简单表达式+项

如果对该左递归文法采用自顶向下分析法，即首先以"E+T"中的 E 为目标对"E+T"进行试探，进而又以其中的 E 为目标再对选择"E+T"进行试探；也即 E+T⇒E+T+T⇒E+T+T+T⇒…，这种左递归的文法使自顶向下分析工作陷入无限循环。也就是说，当试图用 E 去匹配输入符号串时会发现：在没有吃进任何输入符号的情况下，又得重新要求 E 去进行新的匹配。因此，使用自顶向下分析法首先要消除文法的左递归性。

对于回溯，从上述不确定的自顶向下分析示例可知，由于回溯的存在，可能在已经做了大量的语法分析工作之后，才发现走了一大段错路而必须回头，要把已经做的一大堆语义工作(指中间代码产生工作和各种表格的簿记工作)推倒重来。回溯使得自顶向下语法分析只具有理论意义而无实际使用的价值。因此，要使自顶向下语法分析具有实用性，就必须要消除回溯。

3. 消除左递归

直接消除借助于产生式中的左递归比较容易，其方法是引入一个新的非终结符，把含有左递归的产生式改为右递归。

设关于非终结符 A 的直接左递归的产生式形如

$$A \to A\alpha \mid \beta$$

其中，α、β 是任意的符号串且 β 不以 A 开头。该产生式所能推导的句子如下：

$$A \Rightarrow \beta$$
$$A \Rightarrow A\alpha \Rightarrow \beta\alpha$$
$$A \Rightarrow A\alpha \Rightarrow A\alpha\alpha \Rightarrow \beta\alpha\alpha$$
$$A \Rightarrow A\alpha \Rightarrow A\alpha\alpha \Rightarrow A\alpha\alpha\alpha \Rightarrow \beta\alpha\alpha\alpha$$
$$\cdots$$

我们再看下面不含 A 的直接左递归的产生式

$$A \to \beta A'$$
$$A' \to \alpha A' \mid \varepsilon$$

这两个产生式所能推导的句子如下：

$$A \Rightarrow \beta A' \Rightarrow \beta$$
$$A \Rightarrow \beta A' \Rightarrow \beta\alpha A' \Rightarrow \beta\alpha$$
$$A \Rightarrow \beta A' \Rightarrow \beta\alpha A' \Rightarrow \beta\alpha\alpha A' \Rightarrow \beta\alpha\alpha$$
$$A \Rightarrow \beta A' \Rightarrow \beta\alpha A' \Rightarrow \beta\alpha\alpha A' \Rightarrow \beta\alpha\alpha\alpha A' \Rightarrow \beta\alpha\alpha\alpha$$
$$\cdots$$

推导结果与产生式 $A \to A\alpha \mid \beta$ 的推导结果相同(实际上都能描述正规表达式 $\beta\alpha^*$)。因此，可将产生式 $A \to A\alpha \mid \beta$ 改写为

$$\begin{cases} A \to \beta A' \\ A' \to \alpha A' \mid \varepsilon \end{cases}$$

其中，A' 为新引入的非终结符。另外，ε 不可缺少，否则上面的推导过程将无法完成。

例如，含有直接左递归的表达式文法 G[E] 为

$$G[E]: \quad E \to E+T \mid T$$
$$T \to T*F \mid F$$
$$F \to (E) \mid i$$

经过消去直接左递归后得到文法 G'[E] 为

$$G'[E]: \quad E \to TE'$$
$$E' \to +TE' \mid \varepsilon$$

$$T \rightarrow FT'$$
$$T' \rightarrow *FT' \mid \varepsilon$$
$$F \rightarrow (E) \mid i \tag{3.2}$$

将产生式 $A \rightarrow A\alpha \mid \beta$ 中的 α 和 β 拓广为多项时，则文法中关于 A 的产生式为

$$A \rightarrow A\alpha_1 \mid A\alpha_2 \mid \cdots \mid A\alpha_m \mid \beta_1 \mid \beta_2 \mid \cdots \mid \beta_n$$

其中，每个 α 都不等于 ε 且每个 β 都不以 A 开头，则消除 A 的直接左递归性就是将其改写为

$$\begin{cases} A \rightarrow \beta_1 A' \mid \beta_2 A' \mid \cdots \mid \beta_n A' \\ A' \rightarrow \alpha_1 A' \mid \alpha_2 A' \mid \cdots \mid \alpha_m A' \mid \varepsilon \end{cases}$$

例如，对产生式 $E \rightarrow E+T \mid E-T \mid T$，消除直接左递归后为

$$E \rightarrow TE'$$
$$E' \rightarrow +TE' \mid -TE' \mid \varepsilon$$

注意：也有些文法是含有间接左递归的，如下述文法 $G[S]$：

$$G[S]: \quad S \rightarrow Qc \mid c$$
$$Q \rightarrow Rb \mid b$$
$$R \rightarrow Sa \mid a \tag{3.3}$$

该文法虽不具有直接左递归，但 S、Q、R 都是左递归的，有

$$S \Rightarrow Qc \Rightarrow Rbc \Rightarrow Sabc$$

如何消除一个文法的一切左递归呢？如果一个文法不含回路(形如 $A \overset{+}{\Rightarrow} A$ 的推导)，且产生式的右部也不含 ε 的候选式，那么，下述算法将消除文法的左递归：

(1) 将文法 $G[S]$ 的所有非终结符按一给定的顺序排列：A_1、A_2、$\cdots$、A_n；

(2) 执行下述循环语句将间接左递归改为直接左递归：

```
for(i=1;i<=n;i++)
    for(j=1;j<=i-1;j++)
    { 把一个形如：
```

$$\begin{cases} A_i \rightarrow A_j\gamma \mid \beta_1 \mid \beta_2 \mid \cdots \mid \beta_n \\ A_j \rightarrow \delta_1 \mid \delta_2 \mid \cdots \mid \delta_k \end{cases}$$

的产生式改写为

$$A_i \rightarrow \delta_1\gamma \mid \delta_2\gamma \mid \cdots \mid \delta_k\gamma \mid \beta_1 \mid \beta_2 \mid \cdots \mid \beta_n;$$

按消除直接左递归的方法消除 A_i 的直接左递归；

```
    }
```

(3) 化简由(2)所得的文法，即去掉那些从开始符号 S 出发，在推导中无法出现的非终结符的产生式(去掉多余产生式)。

注意：消除左递归之前的文法不允许有 ε 产生式，否则无法得到等效的无左递归文法。因此，如果原文法中有 ε 的产生式，则需将文法改写为无 ε 的产生式的文法。此外，此算法并未对非终结符的排列顺序加以规定，不同的排列可能得到不同的结果，但彼此是等价的。

　　例如，将文法(3.3)的非终结符排序为 R、Q、S。对 R 来说，它不存在直接左递归；把 R 代入到 Q 的有关候选式后得到改变的 Q 产生式为

$$Q \rightarrow Sab \mid ab \mid b$$

　　现在的 Q 同样不含直接左递归，再把它代入到 S 的有关候选式后得到改变的 S 产生式为

$$S \rightarrow Sabc \mid abc \mid bc \mid c$$

　　经过消除了 S 的直接左递归后，即得到了整个文法 G'[S] 为

$$G'[S]: \quad S \rightarrow abcS' \mid bcS' \mid cS'$$
$$S' \rightarrow abcS' \mid \varepsilon$$
$$Q \rightarrow Sab \mid ab \mid b$$
$$R \rightarrow Sa \mid a$$

　　显然，关于 Q 和 R 的产生式已为多余，因此化简后的最终文法 G''[S] 为

$$G''[S]: \quad S \rightarrow abcS' \mid bcS' \mid cS'$$
$$S' \rightarrow abcS' \mid \varepsilon \tag{3.4}$$

　　实际上，我们也可以用数学中的分配律来消除文法中的左递归。对文法(3.3)，首先将 R 的产生式代入到 Q 的产生式中(注："(" 和 ")" 为元语言符号)

$$Q \rightarrow (Sa \mid a)b \mid b$$

并按分配律展开得到

$$Q \rightarrow Sab \mid ab \mid b$$

再将改变后 Q 的产生式代入到 S 的产生式中

$$S \rightarrow (Sab \mid ab \mid b)c \mid c$$

并按分配律展开得到

$$S \rightarrow Sabc \mid abc \mid bc \mid c$$

在消除 S 的直接左递归后同样得到文法(3.4)。

4. 消除回溯

　　回溯发生的原因在于候选式存在公共的左因子，如产生式 A 如下：

$$A \rightarrow \alpha\beta_1 \mid \alpha\beta_2$$

此时，如果输入串待分析的字符串前缀为 α，则选用哪个候选式以寻求与输入串匹配就难以确定。倘若候选式不含公共左因子，则推导出的首字符能与输入串匹配的那个候选式便是唯一的匹配。在文法 G[S] 中的每个非终结符相应的产生式右部其候选式均不含公共左因子的情况下，语法分析的匹配过程都是唯一匹配，无需试探；这时若匹配失败，则意味着输入串不是句子。

　　一般情况下，设文法中关于 A 的产生式为

$$A \rightarrow \delta\beta_1 \mid \delta\beta_2 \mid \cdots \mid \delta\beta_i \mid \beta_{i+1} \mid \cdots \mid \beta_j \tag{3.5}$$

　　那么，可以把这些产生式改写为

$$\begin{cases} A \rightarrow \delta A' \mid \beta_{i+1} \mid \cdots \mid \beta_j \\ A' \rightarrow \beta_1 \mid \cdots \mid \beta_i \end{cases} \tag{3.6}$$

经过反复提取左因子，就能把每个非终结符(包括新引进者)的所有候选首字符集变为两两不相交(即不含公共左因子)。

我们也可以用数学中提取公共因子的办法来提取公共左因子。如对式(3.5)提取公共(左)因子后得

$$A \to \delta\,(\beta_1 \mid \beta_2 \mid \ldots \mid \beta_i) \mid \beta_{i+1} \mid \ldots \mid \beta_j \qquad (注："("与")"为元语言符号)$$

将产生式中由"("和")"括起的部分以非终结符 A'命名则得到式(3.6)。

例如，对文法 G[A]：A→aAb｜a｜b 提取公共左因子后的文法 G'[A]为

$$G'[A]：A \to aA' \mid b$$
$$A' \to Ab \mid \varepsilon$$

5. 递归下降分析器

在不含左递归和每个非终结符的所有候选终结首符集都两两不相交的条件下，我们就可能构造一个不带回溯的自顶向下的分析程序，这个分析程序是由一组递归过程(或函数)组成的，每个过程(或函数)对应文法的一个非终结符。这样的一个分析程序称为递归下降分析器。

例如，文法(3.2)对应的递归下降分析器如下：

```
void match(token t)
{
    if (lookahead == t)
        lookahead = nexttoken;
    else error( );
}
void E( )
{
    T( );
    E'( );
}
void E'( )
{
    if (lookahead == '+')
    {
        match ('+');
        T( );
        E'( );
    }
}
void T( )
{
    F( );
```

```
        T'( );
    }
    void T'( )
    {
        if (lookahead =='*')
        {
            match ('*');
            F( );
            T'( );
        }
    }
    void F( )
    {
        if (lookahead == 'i')
            match ('i');
        else if (lookahead =='(')
        {
            match ('(');
            E( );
            if (lookahead ==')')
                match (')');
            else error( );
        }
        else error( );
    }
```

　　我们知道，关于 E'的产生式是

$$E'\to +TE' \mid \varepsilon$$

即 E'只有两个候选式：第一个候选式的开头终结符为+，第二个候选式为 ε。这就是说，当 E'面临输入符号"+"时就令第一个候选式进入工作，而当面临任何其它符号时，E'就自动认为获得了匹配(匹配于 ε)。递归函数 E'就是根据这一原则设计的。

　　例如，我们将递归函数的调用以栈的形式模拟来分析输入串 #i_1*(i_2+i_3)# 的语法分析过程；在此，"#"为输入串 i_1*(i_2+i_3) 的分隔符。进行语法分析时，首先将"#"和文法开始符 E 压入栈中，当语法分析进行到栈中仅剩"#"而输入串扫描指针已指向输入串尾部的"#"时，则语法分析成功，分析过程如图 3-14 所示。

　　注意：图 3-14 中第 (5) 步执行函数 F( ) 时，因当前扫描的字符为"("，故匹配后应执行 E( )(用栈模拟即为将 E 压栈)；并且，在执行完 E( ) 后还应执行其后的判断")"与匹配")"语句，这在栈的模拟中则是标出此时 E 压栈之前的位置(见图 3-14 的第 (7)～(14) 步)，即弹栈至此时(第(14)步结束时)应执行这个判断")"与匹配")"语句。

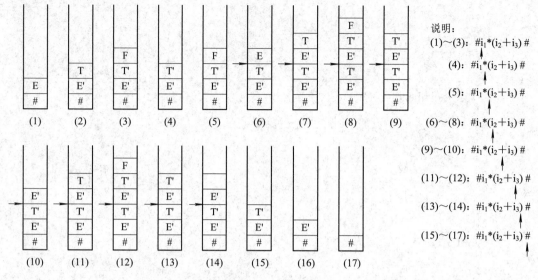

图 3-14　输入串 $i_1*(i_2+i_3)$ 的语法分析

我们也可以用消除了二义性的算术表达式文法来得到递归下降分析器：

$$G[E]：E \rightarrow E+T \mid T$$
$$T \rightarrow T*F \mid F$$
$$F \rightarrow (E) \mid i$$

由 E 的产生式 $E \rightarrow E+T \mid T$ 可推出：

$$E \Rightarrow T$$
$$E \Rightarrow E+T \Rightarrow T+T$$
$$E \Rightarrow E+T \Rightarrow E+T+T \Rightarrow T+T+T$$
$$E \Rightarrow E+T \Rightarrow E+T+T \Rightarrow E+T+T+T \Rightarrow T+T+T+T$$
$$\cdots$$

即可得到 E 的正规表达式为：$T(+T)^*$，从而得到图 3-15 中 E 的状态转换图(DFA M)。同理，由 T 的产生式 $T \rightarrow T*F \mid F$ 也可得到 T 的正规表达式为：$F(+F)^*$，从而得到图 3-15 中 T 的状态转换图。而产生式 $F \rightarrow (E) \mid i$ 的状态转换图则可直接画出(见图 3-15 中 F 的状态转换图)。然后，借助于状态转换图来得到递归下降分析器。这种方法的特点是无需消除文法的左递归，但仍然要消除文法中的回溯。

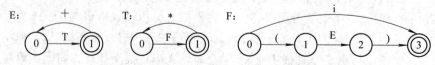

图 3-15　非终结符对应的状态转换图

图 3-15 中三个状态转换图的工作是以一种相互递归的方式进行的；因此，每个状态转换图的作用就如同一个递归过程(函数)。这时，前面的递归下降分析器程序可删除函数 E'() 和 T'()，而将 E() 和 T() 改为

```
    void E()
    {
```

```
        T();
        while( lookahead=='+')
        {
            match('+');
            T();
        }
    }
    void T()
    {
        F();
        while( lookahead=='*')
        {
            match('*');
            F();
        }
    }
```

3.3.2 LL(1)分析法

LL(1)分析法又称预测分析法，是一种不带回溯的非递归自顶向下分析法。LL(1)的含义是：第一个 L 表明自顶向下分析是从左至右扫描输入串的；第二个 L 表明分析过程中将用最左推导；"1"表明只需向右查看一个符号就可决定如何推导(即可知用哪个产生式进行推导)。类似地，也可以有 LL(k)文法，也就是向前查看 k 个符号才能确定选用哪个产生式，不过 LL(k)(k>1)在实际中极少使用。

1．表驱动的 LL(1)分析器

LL(1)分析法的基本思想是根据输入串的当前输入符号来唯一确定选用某条规则(产生式)来进行推导；当这个输入符号与推导的第一个符号相同时，再取输入串的下一个符号，继续确定下一个推导应选的规则；如此下去，直到推导出被分析的输入串为止。

一个 LL(1)分析器由一张 LL(1)分析表(也称预测分析表)、一个先进后出分析栈和一个控制程序(表驱动程序)组成，如图 3-16 所示。

对图 3-16 所示的 LL(1)分析器说明如下：

(1) 输入串是待分析的符号串，它以界符"#"作为结束标志(注：#∈V_T 但不是文法符号，是由分析程序自动添加的)。

(2) 分析栈(又称符号号栈)中存放分析过程中的文法符号。分析开始时栈底先放入一个"#"，然后再压入文法的开始符号；当

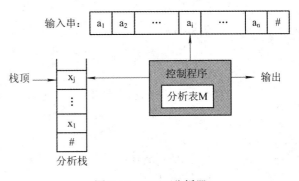

图 3-16 LL(1)分析器

分析栈中仅剩"#"，输入串指针也指向串尾的"#"时，分析成功。

(3) 分析表用一个矩阵(或二维数组)M 表示，它概括了相应文法的全部信息。矩阵的每一行与文法的一个非终结符相关联，而每一列与文法的一个终结符或界符"#"相关联。对 M[A,a]来说，A 为非终结符，而 a 为终结符或"#"。分析表元素 M[A,a]中的内容为一条关于 A 的产生式，表明当 A 面临输入符号 a 时当前推导所应采用的候选式；当元素内容为空白(空白表示"出错标志")时，则表明 A 不应该面临这个输入符号 a，即输入串含有语法错误。

(4) 控制程序根据分析栈顶符号 x 和当前输入符号 a 来决定分析器的动作：

① 若 x = a = "#"，则分析成功，分析器停止工作。

② 若 x = a ≠ "#"，即栈顶符号 x 与当前扫描的输入符号 a 匹配；则将 x 从栈顶弹出，输入指针指向下一个输入符号，继续对下一个字符进行分析。

③ 若 x 为一非终结符 A，则查 M[A,a]：

i. 若 M[A,a]中为一个 A 的产生式，则将 A 自栈顶弹出，并将 M[A,a]中的产生式右部符号串按逆序逐一压入栈中；如果 M[A,a]中的产生式为 A→ε，则只将 A 自栈顶弹出。

ii. 若 M[A,a]中为空，则发现语法错误，调用出错处理程序进行处理。

控制程序描述如下：

```
    将"#"和文法开始符依次压入符号栈中;
    把第一个输入符号读入 a;
    do{
        把栈顶符号弹出并放入 x 中;
        if(x∈V_T)
        {
            if(x==a)
            {
                if(a!= '#')将下一输入符号读入 a;
            }
            else error( );
        }
        else
            if(M[x,a] = "x→y₁y₂…y_k")
            {
                按逆序依次把 y_k、y_{k-1}、…、y₁ 压入栈中;
                输出"x→y₁y₂…y_k";
            }
            else error( );
    }while(x!= '#');
```

例 3.7 算术表达式文法(3.2)的 LL(1)分析表如表 3.1 所示，试给出输入串 $i_1+i_2*i_3$ 的分析过程。

表 3.1　算术表达式的 LL(1) 分析表

	i	+	*	(	)	#
E	E→TE'			E→TE'		
E'		E'→+TE'			E'→ε	E'→ε
T	T→FT'			T→FT'		
T'		T'→ε	T'→*FT'		T'→ε	T'→ε
F	F→i			F→(E)		

[解答]　输入串 $i_1+i_2*i_3$ 按控制程序进行的分析过程如表 3.2 所示。

表 3.2　输入串 $i_1+i_2*i_3$ 的分析过程

符号栈	输入串	当前输入符号	说　　　明
#E	$i_1+i_2*i_3$#	i_1	弹出栈顶符号 E，将 M[E,i]中 E→TE'的 TE'逆序压栈
#E'T	$i_1+i_2*i_3$#	i_1	弹出栈顶符号 T，将 M[T,i]中 T→FT'的 FT'逆序压栈
#E'T'F	$i_1+i_2*i_3$#	i_1	弹出栈顶符号 F，将 M[F,i]中 F→i 的 i 压栈
#E'T'i	$i_1+i_2*i_3$#	i_1	匹配，弹出栈顶符号 i 并读出输入串的下一个输入符号+
#E'T'	$+i_2*i_3$#	+	弹出栈顶符号 T'，因 M[T',+]中为 T'→ε，故不压栈
#E'	$+i_2*i_3$#	+	弹出栈顶符号 E'，将 M[E',+]中 E'→+TE'的+TE'逆序压栈
#E'T+	$+i_2*i_3$#	+	匹配，弹出栈顶符号+并读出输入串的下一个输入符号 i_2
#E'T	i_2*i_3#	i_2	弹出栈顶符号 T，将 M[T,i]中 T→FT'的 FT'逆序压栈
#E'T'F	i_2*i_3#	i_2	弹出栈顶符号 F，将 M[F,i]中 F→i 的 i 压栈
#E'T'i	i_2*i_3#	i_2	匹配，弹出栈顶符号 i 并读出输入串的下一个输入符号*
#E'T'	$*i_3$#	*	弹出栈顶符号 T'，将 M[T',*]中 T'→*FT'的*FT'逆序压栈
#E'T'F*	$*i_3$#	*	匹配，弹出栈顶符号*并读出输入串的下一个输入符号 i_3
#E'T'F	i_3#	i_3	弹出栈顶符号 F，将 M[F,i]中 F→i 的 i 压栈
#E'T'i	i_3#	i_3	匹配，弹出栈顶符号 i 并读出输入串的下一个输入符号#
#E'T'	#	#	弹出栈顶符号 T'，因 M[T',#]中为 T'→ε，故不压栈
#E'	#	#	弹出栈顶符号 E'，因 M[E',#]中为 T'→ε，故不压栈
#	#	#	匹配，分析成功

2．LL(1)分析表的构造

在表驱动的 LL(1)分析器中，除了分析表因文法的不同而异之外，分析栈、控制程序都是相同的。因此，构造一个文法的表驱动 LL(1)分析器实际上就是构造该文法的分析表。

为了构造分析表 M，需要预先定义和构造两族与文法有关的集合 FIRST 和 FOLLOW。

假定 α 是文法 G[S]的任一符号串(α∈$(V_T \cup V_N)$*)，可定义

$$\text{FIRST}(\alpha) = \{a \mid \alpha \stackrel{*}{\Rightarrow} a\cdots, a \in V_T\}$$

如果 $\alpha \stackrel{*}{\Rightarrow} \varepsilon$，则规定 ε∈FIRST(α)；也即，FIRST(α)是 α 的所有可能推导的开头终结符或可能的 ε。这里的 FIRST(α)只是一般的公式，具体到文法中，只需求出文法中所有非终结符的 FIRST 集即可。

假定 S 是文法 G[S]的开始符号，对 G[S]的任何非终结符 A，可定义

$$FOLLOW(A)=\{a \mid S \overset{*}{\Rightarrow} \cdots Aa\cdots, a\in V_T\}$$

如果 $S \overset{*}{\Rightarrow} \cdots A$，则规定界符#∈FOLLOW(A)；也即，FOLLOW(A) 是所有句型中出现在紧随 A 之后的终结符或"#"。

(1) FIRST 集构造方法：对文法中的每一个非终结符 X 构造 FIRST(X)，其方法是连续使用下述规则，直到每个集合的 FIRST 不再增大为止。(注：对终结符 a 而言，FIRST('a')={a}，因而无需构造。)

① 若有产生式 X→a⋯，且 a∈V_T，则把 a 加入到 FIRST(X)中；若存在 X→ε，则将 ε 也加入到 FIRST(X)中。

② 若有 X→Y⋯，且 Y∈V_N，则将 FIRST(Y)中的所有非 ε 元素(记为"\{ε}")都加入到 FIRST(X)中；若有 X→$Y_1Y_2\cdots Y_k$，且 Y_1～Y_i 都是非终结符，而 Y_1～Y_i 的候选式都有 ε 存在，则把 FIRST(Y_j)(j=1,2,⋯,i)的所有非 ε 元素都加入到 FIRST(X)中；特别是当 Y_1～Y_k 均含有 ε 产生式时，应把 ε 也加到 FIRST(X)中。

(2) FOLLOW 集构造方法：对文法 G[S]的每个非终结符 A 构造 FOLLOW(A)的方法是连续使用下述规则，直到每个 FOLLOW 不再增大为止。

① 对文法开始符号 S，置#于 FOLLOW(S)中(由语句括号"#S#"中的 S#得到)。

② 若有 A→αBβ(α 可为空)，则将 FIRST(β)\{ε}加入到 FOLLOW(B)中。

③ 若有 A→αB 或 A→αBβ，且 $β \overset{*}{\Rightarrow} ε$(即 ε∈FIRST(β))，则把 FOLLOW(A)加到 FOLLOW(B)中(此处的 α 也可为空)。

注意：对 FIRST 集构造方法 ②，若有 a∈FIRST(Y)，即有 Y→a⋯；如果存在 X→Y⋯，则由 X⇒Y⋯⇒a⋯可知 a∈FIRST(X)；即若有 X→Y⋯，则有 FIRST(Y)\{ε}⊆FIRST(X)。

对于 FOLLOW 集构造方法 ②，可理解为在文法中有形如⋯Aα⋯的产生式，则有 FIRST(α)\{ε}⊆FOLLOW(A)；而对构造方法 ③，对形如 A→⋯B 的产生式，如果存在⋯Aa⋯的符号串，则用 A→⋯B 可推得：⋯Ba⋯，也即原属于 FOLLOW(A)的字符 a 此时必定属于 FOLLOW(B)，即有 FOLLOW(A)⊆FOLLOW(B)。

此外，构造 FIRST 集和 FOLLOW 集的过程有可能要反复进行多次，直到每一个非终结符的 FIRST 集和 FOLLOW 集都不再增大为止。

FIRST 集确定了每一个非终结符在扫描输入串时所允许遇到的输入符号及所应采用的推导产生式(该非终结符所对应的产生式中的哪一个候选式)。

FOLLOW 集是针对文法中形如"A→ε"这样产生式的，即在使用 A 的产生式进行推导时，面临输入串中哪些输入符号时则此时有一空字(即 ε)匹配而不出错；当然，此时的扫描指针仍指向当前扫描的输入符号上，并不向前推进。

(3) 构造分析表 M。

① 对文法 G[S]的每个产生式 A→α 执行以下②、③步。

② 对每个终结符 a∈FIRST(A)，把 A→α 加入到 M[A,a]中，其中 α 为含有首字符 a 的候选式或为唯一的候选式。

③ 若ε∈FIRST(A)(或文法中有 A→ε 的产生式)则对任何属于FOLLOW(A)的终结符b，将 A→ε 加入到 M[A,b]中。

④ 把所有无定义的 M[A, a] 标记为 "出错"。

一个文法 G[S]，若它的分析表 M 不含多重定义入口，则称它是一个 LL(1) 文法，它所定义的语言恰好就是它的分析表所能识别的全部句子。一个上下文无关文法是 LL(1) 文法的充分必要条件是：对每一个非终结符 A 的任何两个不同产生式 A→α | β，有下面的条件成立：

(1) FIRST(α)∩FIRST(β)＝Φ；

(2) 假若 β$\overset{*}{\Rightarrow}$ε，则有 FIRST(α)∩FOLLOW(A)＝Φ。

条件(1)意味着 A 的每个候选式都不存在相同的首字符，由 LL(1) 分析表的构造方法可知：它避免了在分析表的同一栏目内出现多个产生式的情况，即避免了多重入口。

条件(2)避免了在分析表的同一栏目内出现 A→α 和 A→ε(这同样是多重入口)的情况。例如对文法：

$$G[S]:\ S→Aa\ |\ b$$
$$A→a\ |\ ε$$

则有 FIRST(A)＝{a, ε}、FOLLOW(A)＝{a}，此时文法对应的分析表 M[A, a] 栏里必然有两个产生式 A→α 和 A→ε 存在，即形成了多重入口；而此时由条件(2)也可以得知：FIRST('a')∩FOLLOW(A)＝{a}≠Φ。

注意：LL(1) 文法首先是无二义的，这一点可以从分析表不含多重定义入口得知；并且，含有左递归的文法绝不是 LL(1) 文法，所以必须首先消除文法的一切左递归。其次，应该消除回溯(即提取公共左因子)。但是，文法中不含左因子只是 LL(1) 文法的必要条件，一个文法提取了公共左因子后，只解决了非终结符对应的所有候选式不存在相同首字符的问题(即每个候选式的 FIRST 集互不相交)，只有当改写后的文法不含 ε 产生式且无左递归时才可立即断定该文法是 LL(1) 文法，否则必须用上面 LL(1) 文法的充要条件进行判定(或者看 LL(1) 分析表中是否存在多重入口来判定)。

例 3.8 试构造表达式文法 G[E] 的 LL(1) 分析表，其中：

$$G[E]:\ E→TE'$$
$$E'→+TE'\ |\ ε$$
$$T→FT'$$
$$T'→*FT'\ |\ ε$$
$$F→(E)\ |\ i$$

[解答] 首先构造 FIRST 集，步骤如下：

(1) FIRST(E')＝{+, ε}；FIRST(T')＝{*, ε}；FIRST(F)＝{(, i}；

(2) 由 T→F… 和 E→T… 知 FIRST(F)⊂FIRST(T)⊂FIRST(E)，即有 FIRST(T)＝FIRST(E)＝{(, i}。

其次构造 FOLLOW 集，步骤如下：

(1) FOLLOW(E)＝{#}；

(2) 由 E→TE'知 FIRST(E')\{ε}⊂FOLLOW(T)，即 FOLLOW(T)＝{+}；

由 T→FT'知 FIRST(T')\{ε}⊂FOLLOW(F)，即 FOLLOW(F)＝{*}；

由 F→(E)知 FIRST(')')⊂FOLLOW(E)，即 FOLLOW(E)＝{), #}；

(3) 由 E→TE'知 FOLLOW(E)⊂FOLLOW(E')，即 FOLLOW(E')＝{), #}；

由 E→TE'且 E'→ε 知 FOLLOW(E)⊂FOLLOW(T)，即 FOLLOW(T)={+,),#}；

由 T→FT'知 FOLLOW(T)⊂FOLLOW(T')，即 FOLLOW(T')={+,),#}；

由 T→FT'且 T'→ε 知 FOLLOW(T)⊂FOLLOW(F)，即 FOLLOW(F)={*,+,),#}；

最后得到文法 G[E]的 LL(1)分析表如表 3.1 所示。

例 3.9　程序语言中 if-else 语句的文法 G[S]为

$$G[S]：S→iESeS｜iES｜a$$
$$E→b$$

其中，e 遵从最近匹配原则。试改造文法 G[S]并为之构造 LL(1)分析表。

[解答]　提取公共左因子后得到文法 G'[S]：

$$G'[S]：S→iESS'｜a$$
$$S'→eS｜ε$$
$$E→b$$

求出每个非终结符的 FIRST 集和 FOLLOW 集。

FIRST 集构造：

$$FIRST(S)=\{i,a\}；\qquad FIRST(S')=\{e,ε\}；$$
$$FIRST(E)=\{b\}。$$

FOLLOW 集构造：

(1) FOLLOW(S)={#}；

(2) 由 S→…ES… 知 FIRST(S)\{ε}⊂FOLLOW(E)，即 FOLLOW(E)={i,a}；

由 S→…S S' 知 FIRST(S')\{ε}⊂FOLLOW(S)，即 FOLLOW(S)={e,#}；

(3) 由 S→…S S'知 FOLLOW(S)⊂FOLLOW(S')，即 FOLLOW(S')={e,#}。

构造分析表见表 3.3。

表 3.3　例 3.9 的分析表

	i	e	a	b	#
S	S→iESS'		S→a		
S'		S'→eS S'→ε			S'→ε
E				E→b	

我们看到，分析表 M 含有多重入口冲突项 M[S',e]，因此文法 G[S]不是 LL(1)文法(实际上 G[S]是一个二义文法，二义文法构造的 LL(1)分析表必定含有冲突项)。我们可以通过图 3-17 来解决 M[S',e]栏的冲突。对图 3-17，iES 面临输入符号 e 时绝不能用 ε 匹配；如果用 ε 匹配，则认为 iES 是一个句型而丢掉了其后的 eS(这样做将认为 eS 是一个新的句型，而 eS 本身却无法构成一个句型)，即最终不可能得到句型 iESeS。因此，应继续扫描 eS 以便形成最终的句型 iESeS；这也意味着，在分析表的 M[S',e]栏内应舍弃 S'→ε 而保留 S'→eS。由此得到无二义的 LL(1)分析表见表 3.4。

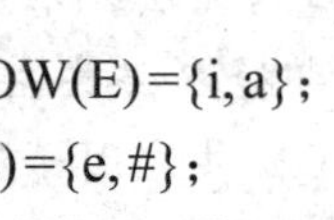

图 3-17　iES 面临输入符号 e 时
可能出现的情况

表 3.4　例 3.9 的 LL(1) 分析表

	i	e	a	b	#
S	S→iESS'		S→a		
S'		S'→eS			S'→ε
E				E→b	

例 3.10　证明下述文法 G[S]不是 LL(1)文法，并给出其等价的 LL(1)文法。

$$G[S]:\quad S→LA$$
$$L→i:\mid ε$$
$$A→i=e$$

[解答]　FIRST 集构造：

(1)　FIRST(L)={i,ε}；
　　　FIRST(A)={i}；

(2)　由 S→L…得 FIRST(L)\{ε}⊂FIRST(S)，即 FIRST(S)={i}；
　　　又由 S→LA 和 L→ε 推出 S→A，则 FIRST(A)\{ε}⊂FIRST(S)，即 FIRST(S)={i}
　　　FOLLOW 集构造：

(1)　FOLLOW(S)={#}；

(2)　由 S→LA 得：FIRST(A)\{ε}⊂FOLLOW(L)，即 FOLLOW(L)={i}；

(3)　由 S→LA 得：FOLLOW(S)⊂FOLLOW(A)，即 FOLLOW(A)={#}；

对产生式 L→i:|ε，由于有 FIRST(i:)∩FOLLOW(L)={i}∩{i}≠Φ，即不满足 LL(1)文法充分必要条件(2)，所以文法 G[S]不是 LL(1)文法。

为了满足 LL(1)文法的条件，需对文法 G[S]进行如下改造：

(1)　消去非终结符 L 和 A，得到：

$$G'[S]:\quad S→i:i=e\mid i=e$$

由此我们也可以看出 G'[S]存在着回溯(即含有公共左因子)，故不是 LL(1)文法。

(2)　提取公共左因子 i 得到：

$$G''[S]:\quad S→iA$$
$$A→:i=e\mid =e$$

这时有：

$$FIRST(S)={i}；$$
$$FIRST(A)={:,=}；$$
$$FOLLOW(S)={#}；$$

由 S→iA 得：FOLLOW(S)⊂FOLLOW(A)，即

$$FOLLOW(A)={#}；$$

而此时有：

$$FIRST(iA)∩FOLLOW(S)={i}∩{#}=Φ$$

故文法 G''[S]是与 G[S]等价的 LL(1)文法。

3.4　自底向上的语法分析

自底向上的语法分析与自顶向下的语法分析相比，它无需消除左递归和回溯；对某些二义文法，也可以采用自底向上分析方法。因此，自底向上分析的适用范围更大。

3.4.1　自底向上分析原理

所谓自底向上分析就是自左至右扫描输入串，自底向上进行分析；通过反复查找当前句型的句柄(最左直接短语)，并使用产生式规则将找到的句柄归约为相应的非终结符。这样逐步进行"归约"，直到归到文法的开始符号；或者说，从语法树的末端开始，步步向上"归约"，直到根结点。

自底向上分析法是一种"移进-归约"法，这是因为在自底向上分析过程中采用了一个先进后出的分析栈。分析开始后，把输入符号自左至右逐个移进分析栈，并且边移入边分析，一旦栈顶的符号串形成某个句型的句柄就进行一次归约，即用相应产生式的左部非终结符替换当前句柄。接下来继续查看栈顶是否形成新的句柄，若为句柄则再进行归约；若栈顶不是句柄则继续向栈中移进后续输入符号。不断重复这一过程，直到将整个输入串处理完毕。若此时分析栈只剩有文法的开始符号则分析成功，即确认输入串是文法的一个句子；否则，即认为分析失败。

我们举一个简单的例子来说明这种分析过程。假设一文法 G[S] 为

$$G[S]: S \rightarrow aAbB$$
$$A \rightarrow c \mid Ac$$
$$B \rightarrow d$$

试对输入串 accbd 进行分析，检查该符号串是否是 G[S] 的一个句子。

我们仍将"#"作为输入串的界符(括号)，并将输入串前的"#"放入分析栈，接着将输入串的符号依次进栈，具体分析过程如表 3.5 所示。

表 3.5　对输入串 accbd 自底向上的分析过程

步骤	分析栈	句　柄	输入串	动　作
1	#		accbd#	移进
2	#a		ccbd#	移进
3	#ac		cbd#	移进
4	#aA	c	cbd#	归约(A→c)
5	#aAc		bd#	移进
6	#aA	Ac	bd#	归约(A→Ac)
7	#aAb		d#	移进
8	#aAbd		#	移进
9	#aAbB	d	#	归约(B→d)
10	#S	aAbB	#	归约(S→aAbB)

上述语法分析过程可以用一棵分析树来表示。在自底向上分析过程中，每一步归约都可以画出一棵子树来，随着归约的完成，这些子树被连成一棵完整的分析树。根据表 3.5 构造分析树的过程如图 3-18 所示。

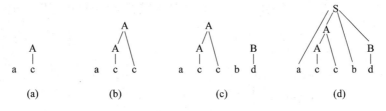

图 3-18　自底向上构造分析树的过程

从建立分析树的过程可以清楚地看出，自底向上分析过程的每一步归约确实都是归约当前句型的句柄；也就是说句柄一旦形成，则它总是出现在分析栈的栈顶而不会出现在栈的中间。由于每一步归约都是把栈顶的一串符号(此时，这串符号已经是某个产生式中的一个候选式)，用该产生式的左部符号(一个终结符号)替换，因而可以把栈顶的这样一串符号称为"可归约串"。初看起来，"移进-归约"似乎很简单，其实不然。在上例分析进行到第 6 步时，如果我们不是选择规则 A→Ac 而是选择规则 A→c 进行归约，也即把 c 看作句柄的话，则最终就无法达到归约到 S 的目的，从而也就无法得知输入串 accbd 是一个符合文法的句子。为什么知道此时栈顶的 Ac 形成"可归约串"而 c 不是"可归约串"呢？这就需要精确定义"可归约串"这个直观概念，这也是自底向上分析的关键问题。

我们在 3.2.1 节知道了推导与短语的概念，并且知道归约是推导的逆过程。这里，我们进一步指出：如果文法 G[S] 是无二义的，那么规范推导(最右推导)的逆过程必是规范归约(最左归约)。

请注意句柄的"最左"特征，这一点对于"移进-归约"来说很重要，因为句柄的"最左"性和分析栈的栈顶两者是相关的。对于规范句型(规范推导所得的句型)来说，句柄的后面不会出现非终结符(也即句柄的后面只能出现终结符)。否则，之前找到的句柄必定不是最左直接短语，这也意味着前面所进行的寻找句柄及归约过程有误。基于这一点，我们可用句柄来刻画"移进-归约"过程的"可归约串"。因此，规范归约的实质是，在移进过程中，当发现栈顶呈现句柄时就用相应产生式的左部符号进行替换(即归约)。

上述分析有助于理解为什么规范归约所得的分析树恰好就是语法树。

为了加深对"句柄"和"归约"这些重要概念的理解，我们使用修剪语法树的办法来进一步阐明自底向上的分析过程。

一棵语法树的一个子树是由该树的某个内部结点(作为子树的根)连同它的所有子孙(如果有的话)组成的，也即一个子树的所有树叶自左至右排列起来形成一个相对于子树根的短语，并且一个句型的句柄是这个句型所对应的语法树中最左那个子树树叶自左至右的排列；这个子树只有(而且必须有)父子两代，没有第三代。

注意：如果一个树叶序列由左至右的排列可以向上归结到某一个内部结点(比如说 A)，并且由结点 A 向下生长出的全部树叶也恰是这个树叶序列，则这个树叶序列就是结点 A 的短语。如果这种向上归结只需要一层(即树叶与结点 A 都为父子关系)，则该树叶序列为直接短语。需要说明的是，如果一个树叶序列最终无法全部归结到一个结点上，或者归结到某结点上的树叶序列并不完整，则该树叶序列不是短语。

例如，对图 3-18(d)所示的语法树，我们采用修剪语法树的方法来实现归约，也即每次寻找当前语法树的句柄(在语法树中用虚线勾出)，然后将句柄中的树叶剪去(即实现一次归约)；这样不断地修剪下去，当剪到只剩下根结点时，就完成了整个归约过程，如图 3-19 所示。

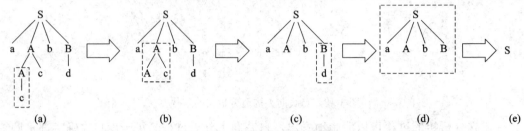

图 3-19　修剪语法树实现归约

至此，我们简单地讨论了"句柄"和"规范归约"这两个基本概念，但并没有解决规范归约的问题，因为我们并没有给出寻找句柄的算法。事实上，规范归约的中心问题就是如何寻找或确定一个句型的句柄。给出了寻找句柄的不同算法就给出了不同的规范归约方法，这一点我们将在 LR 分析器中讨论。

3.4.2　算符优先分析法

算符优先分析法是一种简单且直观的自底向上分析方法，它特别适合于分析程序语言中的各类表达式，并且宜于手工实现。

所谓算符优先分析，就是依照算术表达式的四则运算过程来进行语法分析，即这种分析方法要预先规定运算符(确切地说是终结符)之间的优先关系和结合性质，然后借助于这种关系来比较相邻运算符的优先级，以确定句型的"可归约串"来进行归约。因此，算符优先分析法不是一种规范归约，在整个归约过程中起决定性作用的是相继两个终结符的优先关系。

1. 算符优先文法

如果一个文法存在…QR…的句型(Q 和 R 都是非终结符)，则这种形式的句型意味着两个算符之间操作数的个数是不确定的，也就意味着每个算符的操作数是不确定的。因此，我们首先定义一个任何产生式的右部都不含两个相继(并列)的非终结符的文法为算符文法，即算符优先文法首先应是一个算符文法；其次，我们还要定义任何两个可能相继出现的终结符 a 与 b (它们之间最多插有一个非终结符)的优先关系。

假定 G[S]是一个不含 ε 产生式的算符文法，对于任何一对终结符 a、b，有：

(1) a≐b，当且仅当 G[S]中含有形如 R→…ab…或 R→…aQb…的产生式；

(2) a⋖b，当且仅当 G[S]中含有形如 R→…aP…的产生式，而 P$\stackrel{+}{\Rightarrow}$b…或 P$\stackrel{+}{\Rightarrow}$Qb…；

(3) a⋗b，当且仅当 G[S]中含有形如 R→…Pb…的产生式，而 P$\stackrel{+}{\Rightarrow}$…a 或 P$\stackrel{+}{\Rightarrow}$…aQ。

如果一个算符文法 G[S]中的任何终结符对(a,b)至多满足下述三种关系之一(相同、低于、高于)：

$$a \doteq b, \quad a \lessdot b, \quad a \gtrdot b$$

则称 G[S]是一个算符优先文法。

例 3.11   试说明下述算术表达式文法 G[E] 是一个算符文法，但不是算符优先文法：

$$G[E]: \quad E \rightarrow E+E \mid E*E \mid (E) \mid i$$

[解答]   由于文法 G[E] 中的任何产生式右部都不含两个相邻的非终结符，所以 G[E] 是算符文法。此外，因为

(1) 由于存在 E→E+E，而 E+E 中的第二个 E 可推出 E⇒E*E，即有 +⋖*；

(2) 由于存在 E→E*E，而 E*E 中的第一个 E 可推出 E⇒E+E，即有 +⋗*。

此即运算符 + 和 * 之间同时存在着两种不同的优先关系，故文法 G[E] 不是一个算符优先文法。

2. 算符优先关系表的构造

我们通过图 3-20 的语法树来说明相继两个终结符之间的优先关系。对图 3-20(a)、(b)，根据语法树自底向上的归约方法，首先应该把 ab 或 aQb 归约为 R，然后再将 cRd 归约为 T；即对相继两个终结符 a 与 b 有：a≐b，而对相继两个终结符 c 与 a 和 b 与 d 应分别有：c⋖a 和 b⋗d。

同样，对图 3-20(c)、(d) 来说，应先将 b… 或 Qb… 归约为 P，然后再将 aP 归约为 R，因此对相继两个终结符 a 与 b 应有：a⋖b。对图 3-20(e)、(f) 来说，则应先将 …a 或 …aQ 归约为 P，然后再将 Pb 归约为 R，即对相继两个终结符 a 与 b 应有 a⋗b。

对于图 3-20(c)、(d) 来说，我们要找出形如 P ≐⇒ b… 或 P ≐⇒ Qb… 推导中出现的所有不同的终结符 b，则对这些不同的终结符 b 均应有：a⋖b。

对于图 3-20(e)、(f) 也是如此，我们要找出形如 P ≐⇒ …a 或 P ≐⇒ …aQ 这种推导中出现的所有不同的终结符 a，则对这些不同的终结符 a 均应有：a⋗b。

由图 3-20 可以看出，位于同层的相继两个终结符比较，其优先级相同；位于不同层的相继两个终结符比较，则层次在上的优先级低，层次在下的优先级高。

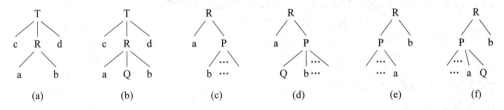

图 3-20   不同优先关系的语法树示意

因此，为了找出所有满足关系 "⋖" 和 "⋗" 的终结符对，我们首先需要对 G[S] 的每个非终结符 P 构造两个集合 FIRSTVT(P) 和 LASTVT(P)：

$$FIRSTVT(P) = \{a \mid P \overset{+}{\Rightarrow} a\cdots \text{或} P \overset{+}{\Rightarrow} Qa\cdots, a \in V_T \text{ 而 } Q \in V_N\}$$

$$LASTVT(P) = \{a \mid P \overset{+}{\Rightarrow} \cdots a \text{ 或 } P \overset{+}{\Rightarrow} \cdots aQ, a \in V_T \text{ 而 } Q \in V_N\}$$

由此，得到 FIRSTVT 集的构造方法如下：

(1) 若有产生式 P→a… 或 P→Qa…，则 a∈FIRSTVT(P)；

(2) 若有产生式 P→Q…，则 FIRSTVT(Q)⊂FIRSTVT(P)。

得到 LASTVT 集的构造方法如下：

(1) 若有产生式 P→…a 或 P→…aQ，则 a∈LASTVT(P)；

(2) 若有 P→…Q，则 LASTVT(Q)⊂LASTVT(P)。

通过检查 G[S]的每个产生式的每个候选式，我们还可以找出所有满足 a≐b 的终结符对。

注意： 对于 FIRSTVT 集构造方法(1)，FIRSTVT(P) 包含形如 P→a…(以 a 打头)或 P→Qa…(以 Qa 打头)的终结符"a"；而 LL(1) 分析法中如果没有 Q→ε，则 FIRST 集不含 P→Qa…中的"a"。对于 FIRSTVT 集构造方法(2)，若有 P→Q…(以 Q 打头)，并且存在 Q→a…或 Q→Ra…，则 a∈FIRSTVT(Q)；由 P→Q…可得到：P⇒Q…⇒a…或者 P⇒Q…⇒Ra…，即有 a∈FIRSTVT(P)；因此，若有 P→Q…，则必有 FIRSTVT(Q)⊂FIRSTVT(P)，这与 LL(1) 分析法中若有 P→Q…，则必有 FIRST(Q)⊂FIRST(P) 的解法类似。由 FIRSTVT 集的构造方法(1)、(2)可知，算符优先文法中的 FIRSTVT 集要大于 LL(1) 分析法中的 FIRST 集。

对于 LASTVT 集构造方法(1)，LASTVT(P) 包含形如 P→…a(以 a 结尾)或 P→…aQ(以 aQ 结尾)的终结符"a"。对于 LASTVT 集构造方法(2)，若有 P→…Q(以 Q 结尾)，并且存在 Q→…a 或 Q→…aK，则 a∈LASTVT(Q)；由 P→…Q 可得到：P⇒…Q⇒…a 或者 P⇒…Q⇒…aK，即有 a∈LASTVT(P)；因此，若有 P→…Q，则必有 LASTVT(Q)⊂LASTVT(P)。对比 LL(1) 分析法中 FOLLOW 集，FOLLOW(P) 是指紧跟非终结符 P 之后所有可能出现的第一个终结符构成的集合，它与 LASTVT 集的概念是完全不同的。

至此，我们得到从算符优先文法 G[S]构造优先关系表的方法如下：

(1) 对形如 R→…ab…或 R→…aQb…的产生式，有 a≐b；

(2) 对形如 R→…aP…的产生式，若有 b∈FIRSTVT(P)，则 a⋖b；

(3) 对形如 R→…Pb…的产生式，若有 a∈LASTVT(P)，则 a⋗b。

此外，若将语句括号"#"作为终结符对待，且 S 是文法 G[S]的开始符，则应有#S#存在；也即，可由上述构造方法得到：#≐#；#⋖<FIRSTVT(S)；LASTVT(S)>#(此处指"#"与 FIRSTVT(S) 或 LASTVT(S) 集合中的元素即终结符之间的优先关系)。

例 3.12 试构造下述算术表达式文法 G[E]的算符优先关系表：

$$G[E]: \quad E→E+T \mid T$$
$$T→T*F \mid F$$
$$F→(E) \mid i$$

[解答] (1) 构造 FIRSTVT 集。

① 根据规则(1)知：

由 E→E+…得 FIRSTVT(E)={+}；

由 T→T*…得 FIRSTVT(T)={*}；

由 F→(…和 F→i 得 FIRSTVT(F)={(,i}。

② 根据规则(2)知：

由 T→F 得 FIRSTVT(F)⊂FIRSTVT(T)，即 FIRSTVT(T)={*,(,i}；

由 E→T 得 FIRSTVT(T)⊂FIRSTVT(E)，即 FIRSTVT(E)={+,*,(,i}。

(2) 构造 LASTVT 集。

① 根据规则(1)知：

由 E→…+T 得 LASTVT(E)={+}；

由 T→…*F 得 LASTVT(T)={*}；

由 F→…) 和 F→i 得 LASTVT(F)={),i}。

② 根据规则(2)知：

由 T→F 得 LASTVT(F)⊂LASTVT(T)，即 LASTVT(T)= {*,),i}；

由 E→T 得 LASTVT(T)⊂LASTVT(E)，即 LASTVT(E)= {+,*,),i}。

(3) 构造优先关系表。

① 根据规则(1)知：由 "(E)" 得(≐)。

② 根据规则(2)知：

由 E→…+T 得+<FIRSTVT(T)，即：+⋖*，+⋖(，+⋖i；

由 T→…*F 得*<FIRSTVT(F)，即：*⋖(，*⋖i；

由 F→(E…得(<FIRSTVT(E)，即：(⋖+，(⋖*，(⋖(，(⋖i。

③ 根据规则(3)知：

由 E→E+…得 LASTVT(E)>+，即：+⋗+，*⋗+，)⋗+，i⋗+；

由 T→T*…得 LASTVT(T)>*，即：*⋗*，)⋗*，i⋗*；

由 F→…E)得 LASTVT(E)>)，即：+⋗)，*⋗)，)⋗)，i⋗)。

此外，由#E#得#≐#；#<FIRSTVT(E)，即#⋖+，#⋖*，#⋖(，#⋖i；LASTVT(E)>#，即 +⋗#，*⋗#，)⋗#，i⋗#。

最后得到算术表达式的优先关系表如表 3.6 所示。

表 3.6 优 先 关 系 表

	+	*	i	(	)	#
+	⋗	⋖	⋖	⋖	⋗	⋗
*	⋗	⋗	⋖	⋖	⋗	⋗
i	⋗	⋗			⋗	⋗
(	⋖	⋖	⋖	⋖	≐	
)	⋗	⋗			⋗	⋗
#	⋖	⋖	⋖	⋖		≐

3. 算符优先分析算法的设计

由于算符优先分析法不是一种规范归约的分析方法，它仅在终结符之间定义了优先关系而未对非终结符定义优先关系，这样就无法使用优先关系表去识别由单个非终结符组成的可归约串(如 E→T)。因此，算符优先分析法实际上不是用句柄来刻画 "可归约串"，而是用最左素短语来刻画 "可归约串"。

在 3.2.1 节我们已经给出了素短语的定义，并在 3.2.2 节给出了素短语的求解方法。在此，我们须再次强调：所谓句型的素短语，是指这样一种短语，它至少包含一个终结符，并且除自身之外，不再包含其它更小的素短语。最左素短语则是指处于句型最左边的那个素短语。下面，我们给出求解素短语的另一种方法。

对算符优先文法，其句型的一般形式可表示为(括在两个#之间)

$$\#N_1a_1N_2a_2\cdots N_na_nN_{n+1}\#$$

其中，每个 a_i 都是终结符，而 N_i 则是可有可无的非终结符。算符文法的特点决定了该句型这 n 个终结符的任何两个相邻的终结符之间顶多只有一个非终结符。

由上述句型可找出该句型中的所有素短语，每个素短语要素(指仅包含终结符的序列)

都具有下述形式：

$$a_{j-1} < \underbrace{a_j \doteq a_{j+1} \doteq \cdots \doteq a_i}_{\text{素短语要素}} > a_{i+1}$$

实际上，我们通过拓展图 3-20(b)可得到素短语所对应的语法树如图 3-21 所示。由图 3-21 可以看出，需要进行的归约是将符号串 $N_j a_j N_{j+1} a_{j+1} \cdots a_i N_{i+1}$ 归约为 R，而这个符号串恰好就是素短语，并且存在优先关系：$a_{j-1} < a_j$，$a_j \doteq a_{j+1}$，$\cdots$，$a_{i-1} \doteq a_i$，$a_i > a_{i+1}$。

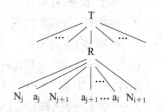

图 3-21　素短语对应的语法树示意

注意：素短语要素仅包含了构成素短语的终结符序列，再添加构成该短语的非终结符则形成了一个素短语；而最左素短语就是该句型中找到的最左边的那个素短语要素与该要素有关的非终结符所组成的短语。

最左素短语必须具备三个条件：

(1) 至少包含一个终结符(是否包含非终结符则按短语的要求确定)；

(2) 除自身外不得包含其它素短语(最小性)；

(3) 在句型中具有最左性。

此外，一定要注意最左素短语与句柄的区别。

查找最左素短语的方法如下：

(1) 最左子串法。找出句型中最左子串且终结符由左至右的对应关系满足 $a_{j-1} < a_j \doteq a_{j+1} \doteq \cdots \doteq a_i > a_{i+1}$，然后检查文法中每个产生式的每个候选式，看是否存在这样一个候选式，该候选式中的所有终结符由左至右的排列恰为 $a_j a_{j+1} \cdots a_i$，即每一位终结符均对应相等，而非终结符仅对应位置存在即可。如果存在这样的候选式，则该候选式(包括其中的非终结符)即为该句型的最左素短语。

(2) 语法树法。设句型为 ω，先画出对应句型 ω 的语法树，然后找出该语法树中所有相邻终结符之间的优先关系。语法树确定相邻终结符之间优先关系的原则如下：

① 同层的优先关系为 "$\doteq$"；

② 不同层时，层次在下的优先级高，层次在上的优先级低(这一点恰好验证了优先关系表的构造方法)；

③ 在句型 ω 两侧加上语句括号 "#"，即#ω#，则有#$<\omega$ 和 $\omega>$#。

最后，按最左素短语必须具备的三个条件来确定最左素短语。

例 3.13　已知文法 G[E]为

$$G[E]: \quad E \rightarrow E+T \mid T$$
$$T \rightarrow T*F \mid F$$
$$F \rightarrow (E) \mid i$$

试确定 F+T*i 的最左素短语。

[解答]　画出对应句型 F+T*i 的语法树并根据语法树确定相邻终结符之间的优先关系(见图 3-22)。

根据最左素短语必须具备的条件及短语的要求(即必须包含某内部结点向下生长全部

树叶)得到最左素短语为 i (该句型的最左直接短语为 F，注意两者的区别)。

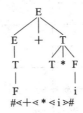

图 3-22　F+T*i 的语法树及其优先关系

根据上述查找最左素短语的方法，我们得到算符优先分析算法如下，在算法中使用了一个符号栈 S，用来存放终结符和非终结符，k 代表符号栈 S 的使用深度：

```
k=1; S[k]='#';
do{
        把下一个输入符号读进 a 中;
        if( S[k]∈V_T )   j=k;
        //任何两终结符之间最多只有一非终结符，故若 S[k]∉V_T 则 S[k-1]∈V_T
        else   j=k-1;
        while( S[j]⋗a )
        {
            do{                              //找出最左子串 S[j]⋖S[j+1]…S[k]⋗a
                Q=S[j];
                if( S[j-1]∈V_T )   j=j-1;
                else   j=j-2;
                }while( S[j]≐Q );
            把 S[j+1]…S[k] 归约为某个 N;
            k=j+1;
            S[k]=N;                          //将归约后的非终结符 N 置于原 S[j+1]位置
        }
        if( S[j]⋖a || S[j]≐a )              //如果栈顶 S[j]⋖a 或 S[j]≐a 则将 a 压栈
        {
            k=k+1;
            S[k] =a;
        }
        else error( );
    }while( a!= '#');
```

此算法工作过程中若出现 j 减 1 后其值小于或等于 0，则意味着输入串有错。在正确的情况下，算法工作完毕时符号栈将呈现#S#。

例 3.14　已知文法 G[E] 和优先关系如例 3.13 所示，试给出输入串 i+i*i 的算符优先分析过程。

[解答]　输入串 i+i*i 的分析过程如表 3.7 所示。

表 3.7 i+i*i 算符优先分析过程

符号栈	输入串	动 作
#	i+i*i#	#≪i
#i	+i*i#	#≪i>+ 用 F→i 归约
#F	+i*i#	#≪+
#F+	i*i#	#≪+≪i
#F+i	*i#	…+≪i>* 用 F→i 归约
#F+F	*i#	#≪+≪*
#F+F*	i#	#≪+≪*≪i
#F+F*i	#	…*≪i># 用 F→i 归约
#F+F*F	#	…+≪*># 用 T→T*F 归约
#F+T	#	#≪+># 用 E→E+T 归约
#E	#	#E# 结束

输入串 i+i*i 的归约过程用语法树表示如图 3-23 所示。实际上，先画出输入串 i+i*i 的语法树，然后再根据语法树得到表 3.7 的分析过程将更加容易。

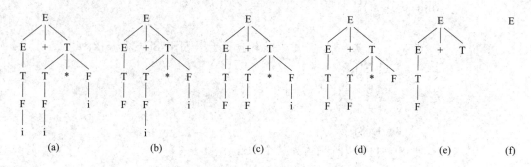

图 3-23 输入串 i+i*i 的语法树归约示意

由例 3.14 可知，算符优先分析的归约只关心句型中由左至右终结符序列的优先关系，而不涉及终结符之间可能存在的非终结符，即实际上可认为这些非终结符是同一个非终结符。采用例 3.13 中算符优先分析方法得到句子 i+i 的归约语法树如图 3-24 所示，先将第一个最左素短语 i 归为 F，然后把第二次归约的最左素短语 i(第二个 i)也归为 F，最后将第三次归约的最左素短语 F+F 归为 E，即认为 F+F 相当于 E+T。而对规范归约来说，句子 i+i 的归约过程是：先把第一个 i 归为 F，接着将 F 归为 T，再将 T 归为 E；然后重复相同的过程把第二个 i 归为 F，再将 F 归为 T；最后将 E+T 归为 E，如图 3-25 所示。

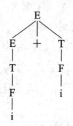

图 3-24 算符优先归约时 i+i 的语法树　　　　　图 3-25 规范归约时 i+i 的语法树

因此，算符优先分析比规范归约要快得多，因为算符优先分析不考虑非终结符的形式(即认为所有非终结符都是一样的)，即跳过了所有形如 P→Q 的单非产生式(即右部仅含一个非终结符的产生式)所对应的归约步骤。这既是算符优先分析的优点，同时也是它的缺点；因为这样有可能把本来不成句子的输入串也误认为是句子，但这种缺点易于弥补。

算符优先分析法除了可用于分析算术表达式外，也可用于分析某些高级语言的语句。

例 3.15 试设计下面文法的算符优先分析表：

$$G[S]: \quad S→iBtS \mid iBtAeS \mid a$$
$$A→iBtAeS \mid a$$
$$B→b$$

[解答] 首先对文法 G[S]构造 FIRSTVT 和 LASTVT 集如下：

FIRSTVT(S)={i, a}；
FIRSTVT(A)={i, a}；
FIRSTVT(B)={b}；
LASTVT(S)={t, e, a}；
LASTVT(A)={e, a}；
LASTVT(B)={b}。

此外，由 A→…S 可知 LASTVT(S)⊂LASTVT(A)，即 LASTVT(A)={t, e, a}。优先关系如下：

(1) 由文法 G[S]的产生式 S→iBtAeS 和 S→iBtS 可知：

① 由 S→iB…得 i<FIRSTVT(B)，即 i<b；

② 由 S→…tS 得 t<FIRSTVT(S)，即 t<i, t<a；

③ 由 S→…Bt…得 LASTVT(B)>t，即 b>t；

④ 由 S→…tA…得 t<FIRSTVT(A)，即 t<i, t<a；

⑤ 由 S→…Ae…得 LASTVT(A)>e，即 e>e, a>e, t>e；

⑥ 由 S→…eS 得 e<FIRSTVT(S)，即 e<i, e<a；

⑦ 由 S→…iBt…得 i≐t；

⑧ 由 S→…tAe…得 t≐e。

(2) 由于存在 t>e 和 t≐e(二义文法构造优先关系表必定含有冲突项)，根据 iBtAeS 知此时应将 iBtAeS 同时归约为 S 或 A，所以应选用 t≐e 而舍弃 t>e。

最后得到的优先关系表见表 3.8。

表 3.8 例 3.15 的优先关系表

	i	t	e	a	b
i		≐			<
t	<		≐	<	
e	<		>	<	
a		>			
b		>			

4．优先函数

用优先关系表来表示每对终结符之间的优先关系会导致存储量大、查找费时。如果给每个终结符赋一个值(即定义终结符的一个函数 f)，值的大小反映其优先关系，则终结符对 a、b 之间的优先关系就转换为两个优先函数 f(a) 与 f(b) 值的比较。使用优先函数有两个明显的好处：一是节省空间；二是便于进行比较运算。

一个终结符在栈中(左)与在输入串中(右)的优先值是不同的。例如，既存在着 +≥) 又存在着)≥+。因此，对一个终结符 a 而言，它应该有一个左优先数 f(a) 和一个右优先数 g(a)，这样就定义了终结符的一对函数。

如果根据一个文法的算符优先关系表，使得文法中的每个终结符 a 和 b 满足下述条件：

(1) 如果存在 a≐b，则有 f(a)＝g(b)；

(2) 如果存在 a⋗b，则有 f(a)＞g(b)；

(3) 如果存在 a⋖b，则有 f(a)＜g(b)。

则称 f 和 g 为优先函数。其中，f 称为入栈函数，g 称为比较函数。注意，对应一个优先关系表的优先函数 f 和 g 不是唯一的；只要存在一对，就存在无穷多对。也有许多优先关系表不存在对应的优先函数。例如，表 3.9 给出的优先关系表就不存在优先函数。

表 3.9　不存在优先函数的优先关系表

	a	b
a	≐	⋗
b	≐	≐

在表 3.9 中，假定存在 f 和 g，则应有：

$$f(a)=g(a); \qquad f(a)＞g(b)$$
$$f(b)=g(a); \qquad f(b)=g(b)$$

这将导致如下矛盾：

$$f(a)＞g(b)=f(b)=g(a)=f(a)$$

根据优先关系表构造优先函数 f 和 g 的方法有两种：一种是关系图法(也称 Bell 方法)；另一种由定义直接构造(也称 Floyd 方法)。

(1) 用关系图法构造优先函数的步骤如下：

① 对所有终结符 a(包括"#")，用有下脚标的 f_a、g_a 表示结点名，画出全部 n 个终结符所对应的 2n 个结点；

② 若 a⋗b 或 a≐b，则画一条从 f_a 到 g_b 的有向边；若 a⋖b 或 a≐b，则画一条从 g_b 到 f_a 的有向边；

③ 对每个结点都赋予一个数，此数等于从该结点出发所能到达的结点(包括出发结点自身在内)的个数，赋给 f_a 的数作为 f(a)，赋给 g_b 的数作为 g(b)；

④ 检查所构造出来的函数 f 和 g，看它们同原来的关系表是否有矛盾。如果没有矛盾，则 f 和 g 就是所要的优先函数；如果有矛盾，那么就不存在优先函数。

(2) 由定义直接构造优先函数时，对每个终结符 a(包括"#")，令 f(a)=g(a)=1(也可以是其它整数)，则：

① 如果 a⋗b 而 f(a)≤g(b)，则令 f(a)= g(b)+1；

② 如果 a<b 而 f(a)≥g(b)，则令 g(b)= f(a)+1；

③ 如果 a≡b 而 f(a)≠g(b)，则令 f(a)= g(b)= max{f(a),g(b)}；

④ 重复①～③步直到过程收敛。如果重复过程中有一个值大于 2n，则表明该算符优先文法不存在优先函数。

注意： 重复①～③步的操作是对算符优先关系表逐行扫描，并按①～③步修改函数 f(a)、g(b) 的值。这是一个迭代过程，一直进行到优先函数的值不再变化时为止，或当函数值大于 2n 时为止(表明无优先函数)。

用关系图法构造优先函数仅适用于终结符不多的情况，而由定义直接构造优先函数可适用于任何情况，并且也易于在计算机上实现。此外需要说明的是，对于一般表达式文法，优先函数通常是存在的。

例 3.16 试用关系图法和直接定义法求出表 3.6 的优先关系表所对应的优先函数(不含 "#")。

[解答] (1) 用关系图法构造的关系图如图 3-26 所示。

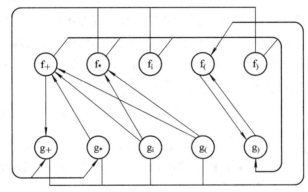

图 3-26 优先函数关系图

由图 3-26 所示的优先函数关系图求得优先函数如表 3.10 所示。

表 3.10 例 3.16 的优先函数表

	+	*	i	(	)
f	4	6	6	2	6
g	3	5	7	7	2

(2) 由定义直接计算出优先函数的过程如表 3.11 所示。

表 3.11 例 3.16 的优先函数计算过程

迭代次数	函数	+	*	i	(	)
0(初值)	f	1	1	1	1	1
	g	1	1	1	1	1
1	f	2	4	4	1	4
	g	2	3	5	5	1
2	f	3	5	5	1	5
	g	2	4	6	6	1
3	f	3	5	5	1	5
	g	2	4	6	6	1

表 3.11 最终迭代出来的优先函数的值与表 3.10 不同,这正说明了,如果优先函数存在,就可以有任意多个。

3.5　规范归约的自底向上语法分析方法

LR 分析法是一种自底向上进行规范归约的语法分析方法,LR 指"自左向右扫描和自底向上进行归约"。LR 分析法比递归下降分析法、LL(1) 分析法和算符优先分析法对文法的限制要少得多,对大多数用无二义的上下文无关文法描述的语言都可以用 LR 分析器予以识别,而且速度快,并能准确、及时地指出输入串的任何语法错误及出错位置。LR 分析法的一个主要缺点是,若用手工构造分析器则工作量相当大,因此必须求助于自动产生 LR 分析器的产生器。

3.5.1　LR 分析器的工作原理

在第二章词法分析中,DFA(确定有限状态自动机)是根据正规表达式来识别字符串的;也即,词法分析中文法的作用就是描述字符串的规则。语法分析与词法分析相比则有较大的不同,这是因为语法分析中的文法含有非终结符,且非终结符在文法中的主要作用是用来表示嵌套和递归,以便形成比字符串更为复杂的句子。下面,我们通过两个产生式来阐述 LR 分析器的基本原理。

$$A \rightarrow aBc$$
$$B \rightarrow d \mid ef$$

为了识别非终结符 A,就要识别符号串 aBc。为此,构造一个 DFA 如图 3-27 所示。

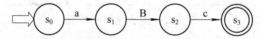

图 3-27　识别非终结符 A 的 DFA

当此 DFA 识别出符号串 aBc 后,非终结符 A 就被识别了。但是,与词法分析中 DFA 不同的是,这里的输入符号包含着非终结符 B,而语法分析中待分析的句子是不含非终结符的(句子全部由终结符组成);因此,在图 3-27 中 DFA 必须从待分析的符号串中识别出非终结符 B 后方可到达状态 s_2。那么,如何识别非终结符 B 呢?我们可以为 B 的产生式右部构造一个 DFA(如图 3-28 所示),这个 DFA 在识别了 B 的产生式右部后就可以为识别 A

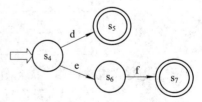

图 3-28　识别非终结符 B 的 DFA

的 DFA 提供一个非终结符 B 了。为了实现产生式的这种嵌套特性,我们把 DFA 也嵌套起来,即对图 3-27 和图 3-28,可以用 ε 弧将状态 s_1 和状态 s_4 连接起来。这样,就可以使 A 的 DFA 在识别字符 a 后自动进入到识别非终结符 B 的 NFA(如图 3-29 所示)。此时,状态 s_5 和状态 s_7 仅表示识别非终结符 B 的终态,而不再是识别 A 的整个 DFA 终态了;并且,非终结符 B 识别完后要自动返回到状态 s_1。此外要说明的是,状态 s_1 和状态 s_4 也可以合并为一个状态 s_1'(如图 3-30 所示)。

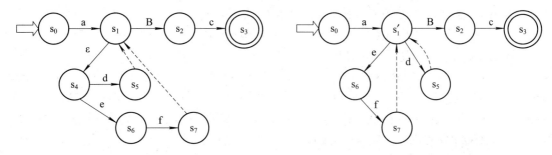

图 3-29 识别 A 的嵌套 NFA   图 3-30 识别 A 的嵌套 DFA

对图 3-30，DFA 到达 s_5 或 s_7 时，表示在输入的符号串中有构成非终结符 B 的子串，但整个句子(符号串)还未分析完。这时，DFA 将回到状态 s_1' 并以刚识别(归约)出的 B 作为输入符号，使状态转换到 s_2；也即，由状态 s_1' 经过状态 s_5 或经过状态 s_6、s_7 再回到状态 s_1' 所识别的字符串为对应非终结符 B 的一个句子或句型，它等价于由状态 s_1' 识别字符 B 到达状态 s_2，故此时可用 B 来取代该句子或句型，而用 s_2 来取代 s_5 或 s_6、s_7，这意味着已经将该句子或句型归约为 B，并且已经读入了 B 并到达状态 s_2。接下来 DFA 在输入字符 c 后到达终态 s_3，从而识别出非终结符 A。如果以本例中的两个产生式来构成一个文法的话，则这个文法所定义的语言只有两个句子，即 adc 和 aefc，而图 3-30 的 DFA 恰好能够识别这两个句子。

如果用栈来记录图 3-30 DFA 输入句子(仅由终结符组成)和生成非终结符 A 的过程，我们就会发现：DFA 的输入过程与移进过程对应，而生成非终结符的过程则与归约过程对应。表 3.12 依据图 3-30 将句子 aefc 的"移进-归约"分析与 DFA 的状态转换过程对应起来。

表 3.12 句子 aefc 的"移进-归约"与 DFA 的状态转换

符号栈	输入符号串	移进-归约动作	DFA 状态转换
#	aefc#	移进	s_0 转到 s_1'
#a	efc#	移进	s_1' 转到 s_6
#ae	fc#	移进	s_6 转到 s_7
#aef	c#	用 B→ef 归约	s_7 回退到 s_1' 再根据归约后的 B 转到 s_2
#aB	c#	移进	s_2 转到 s_3
#aBc	#	用 A→aBc 归约	s_3 是接受状态
#A	#	分析成功	结束

从表面看，符号栈的"移进-归约"分析与 DFA 状态转换的句子识别是分别进行的，但二者之间却存在着密切联系。实际上，符号栈里实时记录着 DFA 的状态转换路径。符号栈里的每一个符号都对应着状态转换图中的一条有向边；这些有向边首尾相连，起始于 DFA 的初态 s_0，暂停于 DFA 的当前扫描状态 s_i(即表 3.12 中任何一行符号栈中的符号序列都对应图 3-30 中由 s_0 开始的有向边序列，且该有向边序列终止于 DFA 当前扫描的状态 s_i)。既然符号栈中的符号串能够与 DFA 的状态转换相对应，那么就可以用一个状态序列来替代符号栈的符号串；因为状态序列与符号栈中的符号串作用相同，都记录着 DFA 在识别句子过程中的状态转换路径。这样，符号栈就变成了状态栈，而 DFA 的状态转换可以用栈顶的状态与当前扫描的输入符号(两者一起构成一个状态转换函数 GO)来决定。由此，对符号的"移进"就变成了对状态的"移进"；对符号串的"归约"就变成了对状态序列的替换。

根据上述思想，我们来构造 LR 分析器。首先，LR 分析器是一个 DFA，它应该有一个称为 GOTO 表的状态转换矩阵，GOTO[s,x]规定了状态栈栈顶 s 在输入符号为 x 时所应转换的下一状态是什么；其次，LR 分析器还必须完成"移进-归约"操作，因此它还应有一个称之为 ACTION 表的操作动作表，且每一项 ACTION[s,a]所规定的动作是以下四种情况之一：

(1) 移进：使栈顶状态 s 与当前扫描的输入符号 a (终结符)的下一状态 s'=ACTION[s,a]和输入符号 a 进栈，而下一个输入符号则变成当前扫描的输入符号。事实上，由于存在 s'=ACTION[s,a]，则 s'=GOTO[s,a]就可以不要了，因为它们二者的含义是一样的，即移进完全由 ACTION 表完成。这样，就使 GOTO 表省去了输入符号为终结符的那些表项，而仅保留输入符号为非终结符的那些表项。

(2) 归约：如果符号栈栈顶的符号串为 α(自栈顶向下则为 α 的逆序)且文法中存在 A→α，则将栈顶的符号串 α 用非终结符 A 替换，即实现将 α 归约为 A。对状态栈来说，假定 α 中有 γ 个符号(即 α 的长度为 γ)，则状态栈栈顶的 γ 个状态序列恰好能识别符号串 α，此时可用产生式 A→α 进行归约。由图 3-30 和表 3.12 可知，归约的动作是去掉栈顶的 γ 个状态项，假定原来 s_m 为栈顶状态，则此时状态 $s_{m-\gamma}$ 成为新的栈顶状态，然后使 $s_{m-\gamma}$ 与所归约的非终结符 A 的下一状态 s'=GOTO[$s_{m-\gamma}$,A] 和 A 分别进入状态栈和符号栈。归约的动作不改变当前扫描的输入符号。由图 3-30 和表 3.12 可知；符号栈栈顶出现符号串 fe，状态栈栈顶出现 s_7s_6 时，fe 的逆序即为 B 的句柄(B→ef)。此时，应去掉符号栈栈顶的符号串 fe 以及去掉状态栈栈顶的状态 s_7s_6，使得状态 s_1' 成为新的状态栈栈顶，并将归约后的 B 以及由 s_1' 经过有向边 B 所达到的下一状态 s_2 分别压入符号栈和状态栈(表示已经识别了非终结符 B)。

(3) 接受：分析工作成功，表明所分析的句子为文法所识别，此时分析器停止工作。

(4) 报错：发现所分析的句子不是文法所允许的句子，调用出错处理程序进行处理。

我们知道，规范归约(最左归约，即最右推导的逆过程)的关键问题是寻找句柄。因此，LR 分析法的基本思想是：在规范归约过程中，一方面记住已移进和归约出的整个符号串，即记住"历史"；另一方面根据所用的产生式推测未来可能遇到的输入符号，即对未来进行"展望"。当一串貌似句柄的符号串呈现于分析栈(即状态栈和符号栈)的顶端时，LR 分析器能够根据所记载的"历史"和"展望"以及"现实"的输入符号等三方面的材料，来确定栈顶的符号是否构成相对某一产生式的句柄。

综上所述，一个 LR 分析器的结构可以用图 3-31 表示，它由分析栈、分析表和总控程序这三个部分组成，而 LR 分析表是 LR 分析器的核心。

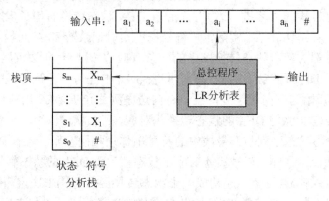

图 3-31 LR 分析器结构示意

注意：所有 LR 分析器的总控程序都是一样的，只是分析表各有不同。因此，构造 LR 分析器的主要任务就是产生分析表。

因此，LR 分析器实质上是一个带分析栈的 DFA。在这个 DFA 中，我们将把"历史"和"展望"材料综合抽象成某些"状态"，而分析栈则用来存放这些状态。栈里的每个状态概括了从分析开始直到某一归约阶段的全部"历史"和"展望"资料。任何时候，栈顶的状态都代表了整个"历史"和已推测出的"展望"。LR 分析器的每一步工作都是由栈顶状态和现行输入符号所唯一决定的。为了有助于明确归约手续，我们把已归约出的文法符号串也同时放在栈中(实际上可不必进栈)。栈的每一项内容包括状态 s 和文法符号 X 两部分(见图 3-31)。$(s_0,\#)$ 为分析开始前预先放入栈里的初始状态和句子括号；栈顶状态为 s_m，符号串 $X_1X_2\cdots X_m$ 是至今已移进归约出的文法符号串。而 LR 分析器的总控程序工作的任何一步只需按分析栈的栈顶状态 s_m 和当前扫描到的输入符号 a_i 执行 ACTION$[s_m,a_i]$ 所规定的动作即可(GOTO 表实质上只用于 ACTION 表执行归约后的处理，即对归约后的非终结符进行状态转换)。

例如，表达式文法 G[E] 如下，它对应的 LR 分析表见表 3.13，则语句 i+i*i 的 LR 分析过程如表 3.14 所示：

$$G[E]:\quad (1)\ E\rightarrow E+T$$
$$(2)\ E\rightarrow T$$
$$(3)\ T\rightarrow T*F$$
$$(4)\ T\rightarrow F$$
$$(5)\ F\rightarrow (E)$$
$$(6)\ F\rightarrow i$$

表 3.13　LR 分析表

状态	ACTION						GOTO		
	i	+	*	(	)	#	E	T	F
0	s_5			s_4			1	2	3
1		s_6				acc			
2		r_2	s_7		r_2	r_2			
3		r_4	r_4		r_4	r_4			
4	s_5			s_4			8	2	3
5		r_6	r_6		r_6	r_6			
6	s_5			s_4				9	3
7	s_5			s_4					10
8		s_6			s_{11}				
9		r_1	s_7		r_1	r_1			
10		r_3	r_3		r_3	r_3			
11		r_5	r_5		r_5	r_5			

其中，s_j 指把下一状态 j 和现行输入符号 a 移进栈；r_j 指按文法的第 j 个产生式进行归约；acc 表示分析成功；空白格为出错。

表 3.14　i+i*i 的 LR 分析过程

步骤	状态栈	符号栈	输入串	动作说明
1	0	#	i+i*i#	ACTION[0, i]=s_5，即状态 5 入栈
2	0 5	# i	+i*i#	r_6: 用 F→i 归约且 GOTO(0, F)=3 入栈
3	0 3	# F	+i*i#	r_4: 用 T→F 归约且 GOTO(0, T)=2 入栈
4	0 2	# T	+i*i#	r_2: 用 E→T 归约且 GOTO(0, E)=1 入栈
5	0 1	# E	+i*i#	ACTION[1, +]=s_6，即状态 6 入栈
6	0 1 6	# E+	i*i#	ACTION[6, i]=s_5，即状态 5 入栈
7	0 1 6 5	# E+i	*i#	r_6: 用 F→i 归约且 GOTO(6, F)=3 入栈
8	0 1 6 3	# E+F	*i#	r_4: 用 T→F 归约且 GOTO(6, T)=9 入栈
9	0 1 6 9	# E+T	*i#	ACTION[9, *]=s_7，即状态 7 入栈
10	0 1 6 9 7	# E+T*	i#	ACTION[7, i]=s_5，即状态 5 入栈
11	0 1 6 9 7 5	# E+T*i	#	r_6: 用 F→i 归约且 GOTO(7, F)=10 入栈
12	0 1 6 9 7 10	# E+T*F	#	r_3: 用 T→T*F 归约且 GOTO(6, T)=9 入栈
13	0 1 6 9	# E+T	#	r_1: 用 E→E+T 归约且 GOTO(0, E)=1 入栈
14	0 1	# E	#	acc: 分析成功

输入串 i+i*i 的归约过程用语法树表示如图 3-32 所示。从表 3.14 的分析过程可以看出，每次归约恰好是图 3-32 语法树中的句柄，这种归约过程实际上就是修剪语法树的过程，直到归约到树根(也即文法开始符 E)为止。因此，LR 分析法解决了在语法分析过程中寻找每一次归约的句柄问题。

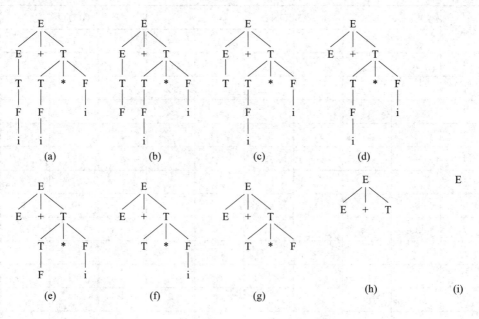

图 3-32　输入串 i+i*i 的归约示意

我们主要关心的问题是如何由文法构造 LR 分析表。对于一个文法，如果能够构造一张分析表，使得它的每个入口均是唯一确定的，则称这个文法为 LR 文法。对于一个 LR

文法，当分析器对输入串进行自左至右扫描时，一旦句柄呈现于栈顶，就能及时对它实行归约。

在有些情况下，LR 分析器需要"展望"和实际检查未来的 k 个输入符号才能决定应采取什么样的"移进-归约"决策。一般而言，一个文法如果能用一个每步最多向前检查 k 个输入符号的 LR 分析器进行分析，则这个文法就称为 LR(k) 文法。

对于一个文法，如果它的任何"移进-归约"分析器都存在这样的情况：尽管栈的内容和下一个输入符号都已了解，但仍无法确定是"移进"还是"归约"，或者无法从几种可能的归约中确定其一，则该文法是非 LR 的。注意，LR 文法肯定是无二义的，一个二义文法绝不会是 LR 文法；但是，LR 分析技术可以进行适当修改以适用于分析一定的二义文法。

我们在后面将介绍四种分析表的构造方法，它们是：

(1) LR(0) 表构造法，这种方法局限性很大，但它是建立一般 LR 分析表的基础；

(2) SLR(1) 表(即简单 LR 表)构造法，这种方法较易实现又极有使用价值；

(3) LR(1) 表(即规范 LR 表)构造法，这种表适用大多数上下文无关文法，但分析表体积庞大；

(4) LALR(1) 表(即向前 LR 表)构造法，该表能力介于 SLR(1) 和 LR(1) 之间。

3.5.2　LR(0) 分析器

我们希望仅由一种只概括"历史"资料而不包含推测性"展望"材料的简单状态就能识别呈现在栈顶的某些句柄，而 LR(0) 项目集就是这样一种简单状态。

在讨论 LR 分析法时，需要定义一个重要概念，这就是文法规范句型的"活前缀"。字的前缀是指该字的任意首部，例如字 abc 的前缀有 ε、a、ab 或 abc。所谓活前缀，是指规范句型的一个前缀，这种前缀不含句柄之后的任何符号。在 LR 分析工作过程中的任何时候，栈里的文法符号(自栈底而上)$X_1X_2\cdots X_m$ 应该构成活前缀，把输入串的剩余部分匹配于其后即应成为规范句型(如果整个输入串确为一个句子的话)。例如，表 3.14 中符号栈就给出了对输入串 i+i*i 扫描过程中每一步的活前缀，而将表 3.14 符号栈中每行的活前缀与该行后面的输入串连接起来，就构成了一个规范句型。因此，只要输入串的已扫描部分保持可归约成一个活前缀，就意味着所扫描的部分没有错误。

1. LR(0) 项目集规范族的构造

对于一个文法 G[S]，首先要构造一个 NFA，它能识别 G[S] 的所有活前缀。这个 NFA 的每个状态就是一个"项目"。文法 G[S] 中每一个产生式的右部添加一个圆点"·"，称为 G[S] 的一个 LR(0) 项目(简称项目)。例如，产生式 A→aBc 对应有四个项目：

$$A→·aBc$$
$$A→a·Bc$$
$$A→aB·c$$
$$A→aBc·$$

注意，如果产生式的右部有 n 个符号，则该产生式就有 n + 1 个项目；并且，产生式 A→ε 只对应一个项目 A→·。

一个项目指明了在分析过程的某个时刻我们能看到产生式的多大一部分。圆点"·"指出了分析过程中扫描输入串的当前位置；圆点"·"前的部分为已经扫描过的符号串，圆点

"·"后的部分为待扫描的符号串,且圆点"·"前的符号串构成了一个活前缀。对于项目 A
→·aBc 来说,表示符号串 aBc 还未扫描;而对项目 A→aBc· 来说,则已经扫描完符号串 aBc(形
成了可归约为 A 的句柄),此时可以将 aBc 归约为 A 了。由于产生式的项目与识别 NFA 的状
态相对应,因此可以用项目来构造 NFA。产生式 A→aBc 所对应的 NFA 如图 3-33 所示。

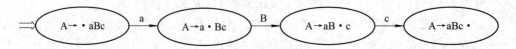

图 3-33　产生式 A→aBc 所对应的 NFA M

显然,这个 NFA M 能够识别产生式 A→aBc 的右部 aBc。圆点"·"右侧第一个符号
即为 NFA 相应状态出发的有向边上的符号,它表示该状态能够识别的符号。

注意,凡圆点在最右端的项目,如 A→α·,称为一个"归约"项目;对文法的开始符
号 S'的归约项目(S'的含义见下面的描述),如 S'→α·称为"接受"项目;形如 A→α·aβ 的项
目(圆点"·"右侧第一个符号是终结符)称为"移进"项目;形如 A→α·Bβ 的项目(圆点"·"
右侧第一个符号是非终结符)称为"待约"项目,因为在 NFA 中发生状态转换的非终结符
不可能由输入串(由终结符组成)提供,而必须由 NFA 的归约来产生,这就要启动另一路 NFA
来识别(归约出)所需要的非终结符。例如,在图 3-33 中若非终结符 B 的产生式为 B→ef,
则在含项目 A→a·Bc 的状态中就应加入项目 B→·ef,称为 A 的闭包项。也即,要获得非
终结符 B,就必须先识别 B 的产生式,这就意味着在识别 A 的 NFA M 中嵌入了识别 B 的
NFA M(如图 3-34 所示,图中 $I_0 \sim I_5$ 为状态编号)。

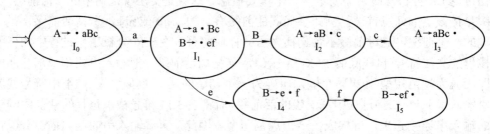

图 3-34　在识别 A 的 NFA 中嵌入识别 B 的 NFA M

如果闭包项 B→·ef 中"·"后的第一个符号是另一个非终结符 R,即闭包项为 B→·Rf
的话,则 B→·Rf 仍然是一个待约项目,也即在图 3-34 的状态 I_1 中还应加入识别 R 的闭包
项;如此下去,不断在同一个状态中加入闭包项直至没有新的"待约项"出现为止。这样,
就把识别活前缀的 NFA M 确定化,形成了一个识别产生式的 DFA M′(这种闭包项的方法
等同于第二章的 ε_CLOSURE(闭包)方法),此时的状态也可能不再是含有一个项目,而是
含有多个项目,我们称其为项目集。

将上述方法拓展到整个文法,即可以使用这些项目状态构造一个 NFA M 来识别文法的
所有活前缀;使用闭包项方法,就能够把识别活前缀的 NFA M 确定化,使之成为一个以项
目集为状态的 DFA M,这个 DFA M 就是建立 LR 分析算法的基础。构成识别一个文法活前
缀的 DFA M 的项目集(状态)的全体称为这个文法的 LR(0)项目集规范族,这个规范族提供
了建立一类 LR(0)和 SLR(1)分析器的基础。

我们用第二章所引进的 ε_CLOSURE 来构造一个文法 G[S]的 LR(0)项目集规范族。假

定 I 是文法 G[S] 的任一项目集，则定义和构造 I 的闭包 CLOSURE(I) 的方法是：

(1) I 的任何项目都属于 CLOSURE(I)；

(2) 若 A→α·Bβ 属于 CLOSURE(I)，那么对任何关于 B 的产生式 B→γ，其项目 B→·γ 也属于 CLOSURE(I)(设 A→α·Bβ 的状态为 i，则 i 到所有含 B→·γ 的状态都有一条 ε 有向边，即此规则仍与第二章的 ε_CLOSURE(I) 定义一样)；

(3) 重复执行上述 (1)～(2) 步直至 CLOSURE(I) 不再增大为止。

在构造 CLOSURE(I) 时请注意一个重要的事实，那就是对任何非终结符 B，若某个圆点 "·" 在左边的项目 B→·γ 进入到 CLOSURE(I)，则 B 的所有其它圆点 "·" 在左边的项目 B→·β 也将进入同一个 CLOSURE 集。

此外，我们设函数 GO 为状态转换函数，GO(I,X) 的第一个变元 I 是一个项目集，第二个变元 X 是一个文法符号(终结符或非终结符)，函数 GO(I,X) 定义为

$$GO(I,X)=CLOSURE(J)$$

其中，如果 A→α·Xβ 属于 I，则 J={任何形如 A→αX·β 的项目}。如果由项目集 I 发出的字符为 X 的有向边，则到达的状态即为 CLOSURE(J)(这也类同于第二章 I_a= ε_CLOSURE(J) 的定义，但这里相当于输入的字符是 X)。直观上说，若 I 是对某个活前缀 γ 有效的项目集(状态)，则 GO(I,X) 就是对 γX 有效的项目集(状态)。

通过函数 CLOSURE 和 GO 很容易构造一个文法 G[S] 的拓广文法 G'[S'] 的 LR(0) 项目集规范族。如果已经求出了 I 的闭包 CLOSURE(I)，则用状态转换函数 GO 可以求出由项目集 I 到另一项目集状态必须满足的字符(即转换图有向边上的字符)；然后，再求出有向边到达的状态所含的项目集，即用 GO(I,X)=CLOSURE(J) 求出 J，再对 J 求其闭包 CLOSURE(J)，也就是有向边到达状态所含的项目集。以此类推，最终构造出拓广文法 G'[S'] 的 LR(0) 项目集规范族。

2. LR(0) 分析表的构造

为了构造 LR(0) 分析表，就必须对文法进行改造。我们察看文法 G[S]：S→aS｜bc，句子 abc 的语法树见图 3-35(a)。当把句柄 bc 归约为 S 时，由语法树可以看出该 S 不是树根；但在图 3-35(b) 中，句柄 bc 归约为 S 时该 S 为树根。由机器进行语法分析时无法判断归约的 S 是否为树根，即是否到达分析成功的 "接受" 状态。为了使 "接受" 状态易于识别，总是将文法 G[S] 进行拓广。假定文法 G[S] 以 S 为开始符号，我们构造一个 G'[S']，它包含了整个 G[S] 并引进了一个不出现在 G[S] 中的非终结符 S'，同时加进了一个新产生式 S'→S，这个 S' 是 G'[S'] 的开始符号，称 G'[S'] 是 G[S] 的拓广文法，并且会有一个仅含项目 S'→S· 的状态，这就是唯一的 "接受" 态。如在图 3-35(c)、(d) 中，当把句柄 bc 归约为 S 时，这个 S 一定不是树根，仅当把 S 归约为 S' 时，这个 S' 才是唯一的树根，也是我们进行语法分析的 "接受" 状态。

假若一个文法 G[S] 的拓广文法 G'[S'] 的活前缀识别自动机(DFA)中的每个状态(项目集)不存在下述情况：既含移进项目又含归约项目或者含有多个归约项目，则称 G[S] 是一个 LR(0) 文法。换言之，LR(0) 文法规范族的每个项目集不包含任何冲突项目。

对于 LR(0) 文法，我们可直接从它的项目集规范族 C 和活前缀自动机的状态转换函数 GO 构造出 LR 分析表。下面是构造 LR(0) 分析表的算法。

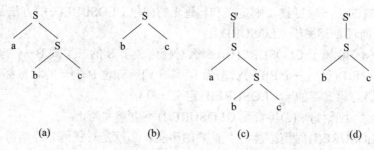

图 3-35　句柄 bc 归约情况分析

假定 C = {$I_0, I_1, \cdots, I_n$}。由于我们已经习惯用数字表示状态，因此令每个项目集 I_k 的下标 k 作为分析器的状态，特别地，令包含项目 S'→ · S(表示整个句子还未输入)的集合 I_k 的下标 k 为分析器的初态。分析表的动作子表 ACTION 和状态转换子表 GOTO 可按如下方法构造：

(1) 若项目 A→α · aβ 属于 I_k 且 GO(I_k, a)=I_j，a 为终结符，则置 ACTION[k, a] 为 "将(j, a)移进栈"，简记为 "s_j"。

(2) 若项目 A→α· 属于 I_k，则对任何终结符 a (包括结束符#)，置 ACTION[k, a] 为 "用产生式 A→α 进行归约"，简记为 "r_j"(注意：j 是产生式的编号，而不是项目集的状态号，即 A→α 是文法 G'[S'] 的第 j 个产生式)。

(3) 若项目 S'→S· 属于 I_k(S· 表示整个句子已输入且已分析归约结束)，则置 ACTION[k, #] 为 "接受"，简记为 "acc"。

(4) 若项目 A→α · Bβ 属于 I_k 且 GO(I_k, B)= I_j，B 为非终结符，则置 GOTO[k, B]=j，即意为将(j, B)移进栈。

(5) 分析表中凡不能用规则(1)～(4)填入的空白格均置为 "出错标志"。

由于假定 LR(0)文法规范族的每个项目集不含冲突项目，因此按上述方法构造的分析表的每个入口都是唯一的(即不含多重定义)。我们称如此构造的分析表是一张 LR(0)表，使用 LR(0)表的分析器叫做一个 LR(0)分析器。

对于(2)的说明如下，假定有产生式 A→abc 且句子序列为…abcd…，当前刚扫描完字符串 abc 且扫描指针指向字符 d(此时 d 为当前输入符号)。由于刚扫描过的 abc 形成了一个句柄，这时应将 abc 归约为非终结符 A。那么，当面临什么输入符号时可以将 abc 归约为 A 呢？由于 LR 分析法采用的是规范归约，即在句柄之后是不会出现非终结符的。为了简单起见，LR(0)采取的办法是句柄遇见文法的任何终结符(包括终结符#)都进行归约，而不管该终结符是否真正会在句柄之后出现。这种情况反映在 LR(0)分析表中，就是在 ACTION 表的状态 k(设归约项目 A→abc· 属于项目集 I_k)这一行全部填满产生式 A→abc 的归约编号 r_j，这是因为 ACTION 表恰好对应文法的全部终结符(包括终结符#)，而 GOTO 表因只对应文法的非终结符故其状态 k 这一行无需填入 r_j。

对于(3)，当把 S 归约为 S'时则表明整个句子分析成功，此时扫描到的当前输入符号只能是语句结束符#，否则出错。因此，反映在 ACTION 表中，就是在状态 k (设 S'→S· 属于 I_k)这一行对应终结符#的栏目 ACTION[k, #] 被置为 acc。

例 3.17　已知文法 G[S] 如下，试构造该文法的 LR(0)分析表：

$$G[S]: \quad S→BB$$

$$B \rightarrow aB \mid b$$

[解答]　将文法 G[S]拓广为文法 G'[S']：

$$G'[S']: \quad (0)\ S' \rightarrow S$$
$$(1)\ S \rightarrow BB$$
$$(2)\ B \rightarrow aB$$
$$(3)\ B \rightarrow b$$

列出 LR(0)的所有项目：

1. $S' \rightarrow \cdot S$　　　　5. $S \rightarrow BB \cdot$　　　　9. $B \rightarrow \cdot b$
2. $S' \rightarrow S \cdot$　　　　6. $B \rightarrow \cdot aB$　　　　10. $B \rightarrow b \cdot$
3. $S \rightarrow \cdot BB$　　　　7. $B \rightarrow a \cdot B$
4. $S \rightarrow B \cdot B$　　　　8. $B \rightarrow aB \cdot$

用 ε_CLOSURE 办法构造文法 G'[S']的 LR(0)项目集规范族如下：

I_0: $S' \rightarrow \cdot S$　　　　I_1: $S' \rightarrow S \cdot$　　　　I_3: $B \rightarrow a \cdot B$　　　　I_5: $S \rightarrow BB \cdot$

　　　$S \rightarrow \cdot BB$　　　　I_2: $S \rightarrow B \cdot B$　　　　　$B \rightarrow \cdot aB$　　　　I_6: $B \rightarrow aB \cdot$

　　　$B \rightarrow \cdot aB$　　　　　$B \rightarrow \cdot aB$　　　　　$B \rightarrow \cdot b$

　　　$B \rightarrow \cdot b$　　　　　$B \rightarrow \cdot b$　　　　I_4: $B \rightarrow b \cdot$

根据状态转换函数 GO 构造出文法 G'[S']的 DFA，如图 3-36 所示。

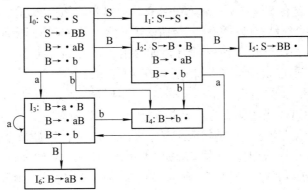

图 3-36　例 3.17 文法 G'[S'] 的 DFA M(即 LR(0)项目集和 GO 函数)

也可以用项目集规范族和图 3-37 所示的状态转换图来共同表示 G'[S']的 DFA M。

项目集的构造原则如下：

(1) 对一个项目集中的某个项目，只要在"·"之后的第一个符号是非终结符，则该非终结符所有以"·"开头的项目全都纳入到该项目集；如果这些新纳入的项目中，又在"·"后紧随出现新的非终结符，则这些新的非终结符所有以"·"开始的项目也全部纳入该项目集。如图 3-36 中的项目集 I_0，在 $S' \rightarrow \cdot S$ 中的"·"后出现了非终结符 S，故 $S \rightarrow \cdot BB$ 纳入

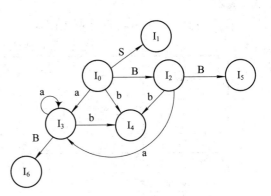

图 3-37　G'[S'] 的状态转换图(即 G'[S'] 的 DFA M)

到 I_0；而 S→•BB 的"•"后第一个符号又出现了新的非终结符 B，则相应地 B→•aB 和 B →•b 也都纳入到 I_0。

(2) 对一个项目集来说，除了归约项目之外，对于其余移进项目，"•"之后有多少个不同的首字符(包括非终结符)，就要引出多少条有向边到不同的项目集(也可能有一条有向边到此项目集自身)，这是检查所构造的 DFA M 是否完整的一种方法。

(3) 在项目集中根据某一项目"•"后的首字符，引出一有向边到达另一项目集，实际上是将形如 A→α•aβ 或 A→α•Bβ 的项目读入字符 a 或字符 B 并同时引出一有向边到达另一项目集。而所到达的项目集中应含有读入字符 a 或字符 B 后的新项目 A→αa•β 或者 A→αB•β，这时要分两种情况考虑：一种是项目 A→αa•β 或 A→αB•β 在目前已存在的所有项目集中均未出现，则引出的有向边到达一新产生的项目集，该项目集纳入新项目 A→αa•β 或 A→αB•β；另一种是项目 A→αa•β 或 A→αB•β 在目前已存在的所有项目集中的某一个已经出现，则不产生新的项目集，引出的有向边到达这个含有项目 A→αa•β 或 A→αB•β 的项目集。

掌握了上述构造原则和方法后，则可在写出拓广文法后就直接画出该文法的 DFA，而无需再列出 LR(0) 的所有项目和构造 LR(0) 项目集规范族了。

根据图 3-36 构造 LR(0) 分析表的方法如下：由于存在 I_0~I_6 这 7 个项目集，因此每个不同的 I_i 都分别对应一行且将这些不同 I_i 的下标 i 依次标记在该行的第一列上以表示不同的状态行(注意，I_0 因含有 S'→•S 而标记在第 0 行上以表示初始状态)。此外，ACTION 表中相对于文法的每一个终结符(包括终结符#)都对应一列，而 GOTO 表则相对文法的每一个非终结符(除 S'外)都对应一列。对每一个 I_i，如果由 I_i 发出的有向边上标记的是终结符(所对应的项目属于移进项)且该有向边指向 I_k，则在 ACTION 表的第 i 行及该终结符这一列所对应的栏中填上"s_k"；如果有向边上标记的是非终结符(所对应的项目属于待约项)且该有向边指向 I_k，则在 GOTO 表的第 i 行及该非终结符这一列所对应的栏中填上"k"(注意，如果由 I_i 发出的有向边共有 n 条，则相应第 i 行的 ACTION 表和 GOTO 表填入内容的栏合计为 n 个，否则就有缺项)。如果 I_i 中含有形如"A→α•"这样的归约项目，并且拓广文法 G'[S'] 中 A→α 所标记的产生式序号为"j"，则 ACTION 表的第 i 行全部填入"r_j"；如果 I_i 是含有形如"S'→S•"这样的归约项目，则在第 i 行对应 ACTION 表终结符"#"这一列的栏中填入"acc"。

最后得到 LR(0) 分析表见表 3.15。

表 3.15　例 3.17 的 LR(0) 分析表

状态	ACTION			GOTO	
	a	b	#	S	B
0	s_3	s_4		1	2
1			acc		
2	s_3	s_4			5
3	s_3	s_4			6
4	r_3	r_3	r_3		
5	r_1	r_1	r_1		
6	r_2	r_2	r_2		

下面，通过图 3-36 的 DFA M 来分析对输入串 aB…的识别过程(事实上，句子对应的输入串应全部由终结符组成，在此的输入串是指扫描及归约过程中某时刻所形成的一种形态)。首先，由初始状态 I_0 开始识别第 1 个字符 a，即与 I_0 中的项目 B→•aB 对应，所以应执行的动作是"移进"，故由状态 I_0 识别字符 a 后到达 I_3，即将状态 3 和字符 a (即(3,a))压入分析栈。然后，继续在状态 I_3 下扫描第 2 个字符 B，因与 I_3 中的项目 B→a•B 对应，故应执行的动作仍是"移进"，即由状态 I_3 识别字符 B 后到达状态 I_6，此时将(6,B)压入分析栈。接下来在状态 I_6 下扫描后继的无论什么字符，都因状态 I_6 中仅有一个归约项目 B→aB•而将刚扫描过的两个字符 aB 归约为 B；由 3.5.1 节识别非终结符的图 3-29 可知，此时应由状态 I_6 回退到扫描两个字符 aB 之前的状态 I_0，因此这种回退就意味着去掉刚才因移进字符 a 和 B 所压入分析栈的两项(3,a)和(6,B)，即用 B 取代 aB，而用 I_2 取代 aB 对应的状态 I_3 和 I_6。注意，由于是将 aB 归约为 B，即对于已读入的字符串 aB 相当于此时在状态 I_0 读入这个归约后的字符 B，故由状态 I_0 识别这个字符 B 后到达状态 I_2，此时将(2,B)压入分析栈。当然，对输入串 aB…的识别过程也可以由表 3.15 按照表 3.14 来分析更加容易地得到。同时，我们也理解了为什么当用某一产生式 A→β 进行归约时，则归约的动作是先去掉分析栈栈顶的 γ 个项(假若 β 的长度为 γ)，即回退到扫描字符串 β 之前的状态，然后再由该状态扫描这个归约后的字符 A 进行新的"移进"操作。

例 3.18 试构造下述文法的 LR(0)分析表：

$$G[E]: \quad E→E+T \mid T$$
$$T→(E) \mid a$$

[解答] (1) 将文法 G[E] 拓广为 G[E']：

$$G[E']: \quad (0)\ E'→E$$
$$(1)\ E→E+T$$
$$(2)\ E→T$$
$$(3)\ T→(E)$$
$$(4)\ T→a$$

(2) 列出 LR(0)的所有项目：

1. E'→•E	8. E→T•
2. E'→E•	9. T→•(E)
3. E→•E+T	10. T→(•E)
4. E→E•+T	11. T→(E•)
5. E→E+•T	12. T→(E)•
6. E→E+T•	13. T→•a
7. E→•T	14. T→a•

(3) 用 ε_CLOSURE(闭包)方法得到文法 G'[E] 的 LR(0)项目集规范族如下：

I_0: E'→•E	I_4: T→a•
E→•E+T	I_5: E→E+•T
E→•T	T→•(E)
T→•(E)	T→•a
T→•a	I_6: T→(E•)

I_1: E'→E•　　　　　　　　E→E•+T

E→E•+T　　　　　I_7: E→E+T•

I_2: E→T•　　　　　　　　I_8: T→(E)•

I_3: T→(•E)

E→•E+T

E→•T

T→•(E)

T→•a

(4) 根据状态转换函数 GO 构造出文法 G'[E'] 的 DFA M，如图 3-38 所示。

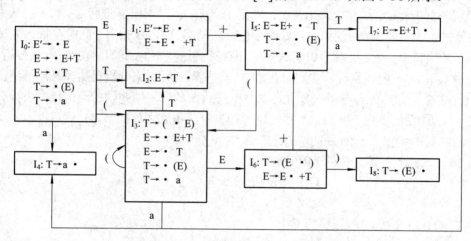

图 3-38　例 3.18 文法 G'[E'] 的 DFA M

(5) 构造 LR(0) 分析表如表 3.16 所示。

表 3.16　例 3.18 的 LR(0) 分析表

状态	ACTION					GOTO	
	a	+	(	)	#	E	T
0	s_4		s_3			1	2
1		s_5			acc		
2	r_2	r_2	r_2	r_2	r_2		
3	s_4		s_3			6	2
4	r_4	r_4	r_4	r_4	r_4		
5	s_4		s_3				7
6		s_5		s_8			
7	r_1	r_1	r_1	r_1	r_1		
8	r_3	r_3	r_3	r_3	r_3		

3.5.3　SLR(1) 分析器

LR(0) 文法是一类非常简单的文法，其特点是该文法的活前缀识别自动机的每一状态

(项目集)都不含冲突性的项目。但是，即使是定义算术表达式这样的简单文法也不是 LR(0) 的，因此，需要研究一种带有简单"展望"材料的 LR 分析法，即 SLR(1)法。

由 LR(0)分析表可知，当出现形如 $A\rightarrow\alpha\bullet$ 的归约项目时，ACTION 表状态 k（设 $A\rightarrow\alpha\bullet$ 属于 I_k）这一行将全部填满产生式 $A\rightarrow\alpha$ 的归约编号 r_j。但是，并非所有的终结符都允许跟在已归约的非终结符 A 之后，对于那些根本不可能出现在 A 之后的终结符 b，相应的 ACTION[k, b]就无需填入 r_j。这一做法的意义在于它可以减少"移进/归约"冲突的发生(如果 ACTION[k, b]又要填入移进 s_i 的话)，而非终结符 A 允许其后出现哪些终结符则完全可以采用 LL(1)分析法中的 FOLLOW 集求得。

一般而言，假定 LR(0)规范族的一个项目集 I 中含有 m 个移进项目：
$$A_1\rightarrow\alpha\bullet a_1\beta_1, \quad A_2\rightarrow\alpha\bullet a_2\beta_2, \quad \cdots, \quad A_m\rightarrow\alpha\bullet a_m\beta_m$$
同时含有 n 个归约项目：
$$B_1\rightarrow\alpha\bullet, \quad B_2\rightarrow\alpha\bullet, \quad \cdots, \quad B_n\rightarrow\alpha\bullet$$

如果集合 $\{a_1,\cdots,a_m\}$、FOLLOW(B_1)、…、FOLLOW(B_n)两两不相交(包括不得有两个 FOLLOW 集含有"#")，则隐含在 I 中的动作冲突可通过检查现行输入符号 a 属于上述 n+1 个集合中的哪个集合而获得解决，即：

(1) 若 a 是某个 a_i，i=1, 2, …, m，则移进；

(2) 若 a∈FOLLOW(B_i)，i=1, 2, …, n，则用产生式 $B_i\rightarrow\alpha$ 进行归约；

(3) 对(1)、(2)项以外的情况，报错。

冲突性动作的这种解决办法叫做 SLR(1)解决办法。

对任给的一个文法 G[S]，我们可用如下办法构造它的 SLR(1)分析表：先把 G[S]拓广为 G'[S']，对 G'[S']构造 LR(0)项目集规范族 C 和活前缀识别自动机的状态转换函数 GO，然后再使用 C 和 GO 按下面的算法构造 G'[S']的 SLR(1)分析表。

假定 C={$I_0, I_1, \cdots, I_n$}，令每个项目集 I_k 的下标 k 为分析器的一个状态，则 G'[S']的 SLR(1)分析表含有状态 0, 1, …, n。令那个含有项目 S'→•S 的 I_k 的下标 k 为初态，则子表 ACTION 和 GOTO 可按如下方法构造：

(1) 若项目 $A\rightarrow\alpha\bullet a\beta$ 属于 I_k 且 GO(I_k, a)=I_j，a 为终结符，则置 ACTION[k, a]为"将状态 j 和符号 a 移进栈"，简记为"s_j"。

(2) 若项目 $A\rightarrow\alpha\bullet$ 属于 I_k，那么对任何输入符号 a，a 为终结符且 a∈FOLLOW(A)，置 ACTION[k, a]为"用产生式 $A\rightarrow\alpha$ 进行归约"，简记为"r_j"。其中，j 是产生式的编号，即 $A\rightarrow\alpha$ 是文法 G'[S']的第 j 个产生式。

(3) 若项目 S'→S• 属于 I_k，则置 ACTION[k, #]为"接受"，简记为"acc"。

(4) 若项目 $A\rightarrow\alpha\bullet B\beta$ 属于 I_k 且 GO(I_k, B)=I_j，B 为非终结符，则置 GOTO[k, B]=j，即意为将(j, B)移进栈。

(5) 分析表中凡不能用规则(1)～(4)填入信息的空白格均置为"出错标志"。

按上述算法构造的含有 ACTION 和 GOTO 两部分的分析表，如果每个入口不含多重定义，则称它为文法 G[S]的一张 SLR(1)表，具有 SLR(1)表的文法 G[S]称为一个 SLR(1)文法。数字"1"的意思是在分析过程中最多只要向前看一个符号(实际上仅是在归约时需要向前看一个符号)，使用 SLR(1)表的分析器叫做 SLR(1)分析器。

若按上述算法构造的分析表存在多重定义的入口(即含有动作冲突)，则说明文法 G[S]

不是 SLR(1)的；在这种情况下，不能用上述算法构造分析器。

注意：SLR(1)方法与 LR(0)方法的区别仅在于步骤(2)。在 LR(0)方法中，若项目集 I_k 含有 $A \rightarrow \alpha \cdot$ ，则在状态 k 时，无论面临什么输入符号都采取 "$A \rightarrow \alpha$ 归约" 的动作；假定 $A \rightarrow \alpha$ 的产生式编号为 j，则在分析表 ACTION 部分，对应状态 k 这行所有栏目都填为 "r_j"。而在 SLR(1)方法中，若项目集 I_k 含有 $A \rightarrow \alpha \cdot$ ，则在状态 k 时，仅当面临的输入符号为 $a \in$ FOLLOW(A) 时，才确定采取 "$A \rightarrow \alpha$ 归约" 的动作，这样将在分析表 ACTION 部分面对状态 k 这一行，所有 $b \notin$ FOLLOW(A) 的栏目将空出来。对空出来的栏目(假定该栏目对应的终结符就是 b)，如果恰好又存在项目 $A \rightarrow \alpha \cdot b \beta$ 属于 I_k 且 GO(I_k, b) = I_i，则可置该栏目(即 ACTION[k, b])为 "s_i"。但是这种情况在 LR(0) 就不行了，因为对应状态 k 这一行的所有栏目都已填入了 "r_j"，此时若将 ACTION[k, b] 栏目填上 "s_i" 将产生冲突。因此，SLR(1)方法比 LR(0) 优越，它可以解决更多的冲突。

例 3.19　试构造例 3.17 所示文法 G[S] 的 SLR(1)分析表。

[解答]　构造 SLR(1)分析表必须先求出所有形如 "$A \rightarrow \alpha \cdot$" 的 FOLLOW(A)，即对文法 G'[S'] 的归约项目：

$$S' \rightarrow S \cdot$$
$$S \rightarrow BB \cdot$$
$$B \rightarrow aB \cdot$$
$$B \rightarrow b \cdot$$

求 FOLLOW 集(实际上仍是对文法 G'[S'] 求 FOLLOW 集)，由 FOLLOW 集的构造方法得：

① FOLLOW(S')={#}；

② 由 S→BB 得 FIRST(B)⊂FOLLOW(B)，即 FOLLOW(B)={a,b}；

③ 由 S'→S 得 FOLLOW(S')⊂FOLLOW(S)，即 FOLLOW(S)={#}；由 S→BB 得 FOLLOW(S)⊂FOLLOW(B)，即 FOLLOW(B)={a,b,#}。

根据 SLR(1)分析表的构造方法的文法 G'[S'] 的 SLR(1)分析表见表 3.17。

表 3.17　例 3.19 的 SLR(1) 分析表

状　态	ACTION			GOTO	
	a	b	#	S	B
0	s_3	s_4		1	2
1			acc		
2	s_3	s_4			5
3	s_3	s_4			6
4	r_3	r_3	r_3		
5			r_1		
6	r_2	r_2	r_2		

例 3.20 已知文法 G[S] 如下，试构造该文法的 SLR(1) 分析表：

$$G[S]: \quad S \rightarrow bAS \mid bA$$
$$A \rightarrow aSc$$

[解答] (1) 将文法 G[S] 拓广为文法 G'[S']：

$$G'[S']: \quad (0) \ S' \rightarrow S$$
$$(1) \ S \rightarrow bAS$$
$$(2) \ S \rightarrow bA$$
$$(3) \ A \rightarrow aSc$$

(2) 根据文法 G'[S'] 构造出 DFA M，如图 3-39 所示。

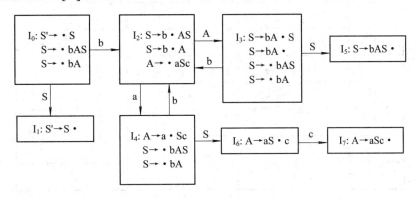

图 3-39 例 3.20 文法 G'[S'] 的 DFA M

(3) 对 G'[S'] 的所有归约项目：

$$S' \rightarrow S\bullet$$
$$S \rightarrow bAS\bullet$$
$$S \rightarrow bA\bullet$$
$$A \rightarrow aSc\bullet$$

求出 FOLLOW 集如下：

① FOLLOW(S')={#}；

② 由 S→…AS 得 FIRST(S)\{ε}⊂FOLLOW(A)，即 FOLLOW(A)={b}；

　由 A→…Sc 得 FIRST('c')⊂FOLLOW(S)，即 FOLLOW(S)={c}；

③ 由 S'→S 得 FOLLOW(S')⊂FOLLOW(S)，即 FOLLOW(S)={c,#}；

　由 S→…A 得 FOLLOW(S)⊂FOLLOW(A)，即 FOLLOW(A)={b,c,#}。

由 SLR(1) 分析表的构造方法可知：若移进项目 A→α•aβ(a 为终结符)属于 I_k 且由 I_k 发出的标记为 a 的有向边落到 I_j 上，则置 ACTION[k,a] 为 "s_j"；若待约项目 A→α•Bβ(B 为非终结符)属于 I_k 且由 I_k 发出的标记为 B 的有向边落到 I_j 上，则置 GOTO[k,B] 为 "j"；若归约项目 A→α•属于 I_k，则仅当 a∈FOLLOW(A) 时，置 ACTION[k,a] 为 "r_i"(i 为文法 G'[S'] 中 A→α 的产生式编号)。所以，在 ACTION 表中可能发生"移进/归约"冲突，即在 ACTION[k, a] 栏中，既要填入 "s_j" 又要填入 "r_i"；而 GOTO 子表由于仅涉及待约项目，故不会发生任何冲突。

分析图 3-39 可知在 I_3 项目集中，S→bA•要求归约，而 S→bA•S 却要求移进 S，即对移进的非终结符 S 和归约项 S→bA·左部非终结符 S 的 FOLLOW(S)有：

$$FIRST(S) \cap FOLLOW(S) = \{b\} \cap \{c, \#\} = \Phi$$

故 I_3 不产生冲突。

最后，根据图 3-39 可得到无冲突的 SLR(1) 分析表见表 3.18。

表 3.18　例 3.20 的 SLR(1) 分析表

状态	ACTION				GOTO	
	a	b	c	#	S	A
0		s_2			1	
1				acc		
2	s_4					3
3		s_2	r_2	r_2	5	
4		s_2			6	
5			r_1	r_1		
6			s_7			
7		r_3	r_3	r_3		

例 3.21　已知算术表达式文法 G[E] 如下，试构造该文法的 SLR(1) 分析表。

$$G[E]:\quad E \rightarrow E+T \mid T$$
$$T \rightarrow T*F \mid F$$
$$F \rightarrow (E) \mid i$$

[解答]　将文法 G[E] 拓广为文法 G'[S']：

$$(0)\ S' \rightarrow E$$
$$(1)\ E \rightarrow E+T$$
$$(2)\ E \rightarrow T$$
$$(3)\ T \rightarrow T*F$$
$$(4)\ T \rightarrow F$$
$$(5)\ F \rightarrow (E)$$
$$(6)\ F \rightarrow i$$

列出 LR(0) 的所有项目：

1. $S' \rightarrow \cdot E$	6. $E \rightarrow E+T\cdot$	11. $T \rightarrow T*\cdot F$	16. $F \rightarrow (\cdot E)$
2. $S' \rightarrow E\cdot$	7. $E \rightarrow \cdot T$	12. $T \rightarrow T*F\cdot$	17. $F \rightarrow (E\cdot)$
3. $E \rightarrow \cdot E+T$	8. $E \rightarrow T\cdot$	13. $T \rightarrow \cdot F$	18. $F \rightarrow (E)\cdot$
4. $E \rightarrow E\cdot +T$	9. $T \rightarrow \cdot T*F$	14. $T \rightarrow F\cdot$	19. $F \rightarrow \cdot i$
5. $E \rightarrow E+\cdot T$	10. $T \rightarrow T\cdot *F$	15. $F \rightarrow \cdot (E)$	20. $F \rightarrow i\cdot$

用 ε_CLOSURE 方法构造出文法 G'[S'] 的 LR(0) 项目集规范族，并根据状态转换函数 GO 画出文法 G'[S'] 的 DFA M，如图 3-40 所示。

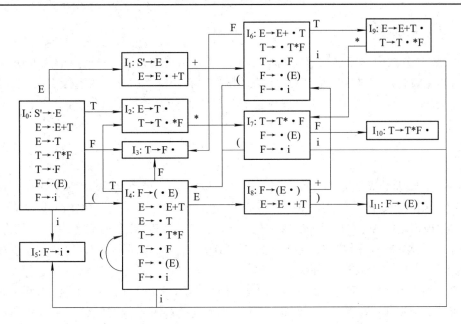

图 3-40 例 3.21 文法 G'[S'] 的 DFA M

根据 FOLLOW 集构造方法，构造文法 G'[S'] 中非终结符的 FOLLOW 集如下：

(1) 对文法开始符 S'，有 #∈FOLLOW(S')，即 FOLLOW(S')={#}。

(2) 由 E→E+⋯得 FIRST('+')\\{ε}⊂FOLLOW(E)，即 FOLLOW(E)={+}。

　　由 E→⋯E) 得 FIRST(')')\\{ε}⊂FOLLOW(E)，即 FOLLOW(E)={+,)}。

　　由 T→T*⋯得 FIRST('*')\\{ε}⊂FOLLOW(T)，即 FOLLOW(T)={*}。

(3) 由 S'→E 得 FOLLOW(S')⊂FOLLOW(E)，即 FOLLOW(E)={+,),#}。

　　由 E→T 得 FOLLOW(E)⊂FOLLOW(T)，即 FOLLOW(T)={+, *,), #}。

　　由 T→F 得 FOLLOW(T)⊂FOLLOW(F)，即 FOLLOW(F)={+, *,), #}。

分析图 3-40 可知 I_1、I_2 和 I_9 存在移进和归约项目。在 I_1 项目集中，S'→E•要求归约，而 E→E•+T 却要求移进，即对移进的终结符+和归约项 S'→E•左部非终结符 S' 的 FOLLOW(S') 有：

　　　FIRST('+')∩FOLLOW(S')={+}∩{#}=Φ

在 I_2 项目集中，E→T•要求归约，而 T→T•*F 却要求移进，即对移进的终结符*和归约项 E→T•左部非终结符 E 的 FOLLOW(E) 有：

　　　FIRST('*')∩FOLLOW(E)={*}∩{+,),#}=Φ

在 I_9 项目集中，E→E+T•要求归约，而 T→T•*F 却要求移进，即对移进的终结符*和归约项 E→E+T•左部非终结符 E 的 FOLLOW(E) 有：

　　　　FIRST('*')∩FOLLOW(E)={*}∩{+,),#}=Φ

即 I_1、I_2 和 I_9 的移进和归约项目均不产生冲突。实际上在 SLR(1) 分析表的构造过程中，如果分析表的所有栏目中均不存在冲突(即一个栏目中不存在两项及两项以上的内容)，则所构造的分析表即为 SLR(1) 分析表。

根据图 3-40 可得到算术表达式文法 G[E] 的 SLR(1) 分析表见表 3.13。

3.5.4　LR(1)分析器

在 SLR(1)方法中，若项目集 I_k 含有 A→α•，那么在状态 k，只要所面临的输入符号 a $\in$FOLLOW(A)时，就确定采取"用 A→α 归约"的动作。但是，也有很多文法不能采用 SLR(1)方法进行分析，如某文法的项目集规范族中含有如下的项目集 I_k：

$$I_k:\quad S→α•aβ$$
$$A→α•$$
$$B→α•$$

若终结符 a 不属于 FOLLOW(A)且也不属于 FOLLOW(B)，就不会产生"移进/归约"冲突(即 ACTION[k, a] 只填移进 s_i)；但是，如果终结符 b 既属于 FOLLOW(A) 又属于 FOLLOW(B)(FOLLOW(A)∩FOLLOW(B)≠Φ)，则在 ACTION[k,b]栏产生了"归约/归约"冲突(该栏既要填 A→α 的归约编号 r_i，又要填 B→α 的归约编号 r_j)，而这种"归约/归约"冲突是无法用 SLR(1)方法解决的。

显然，对 LR(0)和 SLR(1)归约来说，其归约的考察范围只局限于短语，即只要找到形成某一非终结符的句柄(最左直接短语，且为该非终结符所对应的某一产生式的右部)时就进行归约；这时，如果某个项目集中有两个归约项目并含有相同的产生式右部(如上例中的 A→α•和 B→α•)，就必然产生"归约/归约"冲突。为了解决这个问题，我们将是否归约的考察范围由文法中的短语限定为语法分析过程中当前句型中的短语，即待归约的短语除了要求是句柄外，还必须是当前规范句型中的短语。这样，使归约的限制更加严格；当项目集 I_k 中出现归约项目 A→α•和 B→α•时，就会由当前规范句型来决定是将 α 归约为 A 还是 B，从而减少了"归约/归约"冲突的发生。但是，这种方法实现的前提却需要让每个项目(状态)含有更多有关归约的信息。

因此，我们可以进一步拓展 SLR(1)分析方法，即让每个状态含有更多的"展望"信息，在必要时也可以将一个状态分裂为两个或多个状态，使得 LR 分析器的每个状态都能确切指出在用 A→α 归约时，当 α 后跟哪些终结符时才允许把 α 归约为 A。也即，当状态 k 呈现于状态栈栈顶，而符号栈里的符号串为 βα 且当前面临的输入符号为 a，则只有存在含有活前缀 βAa 的规范句型时，才允许把 α 归约为 A，否则不允许归约；这就是 LR(1)分析方法。仅察看短语 α 后一个符号是为了提高分析的效率，当然也可以察看短语 α 后 k 个符号而形成 LR(k)分析方法。

LR(0)、SLR(1)和 LR(1)的区别就体现在"归约"操作上。若项目 A→α•属于 I_k，则当用产生式 A→α 归约时，LR(0)是无论面临什么输入符号(终结符)都进行归约；SLR(1)仅当面临的输入符号 a$\in$FOLLOW(A)时才进行归约；而 LR(1)则限定只有 α 后跟终结符 a，即形成当前规范句型的活前缀时才允许把 α 归约为 A。注意，在 SLR(1)里这个 a 是在整个文法中找出来的 a$\in$FOLLOW(A)，而 LR(1)则将其缩小到语法分析过程中当前句型中的短语 α(产生式 A→α)所允许出现在 A 之后的终结符 a，体现在 LR(1)项目集规范族中，就是找出每个项目集中属于各归约项目的向前搜索符。由于具体到某个项目集里特定的归约项目，显然其向前搜索符要少于 SLR(1)中相应归约项目 FOLLOW 集中的字符。因此，在 LR(1)中出现的归约比 SLR(1)要少；也即 LR(1)的效率更高，解决的冲突也多于 SLR(1)。

我们需要重新定义项目，使得每个项目都附带有 k 个终结符。现在每个项目的一般形

式为

$$[A \rightarrow \alpha \cdot \beta, a_1 a_2 \cdots a_k]$$

此处，$A \rightarrow \alpha \cdot \beta$ 是一个 LR(0) 项目，每一个 a 都是终结符。这样的项目称为一个 LR(k) 项目，项目中的 $a_1 a_2 \cdots a_k$ 称为它的向前搜索符串(或展望串)。向前搜索符串仅对归约项目 $[A \rightarrow \alpha \cdot, a_1 a_2 \cdots a_k]$ 有意义。对于任何移进或待约项目 $[A \rightarrow \alpha \cdot \beta, a_1 a_2 \cdots a_k]$，$\beta \neq \varepsilon$，搜索符串 $a_1 a_2 \cdots a_k$ 不起作用。归约项目 $[A \rightarrow \alpha \cdot, a_1 a_2 \cdots a_k]$ 意味着当它所属的状态呈现在栈项目后续的 k 个输入符号为 $a_1 a_2 \cdots a_k$ 时，才可以把栈顶的 α 归约为 A。这里，我们只对 $k \leqslant 1$ 的情形感兴趣，因为对多数程序语言的语法来说，向前搜索(展望)一个符号就基本可以确定"移进"或"归约"了。

构造有效的 LR(1) 项目集族的办法本质上和构造 LR(0) 项目集规范族的办法是一样的，也需要两个函数：CLOSURE 和 GO。

假定 I 是一个项目集，它的闭包 CLOSURE(I) 可按如下方法构造：

(1) I 的任何项目都属于 CLOSURE(I)。

(2) 若项目 $[A \rightarrow \alpha \cdot B\beta, a]$ 属于 CLOSURE(I)，$B \rightarrow \gamma$ 是一个产生式，那么对于 FIRST(βa) 中的每个终结符 b，如果 $[B \rightarrow \cdot \gamma, b]$ 原来不在 CLOSURE(I) 中，则把它加进去。

(3) 重复执行步骤(2)，直到 CLOSURE(I) 不再增大为止。

注意：b 可能是从 β 推出的第一个终结符，若 β 推出 ε，则 b 就是 a。

令 I 是一个项目集，X 是一个文法符号，则函数 GO(I, X) 定义为

$$GO(I, X) = CLOSURE(J)$$

其中，如果 $[A \rightarrow \alpha \cdot X\beta, a] \in I$，则 J = {任何形如 $[A \rightarrow \alpha X \cdot \beta, a]$ 的项目}。

下面根据文法 LR(1) 项目集族 C 构造分析表。假定 $C = \{I_0, I_1, \cdots, I_n\}$，令每个 I_k 的下标 k 为分析表的状态，令那个含有 $[S' \rightarrow \cdot S, \#]$ 的 I_k 的 k 为分析器的初态。则子表 ACTION 和子表 GOTO 可按如下方法构造：

(1) 若项目 $[A \rightarrow \alpha \cdot a\beta, b]$ 属于 I_k 且 $GO(I_k, a) = I_j$，a 为终结符，则置 ACTION[k, a] 为"将状态 j 和符号 a 移进栈"，简记为"s_j"；

(2) 若项目 $[A \rightarrow \alpha \cdot, a]$ 属于 I_k，则置 ACTION[k, a] 为"用产生式 $A \rightarrow \alpha$ 归约"，简记为"r_j"；其中，j 是产生式的编号，即 $A \rightarrow \alpha$ 是文法 G'[S'] 的第 j 个产生式；

(3) 若项目 $[S' \rightarrow S \cdot, \#]$ 属于 I_k，则置 ACTION[k, #] 为"接受"，简记为"acc"；

(4) 若项目 $[A \rightarrow \alpha \cdot B\beta, b]$ 属于 I_k 且 $GO(I_k, B) = I_j$，B 为非终结符，则置 GOTO[k, B] = j，即意为将 (j, B) 移进栈。

(5) 分析表中凡不能用规则(1)～(4)填入信息的空白栏均置为"出错标志"。

按上述算法构造的分析表，若不存在多重定义入口(即动作冲突)的情形，则称它是文法 G[S] 的一张规范的 LR(1) 分析表，使用这种分析表的分析器叫做一个规范的 LR 分析器，具有规范的 LR(1) 分析表的文法称为一个 LR(1) 文法。

注意：构造有效的 LR(1) 项目集在求闭包 CLOSURE(I) 时与 LR(0) 是有区别的。若 $A \rightarrow \alpha \cdot B\beta$ 属于 CLOSURE(I)，关于 B 的产生式是 $B \rightarrow \gamma$，则对 LR(0) 来说，项目 $B \rightarrow \cdot \gamma$ 也属于 CLOSURE(I)；但对 LR(1)(假定 $A \rightarrow \alpha \cdot B\beta$ 的后续一个字符为 a)，则要求对 FIRST(βa) 中的每个终结符 b，都有项目 $[B \rightarrow \cdot \gamma, b]$ 属于 CLOSURE(I)。

其实，向前搜索符仅对归约项目有意义，因为只有当输入符号是归约项目的向前搜索

符时才表明该归约的操作是正确的操作，否则只能是移进操作或者出错。但是在构造 LR(1) 分析表中，直接为归约项目确定向前搜索符是困难的，所以只能先确定 A→•α,a，然后再推得 A→α•,a。

对 LR(1) 来说，其中的一些状态(项目集)除了向前搜索符不同外，其余都是相同的；也即 LR(1) 比 SLR(1) 和 LR(0) 存在更多的状态。因此，LR(1) 的构造比 LR(0) 和 SLR(1) 更复杂，占用的存储空间也更多。

例 3.22　试构造例 3.17 所示文法 G[S] 的 LR(1) 分析表。

[解答]　由 FOLLOW 集构造方法知

$$FOLLOW(S')=\{\#\};$$

且由 S'→S 知 FOLLOW(S')⊂FOLLOW(S)，即 FOLLOW(S)={#}；也即 S 的向前搜索字符为 "#"(实际上可直接看出)，即 [S'→•S,#]。令 [S'→•S,#]∈CLOSURE(I$_0$)，我们根据 LR(1) 闭包 CLOSURE(I) 的构造方法求出属于 I$_0$ 的所有项目。

① 已知 [S'→•S,#]∈CLOSURE(I$_0$)，S→BB 是一个产生式，且由构造方法 "β=ε 得到 b=a='#'" 求得 [S→•BB,#]∈CLOSURE(I$_0$)；

② 已知 [S→•BB,#]∈CLOSURE(I$_0$)，B→aB 是一个产生式，又 FIRST(B)={a,b}(此处的 B 是指 S→•BB 中的第二个 B)，即有 [B→•aB,a/b]∈CLOSURE(I$_0$)；

③ 已知 [S→•BB,#]∈CLOSURE(I$_0$)，B→b 是一个产生式，且 FIRST(B)={a,b}，即有 [B→•b,a/b]∈CLOSURE(I$_0$)。

由此可以得到项目集 I$_0$ 如下：

$$I_0:\quad S→•S',\#$$
$$S→•BB,\#$$
$$B→•aB,a/b$$
$$B→•b,a/b$$

同理可求得全部 CLOSURE(I)，再根据状态转换函数 GO 的算法构造出文法 G'[S'] 的 DFA 如图 3-41 所示。

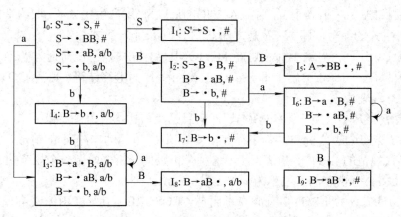

图 3-41　例 3.17 文法 G'[S'] 的 DFA M

LR(1) 分析表构造与 LR(0) 和 SLR(1) 的主要区别是构造算法步骤(2)，即仅当归约时搜索符才起作用。根据 LR(1) 分析表的构造算法得到 LR(1) 分析表见表 3.19。

表 3.19 例 3.22 的 LR(1) 分析表

状 态	ACTION			GOTO	
	a	b	#	S	B
0	s_3	s_4		1	2
1			acc		
2	s_6	s_7			5
3	s_3	s_4			8
4	r_3	r_3			
5			r_1		
6	s_6	s_7			9
7			r_3		
8	r_2	r_2			
9			r_2		

例 3.23 判断下述文法 G[S] 是哪类 LR 文法。

$$G[S]: \quad (1)\ S \rightarrow L=R$$
$$(2)\ S \rightarrow R$$
$$(3)\ L \rightarrow *R$$
$$(4)\ L \rightarrow i$$
$$(5)\ R \rightarrow L$$

[解答] 首先将文法 G[S] 拓广为 G'[S']：

$$G'[S']: \quad (0)\ S' \rightarrow S$$
$$(1)\ S \rightarrow L=R$$
$$(2)\ S \rightarrow R$$
$$(3)\ L \rightarrow *R$$
$$(4)\ L \rightarrow i$$
$$(5)\ R \rightarrow L$$

构造文法 G'[S'] 的 LR(0) 项目集规范族如下：

$I_0: S' \rightarrow \cdot S$ $I_2: S \rightarrow L \cdot =R$ $I_5: S \rightarrow R \cdot$

     $S \rightarrow \cdot L=R$ $R \rightarrow L \cdot$ $I_6: S \rightarrow L= \cdot R$

     $S \rightarrow \cdot R$ $I_3: L \rightarrow * \cdot R$ $R \rightarrow \cdot L$

     $L \rightarrow \cdot *R$ $R \rightarrow \cdot L$ $L \rightarrow \cdot *R$

     $L \rightarrow \cdot i$ $L \rightarrow \cdot *R$ $L \rightarrow \cdot i$

     $R \rightarrow \cdot L$ $L \rightarrow \cdot i$ $I_7: S \rightarrow L=R \cdot$

$I_1: S' \rightarrow S \cdot$ $I_4: L \rightarrow i \cdot$ $I_8: L \rightarrow *R \cdot$

我们知道，如果每个项目集中不存在既含移进项目又含归约项目或者含有多个归约项目的情况，则该文法是一个 LR(0) 文法。检查上面的项目集规范族，发现 I_2 存在既含移进项目 $S \rightarrow L \cdot =R$ 又含归约项目 $R \rightarrow L \cdot$ 的情况，故文法 G[S] 不是 LR(0) 文法。

假定 LR(0) 规范族的一个项目集 I 中含有 m 个移进项目，即

$$A_1 \rightarrow \alpha \cdot a_1 \beta_1, \quad A_2 \rightarrow \alpha \cdot a_2 \beta_2, \quad \cdots, \quad A_m \rightarrow \alpha \cdot a_m \beta_m$$

同时 I 中含有 n 个归约项目，即

$$B_1 \to \alpha \bullet,\ B_2 \to \alpha \bullet,\ \cdots,\ B_n \to \alpha \bullet$$

如果集合 $\{a_1, \cdots, a_m\}$、$FOLLOW(B_1)$、$\cdots$、$FOLLOW(B_n)$ 任何两个出现相交的情况(包括存在两个 FOLLOW 集含有 "#")，则该文法不是 SLR(1) 文法。

因此，构造文法 G'[S'] 的 FOLLOW 集如下：

(1) $FOLLOW(S')=\{\#\}$；

(2) 由 $S \to L=\cdots$ 得 $FIRST('=')\backslash\{\varepsilon\} \subset FOLLOW(L)$，即 $FOLLOW(L)=\{=\}$；

(3) 由 $S' \to S$ 得 $FOLLOW(S') \subset FOLLOW(S)$，即 $FOLLOW(S)=\{\#\}$；

　　由 $S \to R$ 得 $FOLLOW(S) \subset FOLLOW(R)$，即 $FOLLOW(R)=\{\#\}$；

　　由 $L \to \cdots R$ 得 $FOLLOW(L) \subset FOLLOW(R)$，即 $FOLLOW(R)=\{=,\#\}$；

　　由 $R \to L$ 得 $FOLLOW(R) \subset FOLLOW(L)$，即 $FOLLOW(L)=\{=,\#\}$。

此外，由 I_2 的移进项目 $S \to L\bullet=R$ 和归约项目 $R \to L\bullet$ 得

$$\{=\} \cap FOLLOW(L)=\{=\} \cap \{=,\#\}=\{=\} \neq \Phi$$

所以文法 G[S] 不是 SLR(1) 文法。

判断是否为 LR(1) 文法则首先要构造 LR(1) 项目集规范族。因此，构造文法 G'[S'] 的 LR(1) 项目集规范族如下(项目集 I_0 由 $S' \to \bullet S, \#$ 开始)：

I_0:	$S' \to \bullet S, \#$	I_6:	$S \to L=\bullet R, \#$
	$S \to \bullet L=R, \#$		$R \to \bullet L, \#$
	$S \to \bullet R, \#$		$L \to \bullet *R, \#$
	$L \to \bullet *R, =$		$L \to \bullet i, \#$
	$L \to \bullet i, =$	I_7:	$L \to *R\bullet, =$
	$R \to \bullet L, \#$	I_8:	$R \to L\bullet, =$
I_1:	$S' \to S\bullet, \#$	I_9:	$S \to L=R\bullet, \#$
I_2:	$S \to L\bullet=R, \#$	I_{10}:	$R \to L\bullet, \#$
	$R \to L\bullet, \#$	I_{11}:	$L \to *\bullet R, \#$
I_3:	$S \to R\bullet, \#$		$R \to \bullet L, \#$
I_4:	$L \to *\bullet R, =$		$L \to \bullet *R, \#$
	$R \to \bullet L, =$		$L \to \bullet i, \#$
	$L \to \bullet *R, =$	I_{12}:	$L \to i\bullet, \#$
	$L \to \bullet i, =$	I_{13}:	$L \to *R\bullet, \#$
I_5:	$L \to i\bullet, =$		

此时，I_2 的移进项目 $[S \to L\bullet=R, \#]$ 和归约项目 $[R \to L\bullet, \#]$ 有

$$\{=\} \cap \{\#\}=\Phi$$

故文法 G[S] 是 LR(1) 文法。

3.5.5　LALR(1)分析器

对 LR(1) 来说，存在着某些状态(项目集)，这些状态除向前搜索符不同外，其核心部分都是相同的。能否将核心部分相同的诸状态合并为一个状态，这种合并是否会产生冲突？下面将对此进行讨论。

　　两个 LR(1)项目集具有相同的心是指除去搜索符之后这两个集合是相同的。如果把所有同心的 LR(1)项目集合并为一，将看到这个心就是一个 LR(0)项目集，这种 LR 分析法称为 LALR(1)方法。对于同一种文法，LALR(1)分析表和 LR(0)以及 SLR(1)分析表永远具有相同数目的状态。LALR(1)方法本质上是一种折中方法，LALR(1)分析表比 LR(1)分析表要小得多，能力也差一点，但它却能对付一些 SLR(1)所不能对付的情况。

　　由于 GO(I, X)的心仅仅依赖于 I 的心，因而 LR(1)项目集合并之后的转换函数 GO 可通过 GO(I, X)自身的合并而得到，因此在合并项目集时无需考虑修改转换函数的问题(假定 I_1 与 I_2 的心相同，即项目集相同，则 $GO(I_1, X) = GO(I_2, X)$，但这里的项目集是不包括搜索符的)。但是，动作 ACTION 必须进行修改，使之能够反映被合并的集合的既定动作。

　　假定有一个 LR(1)文法，它的 LR(1)项目集不存在动作冲突，但如果把同心集合并为一，就可能导致产生冲突。这种冲突不会是"移进/归约"间的冲突，因为若存在这种冲突，则意味着面对当前的输入符号 a，有一个项目 [A→α•, a]要求采取归约动作，而同时又有另一项目 [B→β•aγ, b]要求把 a 移进。这两个项目既然同处于(合并之前的)某一个集合中，则意味着在合并前必有某个 c 使得 [A→α•, a]和 [B→β•aγ, c]同处于(合并之前的)某一集合中，然而这又意味着原来的 LR(1)项目集已经存在着"移进/归约"冲突了。因此，同心集的合并不会产生新的"移进/归约"冲突(因为是同心合并，所以只改变搜索符，而不改变"移进"或"归约"操作，故不可能存在"移进/归约"冲突)。同时，这也说明，如果原 LR(1)存在着"移进/归约"冲突，则 LALR(1)必定也有"移进/归约"冲突。

　　但是，同心集的合并有可能产生新的"归约/归约"冲突。例如，假定有对活前缀 ac 有效的项目集为 {[A→c•, d], [B→c•, e]}，对 bc 有效的项目集为 {[A→c•, e], [B→c•, d]}。这两个集合都不含冲突，它们是同心的，但合并后就变成 {[A→c•, d/e], [B→c•, d/e]}，显然这已是一个含有"归约/归约"冲突的集合了，因为当面临 e 或 d 时，我们不知道该用 A→c 还是用 B→c 进行归约。

　　下面给出构造 LALR(1)分析表的算法，其基本思想是首先构造 LR(1)项目集族，如果它不存在冲突，就把同心集合并在一起。若合并后的集族不存在"归约/归约"冲突(即不存在同一个项目集中有两个像 A→c• 和 B→c• 这样的产生式具有相同的搜索符)，就按这个集族构造分析表。构造分析表算法的主要步骤如下：

　　(1) 构造文法 G[S]的 LR(1)项目集族 $C = \{I_0, I_1, \cdots, I_n\}$。

　　(2) 把所有的同心集合并在一起，记 $C' = \{J_0, J_1, \cdots, J_m\}$ 为合并后的新族，那个含有项目 [S'→•S, #]的 J_k 为分析表的初态。

　　(3) 从 C'构造 ACTION 子表。

　　① 若 [A→α•aβ, b]∈J_k 且 GO(J_k, a)=J_j，a 为终结符，则置 ACTION[k, a]为"s_j"；

　　② 若 [A→α•, a]∈J_k，则置 ACTION[k, a]为"用 A→α 归约"，简记为"r_j"，其中，j 是产生式的编号，即 A→α 是文法 G'[S']的第 j 个产生式；

　　③ 若 [S'→S•, #]∈J_k，则置 ACTION[k, #]为"接受"，简记为"acc"。

　　(4) GOTO 子表的构造。假定 J_k 是 I_{i1}、I_{i2}、$\cdots$、I_{it} 合并后的新集，由于所有这些 I_i 同心，因而 GO(I_{i1}, X)、GO(I_{i2}, X)、$\cdots$、GO(I_{it}, X)也同心；记 J_i 为所有这些 GO 合并后的集(即合并后为第 J_i 个状态(项目集))，那么就有 GO(J_k, X)=J_i。于是，若项目 [A→α•Bβ, b]∈J_k 且 GO(J_k, B)=J_j，B 为非终结符，则置 GOTO[k, B]=j。

(5) 分析表中凡不能用(3)、(4)填入信息的空白格均置为"出错标志"。

注意，(3)、(4)中的 J_k、J_i 均为同心集合并后的状态编号。

经上述步骤构造的分析表若不存在冲突，则称它为文法 G[S] 的 LALR(1) 分析表，存在这种分析表的文法称为 LALR(1) 文法。

LALR(1) 与 LR(1) 的不同之处是当输入串有误时，LR(1) 能够及时发现错误，而 LALR(1) 则可能还继续执行一些多余的归约动作，但决不会执行新的移进，即 LALR(1) 能够像 LR(1) 一样准确地指出出错的地点。就文法的描述能力来说，有下面的结论：

$$LR(0) \subset SLR(1) \subset LR(1) \subset 无二义文法$$

例 3.24　试根据例 3.22 中的 LR(1) 项目集族构造 LALR(1) 分析表。

[解答]　根据 LR(1) 项目集族将同心集合并在一起，即将图 3-41 中的 I_3 与 I_6、I_4 与 I_7 以及 I_8 与 I_9 分别合并成：

$$I_{36}: [B \to a \cdot B, a/b/\#] \qquad I_{47}: [B \to b \cdot, a/b/\#]$$
$$[B \to \cdot aB, a/b/\#] \qquad I_{89}: [B \to aB \cdot, a/b/\#]$$
$$[B \to \cdot b, a/b/\#]$$

由合并后的集族按照 LALR(1) 分析表的构造算法得到 LALR(1) 分析表如表 3.20 所示。

表 3.20　例 3.24 的 LALR(1) 分析表

状　态	ACTION			GOTO	
	a	b	#	S	B
0	s_{36}	s_{47}		1	2
1			acc		
2	s_{36}	s_{47}			5
36	s_{36}	s_{47}			89
47	r_3	r_3	r_3		
5			r_1		
89	r_2	r_2	r_2		

表 3.20 所示的 LALR(1) 分析表与表 3.17 所示的 SLR(1) 分析表是相同的，这是因为文法 G'[S'] 既可以用 SLR(1) 构造，又可以用 LALR(1) 构造。注意有些文法只能用 LALR(1) 构造。

3.5.6　二义文法的应用

任何二义文法绝不是一个 LR 文法，因而也不是 SLR(1) 或 LALR(1) 文法，这是一条定理。但是，某些二义文法是非常有用的。如算术表达式的二义文法远比无二义文法简单，因为无二义文法需要定义算符优先级和结合规则的产生式，这就需要使用比二义文法更多的非终结符，从而导致构造的 LR 分析表有更多的状态。但是，二义文法的问题是因其没有算符优先级和结合规则而产生了二义性。因此，我们要讨论的是使用 LR 分析法的基本思想，凭借一些其它条件来分析二义文法所定义的语言。下面介绍通常处理二义文法的方法。

如果某文法的拓广文法的 LR(0) 项目集规范族存在"移进(或接受)/归约(或接受)"冲突，则可采用 SLR(1) 的 FOLLOW 集的办法予以解决。如果无法解决，则只有借助其它条件，如使用算符的优先级和结合规则的有关信息。

　　此外，还可以赋予每个终结符和产生式以一定的优先级。假定在面临输入符号 a 时碰到"移进/归约"(假定用 A→α 归约)冲突，那么就比较终结符 a 和产生式 A→α 的优先级。若 A→α 的优先级高于 a 的优先级，则执行归约，反之则执行移进。

　　假如对产生式 A→α 不特别赋予优先级，就认为 A→α 和出现在 α 中的最右终结符具有相同的优先级。自然，那些不涉及冲突的动作将不理睬赋予终结符和产生式的优先级信息。特别重要的是，只给出终结符和产生式的优先级往往不足以解决所有冲突，这时可以规定结合性质，使"移进/归约"冲突得以解决。实际上，左结合意味着打断联系而实行归约，右结合意味着维持联系而实行移进。对于"归约/归约"冲突，一种极为简单的解决办法是：优先使用列在前面的产生式进行归约，也即列在前面的产生式具有较高的优先级。

　　例 3.25　已知算术表达式文法 G[E] 如下，试构造该文法的 SLR(1) 分析表。

$$G[E]: E→E+E \mid E*E \mid (E) \mid i$$

[解答]　将文法 G[E] 拓广为文法 G'[S']:

$$(0)\ S'→E$$
$$(1)\ E→E+E$$
$$(2)\ E→E*E$$
$$(3)\ E→(E)$$
$$(4)\ E→i$$

列出 LR(0) 的所有项目：

1. $S'→·E$	5. $E→E+·E$	9. $E→E*·E$	13. $E→(E·)$
2. $S'→E·$	6. $E→E+E·$	10. $E→E*E·$	14. $E→(E)·$
3. $E→·E+E$	7. $E→·E*E$	11. $E→·(E)$	15. $E→·i$
4. $E→E·+E$	8. $E→E*·E$	12. $E→(·E)$	16. $E→i·$

用 ε_CLOSURE 方法构造出文法 G'[S'] 的 LR(0) 项目集规范族，并根据状态转换函数 GO 画出文法 G'[S'] 的 DFA M，如图 3-42 所示。

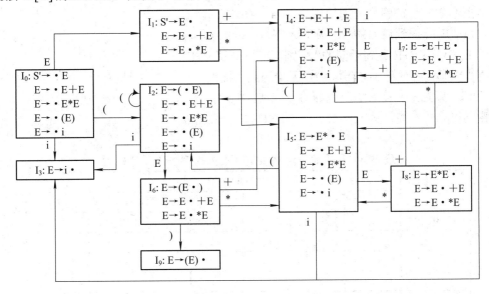

图 3-42　算术表达式文法 G'[S'] 的 DFA M

下面我们对文法 G'[S'] 中形如 "A→α•" 的项目求 FOLLOW 集。

$$I_1 : S'→E•$$
$$I_7 : E→E+E•$$
$$I_8 : E→E*E•$$
$$I_9 : E→(E)•$$
$$I_3 : E→i•$$

根据 FOLLOW 集构造方法，构造文法 G'[S'] 中非终结符的 FOLLOW 集如下：

(1) 对文法开始符 S'，有 #∈FOLLOW(S')，即 FOLLOW(S')={#}；

(2) 由 E→E+··· 得 FIRST('+')\\{ε}⊂FOLLOW(E)，即 FOLLOW(E)={+}；

　　由 E→E*··· 得 FIRST('*')\\{ε}⊂FOLLOW(E)，即 FOLLOW(E)={+,*}；

　　由 E→···E) 得 FIRST(')')\\{ε}⊂FOLLOW(E)，即 FOLLOW(E)={+,*,)}；

(3) 由 S'→E 得 FOLLOW(S')⊂FOLLOW(E)，即 FOLLOW(E)={+,*,),#}。

分析图 3-42 可知 I_7 和 I_8 存在矛盾：一方面它们存在"移进/归约"矛盾；另一方面，不论是"+"或"*"都属于 FOLLOW(E)。这说明文法 G'[S'] 是二义文法，即这种"移进/归约"冲突只有借助其它条件才能得到解决，这个条件就是使用算符"+"和"*"的优先级和结合规则的有关信息。

由于"*"的优先级高于"+"，则"+"遇见其后的"*"应移进，而"*"遇见其后的"+"应归约。此外，因服从左结合，故"+"遇见其后的"+"应归约，"*"遇见其后的"*"也应归约(注意，服从左结合则实行归约，服从右结合则实行移进)。

对于 I_7，因为是由活前缀···+E 转入 I_7 的(见图 3-42，由 I_0 开始到达 I_7 的有向边序列上形成的字符序列即为活前缀)，则其后遇到"+"应该归约，但遇到"*"则应移进。

对于 I_8，因为是由活前缀···*E 转入 I_8 的，则其后遇到"+"应该归约，遇到"*"同样应该归约。

上述两种情况由 I_0 开始到达 I_7 和由 I_0 开始到达 I_8 的有向边上形成的字符序列分别如图 3-43(a)、(b)所示。对图 3-43(a)，E+E 遇到后面的"+"则应将 E+E 归约为 E(即先计算 E+E)，而 E+E 遇到后面的"*"则不能先计算 E+E，必须将"*"移进；对图 3-43(b)，E*E 无论遇到后面的"+"还是"*"，都应先计算 E*E，也即将 E*E 归约为 E。

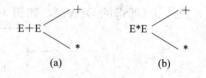

图 3-43　I_0 到 I_7 和 I_0 到 I_8 的有向边上形成的字符序列

由此得到算术表达式文法 G[E] 的 SLR(1) 分析表见表 3.21。

表 3.21　算术表达式文法 G[E] 的 SLR(1) 分析表

状 态	ACTION						GOTO
	i	+	*	(	)	#	E
0	s_3			s_2			1
1		s_4	s_5			acc	
2	s_3			s_2			6
3		r_4	r_4		r_4	r_4	
4	s_3			s_2			7

续表

状　态	ACTION						GOTO
	i	+	*	(	)	#	E
5	s_3			s_2			8
6		s_4	s_5		s_9		
7		r_1	s_5		r_1	r_1	
8		r_2	r_2		r_2	r_2	
9		r_3	r_3		r_3	r_3	

例 3.26　一程序语句的文法 G[S] 为

$$G[S]: \quad S \rightarrow \underline{if}\ S\ \underline{else}\ S$$
$$S \rightarrow \underline{if}\ S$$
$$S \rightarrow S;S$$
$$S \rightarrow a$$

该二义文法 G[S] 终结符 <u>else</u> 与最近的 <u>if</u> 结合,试用 LR 分析法的基本思想为 G[S] 构造 SLR(1) 分析表。

[解答]　为方便起见,用 i 代表 <u>if</u>,e 代表 <u>else</u>,然后将文法 G[S] 拓广为 G'[S']:

$$G'[S']: \quad (0)\ S' \rightarrow S$$
$$(1)\ S \rightarrow iSeS$$
$$(2)\ S \rightarrow iS$$
$$(3)\ S \rightarrow S;S$$
$$(4)\ S \rightarrow a$$

用 ε_CLOSURE 方法构造文法 G'[S'] 的 LR(0) 项目集规范族,并根据转换函数 GO 构造出文法 G'[S'] 的 DFA M,如图 3-44 所示。

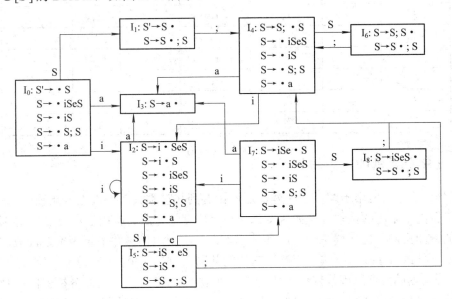

图 3-44　例 3.26 的文法 G'[S'] 的 DFA M

已知 FOLLOW(S')={#}，由 S'→S 得 FOLLOW(S')⊂FOLLOW(S)，即

$$FOLLOW(S)=\{\#\}$$

由 S→···Se··· 得 FIRST('e')⊂FOLLOW(S)，由 S→S;··· 得 FIRST('; ')⊂FOLLOW(S)，即

$$FOLLOW(S)=\{\#,e,;\}$$

对 I_5，S→iS·要求归约，而 S→iS·eS 和 S→S·;S 却要求移进，即有：

$$FIRST('e') \cap FOLLOW(S)=\{e\}\neq\Phi$$

$$FIRST(';') \cap FOLLOW(S)=\{;\}\neq\Phi$$

也即冲突字符为 "e" 和 ";"。

对于 I_5，由于是由活前缀 "iS" 达到 I_5 的，因此遇到后面的 "e"，则应与前面的活前缀 "iS" 结合以便形成 iSeS 句型，故应移进；而遇到后面的 ";" 时，活前缀 "iS" 即为一个语句，故应归约。

I_6 和 I_8 引起冲突的字符是 ";"。

对于 I_6，由于是由活前缀 "S;S" 到达 I_6 的，因此遇到后面的 ";" 时应将活前缀 "S;S" 归约为 S，故应归约。

对于 I_8，由于是由活前缀 "iSeS" 到达 I_8 的，因此遇到后面的 ";" 时应将活前缀 "iSeS" 归约为 S，故应归约。

最后，得到如表 3.22 所示的无冲突的 SLR(1) 分析表。

表 3.22　无冲突的 SLR(1) 分析表

状　态	ACTION					GOTO
	i	e	;	a	#	S
0	s_2			s_3		1
1			s_4		acc	
2	s_2			s_3		5
3		r_4	r_4		r_4	
4	s_2			s_3		6
5		s_7	r_2		r_2	
6		r_3	r_3		r_3	
7	s_2			s_3		8
8		r_1	r_1		r_1	

*3.5.7　LR 分析器的应用与拓展

LR 分析器除了应用于编译程序外，还可拓展到其它领域，如人工智能领域。

人工智能中采用的搜索方法如深度优先法、广度优先法、爬山法和 α–β 法等都可适用于一般的智能推测。由于要综合考虑各种因素，且推测的目标并不事先确定，故这些方法实质上是一种试探法或穷举法。因此，它们的共同特点是适用面广，但效率不高。

LR 分析器的推理过程是依据"历史"来展望"未来"，因此 LR 分析器同样具有智能性，但是这种智能却是有限的。作为归约过程的"历史"材料的积累虽不困难(已保存于栈中)，但是"展望"材料的汇集却很不容易。因为根据历史推测未来，即使是推测未来的一

个符号，也常常存在着非常多的不同可能性，所以在把"历史"和"展望"材料综合在一起时，复杂性就大大增加了。因此，具体实现 LR 分析器的功能时通常采用某种限制性措施，尽可能使出现的状态减少，只有这样才能提高效率并易于实现。如简单 LR——极有使用价值的 SLR(1) 方法，它只在栈中保留已扫描过的那段输入符号的部分信息，即"历史"，并根据这些信息和未来的一串符号决定下一步的操作。SLR(1) 的这种做法使得状态数大为减少，因此可以高效率地实现。

我们可以将上述方法和思想运用于人工智能领域。通过分析可以发现，人工智能的推理按目标可分为两类：一类是对未知目标的推理；一类是对已知目标的推理。对事先无法知道的目标的推理一般采用常规的智能搜索方法——试探法或穷举法；而对已知目标的推理，虽然仍可采用试探法或穷举法，但能否采用其它更加简单有效的方法呢？LR 分析器中的"历史"类同于人工智能中已搜索过的路径，而 LR 分析器对未来的"展望"恰好就是对已知目标的"展望"。LR 分析器是在"目标已知"这个特定条件下对人工智能常规搜索方法的一种简化。由于 LR 分析器推理的目标确定，故其效率远远高于常规的人工智能搜索方法。对那些事先可以分析出目标的推理问题，如智能化教学系统、智能化管理系统以及智能控制机床等，都可以采用 LR 分析器方法。LR 分析器是一种基于目标的智能推理方法，它适用于目标确定的智能化推理问题。

最后，我们通过下面的例子来进一步加深对本章 LR 分析表构造方法的掌握。

例 3.27　已知一 LR 分析表如表 3.23 所示，试根据该表求出与之相配的文法 G[S]。

表 3.23　LR 分析表

状态	ACTION			GOTO
	i	k	#	S
0	s_1	s_3		2
1	s_1	s_3		4
2			acc	
3			r_2	
4			r_1	

[解答]　根据表 3.23 可知 DFA M 含有 $I_0 \sim I_4$ 共 5 个项目集，同时可知各项目集之间的有向边及转换关系如图 3-45 所示。

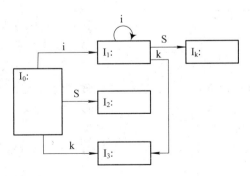

图 3-45　表 3.23 对应的 DFA M 结构图

(1) 对于 I_0：首先它含有 $S' \to \cdot S$ 项目；此外根据由 I_0 发出的有向边上字母 i 和 k 得知 I_0 还含有如下两个项目：

$$S \to \cdot i\alpha$$
$$S \to \cdot k\beta$$

其中，α 和 β 待定。

(2) 对于 I_1：由于从 I_0 到 I_1 有一字母为 i 的有向边，则 I_1 含有 $S \to i \cdot \alpha$ 的项目(因 I_0 含有 $S \to \cdot i\alpha$ 项目)；又因 I_1 本身含有一字母为 i 的回路有向边，故判定 I_1 必有 $S \to i \cdot S$ 和 $S \to \cdot iS$ 两个项目，否则无法构成回路有向边，即得知 α 即为字母 S。

此外，I_1 还含有一字母为 k 的出边，参考 I_0 得知 I_1 有一 $S \to \cdot k\beta$ 项目，β 待定。

(3) 对于 I_2：由于表 3.23 状态 I_2 这一行仅有一项接受(acc)，故 I_2 仅含接受项目 $S' \to S \cdot$。

(4) 对于 I_3：由于 I_0 和 I_1 到达 I_3 有向边上字母均为 k，且 I_3 又无任何出边，故 I_3 只含 $S \to k \cdot \beta$ 项目；由表 3.23 得知 I_3 仅含一个归约项，这里只有 β 为 ε 时 $S \to k \cdot \beta$ 方可为归约项，故确定 I_0、I_1 和 I_3 中的 β 为 ε，即 I_3 只含 $S \to k \cdot$ 项目。

(5) 对于 I_4：由于从 I_1 经字母 S 的有向边到达 I_4，且 I_4 也仅含有归约项，故 I_4 只含 $S \to iS \cdot$ 项目。

归纳上述结果得到拓广文法 $G'[S']$ 为：

$$G'[S']: \quad (0) \ S' \to S$$
$$(1) \ S \to iS$$
$$(2) \ S \to k$$

故与表 3.23 相匹配的文法 $G[S]$ 为：

$$G[S]: \quad S \to iS \mid k$$

习 题 3

3.1　完成下列选择题：

(1) 程序语言的语义需要用_____来描述。

　　A．上下文无关文法　　　　　　　　B．上下文有关文法

　　C．正规文法　　　　　　　　　　　D．短语文法

(2) 2 型文法对应_____。

　　A．图灵机　　　　　　　　　　　　B．有限自动机

　　C．下推自动机　　　　　　　　　　D．线性界限自动机

(3) 下述结论中，_____是正确的。

　　A．1 型语言 $\subset$ 0 型语言　　　　　　B．2 型语言 $\subset$ 1 型语言

　　C．3 型语言 $\subset$ 2 型语言　　　　　　D．A～C 均不成立

(4) 有限状态自动机能识别_____。

　　A．上下文无关文法　　　　　　　　B．上下文有关文法

　　C．正规文法　　　　　　　　　　　D．短语文法

(5) 文法 $G[S]$：$S \to xSx \mid y$ 所识别的语言是_____。

　　A．xyx　　　　　　B．(xyx)*　　　　　C．$x^n yx^n (n \geq 0)$　　　　D．x*yx*

(6) 只含有单层分枝的子树称为"简单子树"，则句柄的直观解释是＿＿＿＿。

　　A．子树的末端结点(即树叶)组成的符号串

　　B．简单子树的末端结点组成的符号串

　　C．最左简单子树的末端结点组成的符号串

　　D．最左简单子树的末端结点组成的符号串且该字符串必须含有终结符

(7) 下面对语法树错误的描述是＿＿＿＿。

　　A．根结点用文法 G[S] 的开始符 S 标记

　　B．每个结点用 G[S] 的一个终结符或非终结符标记

　　C．如果某结点标记为 ε，则它必为叶结点

　　D．内部结点可以是非终结符

(8) 由文法开始符 S 经过零步或多步推导产生的符号序列是＿＿＿＿。

　　A．短语　　　　　B．句柄　　　　　C．句型　　　　　D．句子

(9) 设文法 G[S]：S→SA | A

　　　　　　　　 A→a | b

则对句子 aba 的规范推导是＿＿＿＿。

　　　　A．S ⇒ SA ⇒ SAA ⇒ AAA ⇒ aAA ⇒ abA ⇒ aba

　　　　B．S ⇒ SA ⇒ SAA ⇒ AAA ⇒ AAa ⇒ Aba ⇒ aba

　　　　C．S ⇒ SA ⇒ SAA ⇒ SAa ⇒ Sba ⇒ Aba ⇒ aba

　　　　D．S ⇒ SA ⇒ Sa ⇒ SAa ⇒ Sba ⇒ Aba ⇒ aba

(10) 如果文法 G[S] 是无二义的，则它的任何句子 α 其＿＿＿＿。

　　A．最左推导和最右推导对应的语法树必定相同

　　B．最左推导和最右推导对应的语法树可能不同

　　C．最左推导和最右推导必定相同

　　D．可能存在两个不同的最右推导，但它们对应的语法树相同

(11) 一个句型的分析树代表了该句型的＿＿＿＿。

　　A．推导过程　　　B．归约过程　　　　C．生成过程　　　　D．翻译过程

(12) 规范归约中的"可归约串"由＿＿＿＿定义。

　　A．直接短语　　　B．最右直接短语　　C．最左直接短语　　D．最左素短语

(13) 规范归约是指＿＿＿＿。

　　A．最左推导的逆过程　　　　　　　　B．最右推导的逆过程

　　C．规范推导　　　　　　　　　　　　D．最左归约的逆过程

(14) 文法 G[S]：S→aAcB | Bd

　　　　　　　　 A→AaB | c

　　　　　　　　 B→bScA | b

则句型 aAcbBdcc 的短语是＿＿＿＿。

　　A．Bd　　　　　　B．cc　　　　　　C．a　　　　　　D．b

(15) 文法 G[E]：E→E+T | T

　　　　　　　　 T→T*P | P

$$P \to (E) \mid i$$

则句型 P+T+i 的句柄和最左素短语是_____。

    A．P+T 和 T　　　　　B．P 和 P+T　　　　　C．i 和 P+T+i　　　　　D．P 和 P

(16) 采用自顶向下分析，必须_____。

    A．消除左递归　　　　　　　　　　　　B．消除右递归

    C．消除回溯　　　　　　　　　　　　　D．提取公共左因子

(17) 对文法 G[E]: E→E+S | S

                  S→S*F | F

                  F→ (E) | i

则 FIRST(S) =_____。

    A．{ (}　　　　　　　B．{ (,i }　　　　　　　C．{ i }　　　　　　　D．{ (,) }

(18) 确定的自顶向下分析要求文法满足_____。

    A．不含左递归　　　　B．不含二义性　　　　C．无回溯　　　　D．A～C 项

(19) 递归下降分析器由一组递归函数组成，且每一个函数对应文法的_____。

    A．一个终结符　　　　　　　　　　　　B．一个非终结符

    C．多个终结符　　　　　　　　　　　　D．多个非终结符

(20) LL(1) 分析表需要预先定义和构造两族与文法有关的集合_____。

    A．FIRST 和 FOLLOW　　　　　　　　B．FIRSTVT 和 FOLLOW

    C．FIRST 和 LASTVT　　　　　　　　D．FIRSTVT 和 LASTVT

(21) 设 a、b、c 是文法的终结符且满足优先关系 a≐b 和 b≐c，则_____。

    A．必有 a≐c　　　B．必有 c≐a　　　C．必有 b≐a　　　D．A～C 都不一定成立

(22) 算符优先分析法要求文法_____。

    A．不存在…QR…的句型且任何终结符对 (a, b) 满足 a≐b、a<b 和 a>b 三种关系

    B．不存在…QR…的句型且任何终结符对 (a, b) 至多满足 a≐b、a<b 和 a>b 三种
       关系之一

    C．可存在…QR…的句型且任何终结符对(a, b) 至多满足 a≐b、a<b 和 a>b 三种
       关系之一

    D．可存在…QR…的句型且任何终结符对 (a, b) 满足 a≐b、a<b 和 a>b 三种关系

(23) 任何算符优先文法_____优先函数。

    A．有一个　　　　B．没有　　　　　C．有若干个　　　　D．可能有若干个

(24) 在算符优先分析中，用_____来刻画可归约串。

    A．句柄　　　　　B．直接短语　　　　C．素短语　　　　D．最左素短语

(25) 下面最左素短语必须具备的条件中有错误的是_____。

    A．至少包含一个终结符　　　　　　B．至少包含一个非终结符

    C．除自身外不再包含其他素短语　　　D．在句型中具有最左性

(26) 对文法 G[S]: S→b | ∧ | (T)

                 T→T, S | S

其 FIRSTVT(T) 为_____。

    A．{ b, ∧, (}　　　　B．{ b, ∧,) }　　　　C．{ , , b, ∧, (}　　　D．{ , , b, ∧,) }

(27) 对文法 G[E]: E→E*T | T

                 T→T+i | i

句子 1+2*8+6 归约的值为_____。

    A．23   B．42   C．30   D．17

(28) 下述 FOLLOW 集构造方法中错误的是_____。

    A．对文法开始符 S 有 # ∈ FOLLOW(S)

    B．若有 A→αBβ，则将 FIRST(β)\\{ε}⊂FOLLOW(B)

    C．若有 A→αB，则有 FOLLOW(B)⊂FOLLOW(A)

    D．若有 A→αB，则有 FOLLOW(A)⊂FOLLOW(B)

(29) 若文法 G[S] 的产生式有…AB…出现，则对 A 求 FOLLOW 集正确的是_____。

    A．FOLLOW(B)⊂FOLLOW(A)   B．FIRSTVT(B)⊂FOLLOW(A)

    C．FIRST(B)\\{ε}⊂FOLLOW(A)   D．LASTVT(B)⊂FOLLOW(A)

(30) 下面_____是自底向上分析方法。

    A．预测分析法   B．递归下降分析器

    C．LL(1) 分析法   D．算符优先分析法

(31) 下面_____是采用句柄进行归约的。

    A．算符优先分析法   B．预测分析法

    C．SLR(1) 分析法   D．LL(1) 分析法

(32) 一个_____指明了在分析过程中某时刻能看到产生式多大一部分。

    A．活前缀   B．前缀   C．项目   D．项目集

(33) 若 B 为非终结符，则 A→α·Bβ 为_____项目。

    A．接受   B．归约   C．移进   D．待约

(34) 在 LR(0) 的 ACTION 子表中，如果某一行中存在标记为"r_j"的栏，则_____。

    A．该行必定填满 r_j B．该行未填满 r_j

    C．其他行也有 r_j D．GOTO 子表中也有 r_j

(35) LR 分析法解决"移进/归约"冲突时，左结合意味着_____。

    A．打断联系实行移进   B．打断联系实行归约

    C．建立联系实行移进   D．建立联系实行归约

(36) LR 分析法解决"移进/归约"冲突时，右结合意味着_____。

    A．打断联系实行归约   B．建立联系实行归约

    C．建立联系实行移进   D．打断联系实行移进

(37) 若项目集 I_k 含有 A→α• ，则在状态 k 时，仅当面临的输入符号 a∈FOLLOW(A) 时才采取"将 α 归约为 A"动作的一定是_____。

    A．LALR(1) 文法   B．LR(0) 文法

    C．LR(1) 文法   D．SLR(1) 文法

(38) 同心集合并又可能产生新的_____冲突。

    A．"归约/接受"   B．"移进/移进"

    C．"移进/归约"   D．"归约/归约"

3.2 令文法 G[N] 为

$$G[N]: N \rightarrow D \mid ND$$
$$D \rightarrow 0 \mid 1 \mid 2 \mid 3 \mid 4 \mid 5 \mid 6 \mid 7 \mid 8 \mid 9$$

(1) G[N] 的语言 L(G) 是什么？

(2) 给出句子 0127、34 和 568 的最左推导和最右推导。

3.3　已知文法 G[S] 为 S→aSb | Sb | b，试证明文法 G[S] 为二义文法。

3.4　已知文法 G[S] 为 S→SaS | ε，试证明文法 G[S] 为二义文法。

3.5　按指定类型，给出语言的文法。

(1) L={$a^i b^j$ | j>i≥1} 的上下文无关文法；

(2) 字母表 ∑={a, b} 上的同时只有奇数个 a 和奇数个 b 的所有串的集合的正规文法；

(3) 由相同个数 a 和 b 组成句子的无二义文法。

3.6　有文法 G[S]: S→aAcB | Bd
$$A \rightarrow AaB \mid c$$
$$B \rightarrow bScA \mid b$$

(1) 试求句型 aAaBcbbdcc 和 aAcbBdcc 的句柄；

(2) 写出句子 acabcbbdcc 的最左推导过程。

3.7　对于文法 G[S]: S→ (L) | aS | a
$$L \rightarrow L, S \mid S$$

(1) 画出句型 (S,(a)) 的语法树；

(2) 写出上述句型的所有短语、直接短语、句柄、素短语和最左素短语。

3.8　下述文法描述了 C 语言整数变量的声明语句：
$$G[D]: D \rightarrow TL$$
$$T \rightarrow int \mid long \mid short$$
$$L \rightarrow id \mid L, id$$

(1) 改造上述文法，使其接受相同的输入序列，但文法是右递归的；

(2) 分别以上述文法 G[D] 和改造后的文法 G'[D] 为输入序列 int a, b, c 构造分析树。

3.9　考虑文法 G[S]: S→ (T) | a+S | a
$$T \rightarrow T, S \mid S$$

消除文法的左递归及提取公共左因子，然后对每个非终结符写出不带回溯的递归子程序。

3.10　已知文法 G[A]: A→aABl | a
$$B \rightarrow Bb \mid d$$

(1) 试给出与 G[A] 等价的 LL(1) 文法 G'[A]；

(2) 构造 G'[A] 的 LL(1) 分析表；

(3) 给出输入串 aadl# 的分析过程。

3.11　将下述文法改造为 LL(1) 文法：
$$G[V]: V \rightarrow N \mid N[E]$$
$$E \rightarrow V \mid V+E$$
$$N \rightarrow i$$

3.12　对文法 G[E]: E→E+T | T
$$T \rightarrow T*P \mid P$$

$$P \rightarrow i$$

(1) 构造该文法的优先关系表(不考虑语句括号#)，并指出此文法是否为算符优先文法；

(2) 构造文法 G[E] 的优先函数。

3.13　设有文法 G[S]：　S→a | b | (A)

$$A \rightarrow SdA | S$$

(1) 构造算符优先关系表；

(2) 给出句型 (SdSdS) 的短语、直接短语、句柄、素短语和最左素短语；

(3) 给出输入串 (adb)# 的分析过程。

3.14　在算符优先分析法中，为什么要在找到最左素短语的尾时才返回来确定其对应的头? 能否按扫描顺序先找到头后再找到对应的尾，为什么?

3.15　试证明在算符文法中，任何句型都不包含两个相邻的非终结符。

3.16　给出文法 G[S]：　S→aSb | P

$$P \rightarrow bPc | bQc$$

$$Q \rightarrow Qa | a$$

(1) 它是 Chomsky 的哪一型文法?

(2) 它生成的语言是什么?

(3) 它是不是算符优先文法? 请构造算符优先关系表并证实之；

(4) 文法 G[S] 消除左递归、提取公共左因子后是不是 LL(1) 文法? 请证实。

3.17　LR 分析器与优先关系分析器在识别句柄时的主要异同是什么?

3.18　什么是规范句型的活前缀? 引进它的意义何在?

3.19　8086/8088 汇编语言对操作数域的检查可以用 LR 分析表实现。设 m 代表存储器，r 代表寄存器，i 代表立即数，并且为了简单起见，省去了关于 m、r 和 i 的产生式，暂且认为 m、r、i 为终结符，则操作数域 P 的文法 G[P]为

$$G[P]: P \rightarrow m, r | m, i | r, r | r, i | r, m$$

试构造能够正确识别操作数域的 LR 分析表。

3.20　试构造下述文法的 SLR(1) 分析表:

$$G[E]: E \rightarrow E+T | T$$

$$T \rightarrow F* | F$$

$$F \rightarrow (E) | a$$

该文法能否构造 LR(0) 分析表?

3.21　试构造下述文法的 SLR(1) 分析表:

$$G[S]: S \rightarrow bASB | bA$$

$$A \rightarrow dSa | e$$

$$B \rightarrow cAa | c$$

3.22　LR(0)、SLR(1)、LR(1) 及 LALR(1) 有何共同特征? 它们的本质区别是什么?

3.23　请指出图 3-46 中的 LR 分析表 (a)、(b)、(c) 分属 LR(0)、SLR(1) 和 LR(1) 中的哪一种，并说明理由。

3.24　为二义文法 G[T] 构造一个 SLR(1) 分析表(详细说明构造方法)。其中终结符 "," 满足右结合性，终结符 ";" 满足左结合性，且 "," 的优先级高于 ";" 的优先级。

$$G[T]: \quad T \rightarrow TAT \mid bTe \mid a$$
$$A \rightarrow , \mid ;$$

状态	ACTION		GOTO	
	b	#	S	B
0	s_3		1	2
1		acc		
2	s_4			5
3	r_2			
4		r_2		
5		r_1		

(a)

状态	ACTION			GOTO
	a	b	#	T
0	s_2	s_3		1
1			acc	
2	s_2	s_3		4
3	r_2	r_2	r_2	
4	r_1	r_1	r_1	

(b)

状态	ACTION			GOTO
	i	k	#	P
0	s_1	s_3		2
1	s_1	s_3		4
2			acc	
3		r_2		
4		r_1		

(c)

图 3-46　习题 3.23 的 LR 分析表

3.25　文法 G[T] 及其 LR 分析表(见表 3.24)如下，给出串 bibi 的分析过程。

$$G[T]: \quad (1)\ T \rightarrow EbH$$
$$(2)\ E \rightarrow d$$
$$(3)\ E \rightarrow \varepsilon$$
$$(4)\ H \rightarrow i$$
$$(5)\ H \rightarrow Hbi$$
$$(6)\ H \rightarrow \varepsilon$$

表 3.24　习题 3.25 的 SLR(1) 分析表

状　态	ACTION				GOTO		
	b	d	i	#	T	E	H
0	r_3	s_3			1	2	
1				acc			
2	s_4						
3	r_2						
4	r_6		s_6	r_6			5
5	s_7			r_1			
6	r_4			r_4			
7			s_8				
8	r_5			r_5			

3.26　给出文法 G[S] 及图 3-47 所示的 LR(1) 项目集规范族中的 0、1、2、3、4。

$$G[S]: \quad S \rightarrow S; B \mid B$$
$$B \rightarrow BaA \mid A$$
$$A \rightarrow b\,(\,S\,)$$

3.27　一个非 LR(1) 的文法如下：

$$G[L]: \quad L \rightarrow MLb \mid a$$
$$M \rightarrow \varepsilon$$

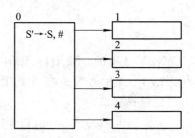

图 3-47　习题 3.26 的部分项目集

请给出所有"移进/归约"冲突的 LR(1) 项目集，以说明该文法确实不是 LR(1) 的。

3.28　试证明任何一个 SLR(1) 文法一定是一个 LALR(1) 文法。

3.29　已知文法 G[S]：S→aAd│; Bd│aB↑│; A↑

　　　　　　　　A→a

　　　　　　　　B→a

(1) 试判断 G[S] 是否为 LALR(1) 文法。

(2) 当一个文法是 LR(1) 而不是 LALR(1) 时，那么 LR(1) 项目集的同心集合并后会出现哪几种冲突，请说明理由。

3.30　给定文法 G[A]：A→ (A)│a

(1) 证明：LR(1) 项目 [A→ (A·),)] 对活前缀"((a"是有效的；

(2) 画出 LR(1) 项目识别所有活前缀的 DFA；

(3) 构造 LR(1) 分析表；

(4) 合并同心集，构造 LALR(1) 分析表。

3.31　下述文法 G[S] 是哪类 LR 文法？构造相应 LR 分析表：

　　　　G[S]：(1) S→L=R

　　　　　　　(2) S→R

　　　　　　　(3) L→*R

　　　　　　　(4) L→i

　　　　　　　(5) R→L

3.32　已知布尔表达式的文法 G[B] 如下：

　　　　G[B]：B→AB│OB│not B│(B)│i rop i│i

　　　　　　　A→B and

　　　　　　　O→B or

试为 G[B] 构造 LR 分析表。

3.33　给出文法 G[S]：S→SaS│SbS│cSd│eS│f:

(1) 请证实这是一个二义文法；

(2) 给出什么样的约束条件可构造无冲突的 LR 分析表？请证实你的论点。

3.34　根据例 3.26 中的表 3.22 分析 ia;iaea#的语义加工过程。

第4章　语义分析和中间代码生成

4.1　概　　述

4.1.1　语义分析的概念

一个源程序通过了词法分析、语法分析的审查和处理，表明该源程序在书写上是正确的，符合程序语言所规定的语法。但是语法分析并未对程序内部的逻辑含义加以分析，因此编译程序接下来的工作是语义分析，即审查每个语法成分的静态语义。如果静态语义正确，则生成与该语言成分等效的中间代码，或者直接生成目标代码。直接生成机器语言或汇编语言形式的目标代码的优点是编译时间短且无需中间代码到目标代码的翻译，而中间代码的优点是使编译结构在逻辑上更为简单明确，特别是使目标代码的优化比较容易实现。

如同在进行词法分析、语法分析的同时也进行着词法检查、语法检查一样，在语义分析时也必然要进行语义检查。动态语义检查需要生成相应的目标代码，它是在运行时进行的；静态语义检查是在编译时完成的，它涉及以下几个方面：

(1) 类型检查，如参与运算的操作数其类型应相容。

(2) 控制流检查，用以保证控制语句有合法的转向点。如 C 语言中不允许 goto 语句转入 switch 语句中；break 语句需寻找包含它的最小 switch、while 或 for 语句方可找到转向点，否则出错。

(3) 一致性检查，如在相同作用域中标识符只能说明一次，switch 语句中所有 case 后的标号不能相同等。

语义分析阶段只产生中间代码而不生成目标代码的方法使编译程序的开发变得较为容易，但语义分析不像词法分析和语法分析那样可以分别用正规文法和上下文无关文法描述。由于语义是上下文有关的，因此语义的形式化描述是非常困难的，目前较为常见的是用属性文法作为描述程序语言语义的工具，并采用语法制导翻译的方法完成对语法成分的翻译工作。

4.1.2　语法制导翻译方法

语法制导翻译的方法就是为每个产生式配上一个翻译子程序(称语义动作或语义子程序)，并在语法分析的同时执行这些子程序。语义动作是为产生式赋予具体意义的手段，它一方面指出了一个产生式所产生的符号串的意义，另一方面又按照这种意义规定了生成某种中间代码应做哪些基本动作。在语法分析过程中，当一个产生式获得匹配(对于自顶向下分析)或用于归约(对于自底向上分析)时，此产生式相应的语义子程序就进入工作，完成既定的翻译任务。

　　语法制导翻译分为自底向上语法制导翻译和自顶向下语法制导翻译，我们重点介绍自底向上语法制导翻译。

　　假定有一个自底向上的 LR 分析器，我们可以把这个 LR 分析器的能力加以扩大，使它能在用某个产生式进行归约的同时调用相应的语义子程序进行有关的翻译工作。每个产生式的语义子程序执行之后，某些结果(语义信息)必须作为此产生式的左部符号的语义值暂时保存下来，以便以后语义子程序引用这些信息。

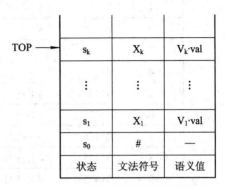

图 4-1　扩充后的 LR 分析栈

　　此外，原 LR 分析器的分析栈也加以扩充，以便能够存放与文法符号相对应的语义值。这样，分析栈可以存放三类信息：分析状态、文法符号及文法符号对应的语义值。扩充后的分析栈如图 4-1 所示。

　　作为一个例子，我们考虑下面的文法及语义动作所执行的程序：

产生式	语义动作
(0)　$S' \to E$	print　val[TOP]
(1)　$E \to E^{(1)} + E^{(2)}$	val[TOP]=val[TOP]+val[TOP+2]
(2)　$E \to E^{(1)} * E^{(2)}$	val[TOP]=val[TOP]*val[TOP+2]
(3)　$E \to (E^{(1)})$	val[TOP]=val[TOP+1]
(4)　$E \to i$	val[TOP]=lexval (注：lexval 为 i 的整型内部值)

这个文法的 LR 分析表见表 3.21。

　　我们扩充分析栈工作的总控程序功能，使其在完成语法分析的同时也能完成语义分析工作(这时的语法分析栈已成为语义分析栈)；即在用某一个规则进行归约之后，调用相应的语义子程序完成与所用产生式相应的语义动作，并将每次工作后的语义值保存在扩充后的"语义值"栈中。图 4-2 表示算术表达式 7＋9*5#的语法树及各结点值，而表 4.1 则给出了根据表 3.21 用 LR 语法制导翻译方法得到的该表达式的语义分析和计值过程。只不过在分析成功到达 acc 后还要添加执行产生式(0)所对应的语义动作，即输出语义值栈顶的 val[TOP] 值 52。

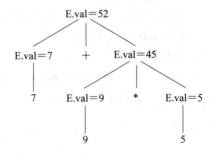

图 4-2　语法制导翻译计算表达式 7＋9*5#的语法树

表 4.1　表达式 7 + 9*5# 的语义分析和计值过程

步骤	状态栈	符号栈	语义栈	输入串	主要动作
1	0	#	_	7+9*5#	s_3
2	03	# 7	_ _	+9*5#	r_4
3	01	# E	_7	+9*5#	s_4
4	014	# E+	_7	9*5#	s_3
5	0143	# E+9	_7 _ _	*5#	r_4
6	0147	# E+E	_7 9	*5#	s_5
7	01475	# E+E*	_7 9	5#	s_3
8	014753	# E+E*5	_7 9 _ _	#	r_4
9	014758	# E+E*E	_7 9 5	#	r_2
10	0147	# E+E	_7 45	#	r_1
11	01	# E	_52	#	acc

4.2　属 性 文 法

属性文法是编译技术中用来说明程序语言语义的工具，也是当前实际应用中比较流行的一种语义描述方法。

4.2.1　文法的属性

属性是指与文法符号的类型和值等有关的一些信息，在编译中用属性描述处理对象的特征。随着编译的进展，对语法分析产生的语法树进行语义分析，且分析的结果用中间代码描述出来。对于一棵等待翻译的语法树，它的各个结点都是文法中的一个符号 X，该 X 可以是终结符或非终结符。根据语义处理的需要，在用产生式 A→αXβ 进行归约或推导时，应能准确而恰当地表达文法符号 X 在归约或推导时的不同特征。例如，判断变量 X 的类型是否匹配，要用 X 的数据类型来描述；判断变量 X 是否存在，要用 X 的存储位置来描述；而对 X 的运算，则要用 X 的值来描述。因此，语义分析阶段引入 X 的属性，如 X.type、X.place、X.val 等来分别描述变量 X 的类型、存储位置以及值等不同的特征。

文法符号的属性可分为继承属性与综合属性两类。

继承属性用于"自顶向下"传递信息。继承属性由相应语法树中结点的父结点属性计算得到，即沿语法树向下传递，由根结点到分枝(子)结点，它反映了对上下文依赖的特性。继承属性可以很方便地用来表示程序语言上下文的结构关系。

综合属性用于"自底向上"传递信息。综合属性由相应语法分析树中结点的分枝结点(即子结点)属性计算得到，其传递方向与继承属性相反，即沿语法分析树向上传递，从分枝结点到根结点。

4.2.2　属性文法

属性文法是一种适用于定义语义的特殊文法，即在语言的文法中增加了属性的文法，它将文法符号的语义以"属性"的形式附加到各个文法的符号上(如上述与变量 X 相关联的属性 X.type、X.place 和 X.val 等),再根据产生式所包含的含义,给出每个文法符号属性的求值规则,从而形成一种带有语义属性的上下文无关文法,即属性文法。属性文法也是一种翻译文法,属性有助于更详细地指定文法中的代码生成动作。

例如,简单算术表达式求值的属性文法如下:

产生式	语义规则
(1) $S \to E$	$print(E.val)$
(2) $E \to E^{(1)}+T$	$E.val=E^{(1)}.val+T.val$
(3) $E \to T$	$E.val=T.val$
(4) $T \to T^{(1)}*F$	$T.val=T^{(1)}.val*F.val$
(5) $T \to T^{(1)}$	$T.val=T^{(1)}.val$
(6) $F \to (E)$	$F.val=E.val$
(7) $F \to i$	$F.val=i.lexval$

上面的一组产生式中,每一个非终结符都有一个属性 val 来表示整型值,如 E.val 表示 E 的整型值,而 i.lexval 则表示 i 的整型内部值。与产生式关联的每一个语义规则的左部符号 E、T、F 等的属性值的计算由其各自相应的右部符号决定,这种属性也称为综合属性。与产生式 $S \to E$ 关联的语义规则是一个函数 print(E.val),其功能是打印 E 产生式的值。S 在语义规则中没有出现,可以理解为其属性是一个虚属性。

我们再举一例说明属性文法。一简单变量类型说明的文法 G[D]如下:

$$G[D]: \quad D \to int\ L \mid float\ L$$
$$L \to L, id \mid id$$

其对应的属性文法为

产生式	语义规则
(1) $D \to TL$	$L.in=T.type$
(2) $T \to int$	$T.type=int$
(3) $T \to float$	$T.type=float$
(4) $L \to L^{(1)}, id$	$L^{(1)}.in=L.in; addtype(id.entry, L.in)$
(5) $L \to id$	$addtype(id.entry, L.in)$

注意到与文法 G[D]相应的说明语句形式可为

$$int\ id_1,\ id_2,\ \cdots,\ id_n \quad 或者 \quad float\ id_1,\ id_2,\ \cdots,\ id_n$$

为了把扫描到的每一个标识符 id 都能及时地填入符号表中,而不必等到待所有标识符都扫描完后再归约为一个标识符表,可以将文法 G[D]改写为属性文法,并在与之关联的语义规则中,用函数 addtype 把每个标识符 id 的类型信息(由 L.in 继承得到)登录在符号表的相关项 id.entry 中。

非终结符 T 有一个综合属性 type,其值为 int 或 float。语义规则 L.in=T.type 表示 L.in 的属性值由相应说明语句指定的类型 T.type 决定。属性 L.in 被确定后将随语法树的逐步生成而传递到下边的有关结点使用,这种结点属性称为继承属性。由此可见,标识符的类型可以通过继承属性的复写规则来传递。例如,对输入串 int a,b,根据上述的语义规则,可在其生成的语法树中看到用"→"表示的属性传递情况,如图 4-3 所示。

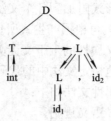

图 4-3　属性信息传递情况示意

4.3　几种常见的中间语言

4.3.1　抽象语法树

抽象语法树也称图表示，是一种较为流行的中间语言表示形式。在抽象语法树表示中，每一个叶结点都表示诸如常量或变量这样的运算对象，而其它内部结点则表示运算符。抽象语法树不同于前述的语法树，它展示了一个操作过程并同时描述了源程序的层次结构。

注意：语法规则中包含的某些符号可能起标点符号作用也可能起解释作用。如赋值语句语法规则：

$$S \rightarrow V=e$$

其中的赋值号"="仅起标点符号作用，其目的是把 V 与 e 分开；而条件语句语法规则：

$$S \rightarrow if(e)S_1; else\ S_2$$

其中的保留字符号 if 和 else 起注释作用，说明当布尔表达式 e 为真时执行 S_1，否则执行 S_2；而"；"仅起标点符号作用。可以看出，上述语句的本质部分是 V、e 和 S_i。在把语法规则中本质部分抽象出来而将非本质部分去掉后，便得到抽象语法规则。这种去掉不必要信息的做法可以获得高效的源程序中间表示。上述语句的抽象语法规则为

(1) 赋值语句：左部　表达式

(2) 条件语句：表达式　语句 1　语句 2

与抽象语法相对应的语法树称为抽象语法树或抽象树，如赋值语句 x=a–b*c 的抽象语法树如图 4-4(a)所示，而图 4-4(b)则是该赋值语句的普通语法树。

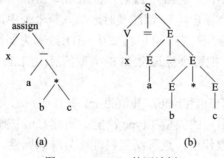

(a)　　　　　　　　　　　　(b)

图 4-4　x=a–b*c 的语法树

(a) 抽象语法树；(b) 普通语法树

　　抽象语法树的一个显著特点是结构紧凑，容易构造且结点数较少。图 4-4(b)所示的普通语法树的结点为 14 个；而图 4-4(a)所示的抽象语法树的结点仅有 7 个，且每个内部结点最多只有两个分支，因此可以将每个赋值语句或表达式表示为一棵二叉树。对于含有多元运算的更为复杂的语法成分，相应的抽象语法树则为一棵多叉树，但我们总可以将其转变为一棵二叉树。

4.3.2　逆波兰表示法

　　逆波兰表示法是波兰逻辑学家卢卡西维奇(Lukasiewicz)发明的一种表示表达式的方法，这种表示法把运算量(操作数)写在前面，把运算符写在后面，因而又称后缀表示法。例如，把 a+b 写成 ab+，把 a*(b+c)写成 abc+*。

1. 表达式的逆波兰表示

　　表达式 E 的后缀表示的递归定义如下：

(1) 如果 E 是变量或常数，则 E 的后缀表示即 E 自身。

(2) 如果 E 为 E_1 op E_2 形式，则它的后缀表示为 $E_1'E_2'$op；其中 op 是二元运算符，而 E_1'、E_2' 分别又是 E_1 和 E_2 的后缀表示。若 op 为一元运算符，则视 E_1 和 E_1' 为空。

(3) 如果 E 为 (E_1) 形式，则 E_1 的后缀表示即为 E 的后缀表示。

　　上述递归定义的实质是：后缀表示中，操作数出现的顺序与原来一致，而运算符则按运算先后的顺序放入相应的操作数之后(即运算符先后的顺序发生了变化)。这种表示已不再需要用括号来规定运算的顺序了。后缀表示中的计值用栈实现非常方便。一般的计值过程是自左至右扫描后缀表达式，每碰到运算量就把它推进栈，每碰到 K 目运算符就把它作用于栈顶的 K 个运算量，并用运算的结果(即一个运算量)来取代栈顶的 K 个运算量。

　　例 4.1　将 ((a+b)*(a−c)−d)*(x+y) 翻译成逆波兰表示。

　　[解答]　按后缀表示递归定义翻译如下：

(1) E：$\underbrace{((a+b)*(a-c)-d)}_{E_1}*\underbrace{(x+y)}_{E_2} \Rightarrow E_1E_2*$

(2) E_1：$\underbrace{(a+b)*(a-c)}_{E_3}-d \Rightarrow E_3d-$

(3) E_2：$x+y \Rightarrow xy+$

(4) E_3：$\underbrace{(a+b)}_{E_4}*\underbrace{(a-c)}_{E_5} \Rightarrow E_4E_5*$

(5) E_4：$a+b \Rightarrow ab+$

(6) E_5：$a-c \Rightarrow ac-$

(7) 将(5)、(6)代入(4)得：$E_3=E_4E_5*=ab+ac-*$

(8) 将 E_3 代入(2)得：$E_1=E_3d-=ab+ac-*d-$

(9) 将(8)、(3)代入(1)得：$E=E_1E_2*=ab+ac-*d-xy+*$

布尔运算符的运算顺序一般为 ¬、∧、∨，因此布尔表达式也可用逆波兰表示。

2. 程序语句的逆波兰表示

　　为了用逆波兰式表示一些控制语句，我们定义转移操作如下：

(1) BL：转向某标号；

(2) BT：条件为真时转移；

(3) BF：条件为假时转移；

(4) BR：无条件转移。

部分程序语句的逆波兰表示如下：

(1) 赋值语句。赋值语句"<左部>=<表达式>"的逆波兰表示为

<左部><表达式>=

例如，赋值语句"x=a+b*c"可按逆波兰式写为"xabc*+="。

(2) GOTO 语句。转向语句"GOTO<语句标号>"的逆波兰表示为

<语句标号>BL

其中，"BL"为单目后缀运算符，"<语句标号>"则为 BL 的一个运算分量。

(3) 条件语句。BR 表示无条件转移单目后缀运算符。例如，"<顺序号>BR"表示无条件转移到"<顺序号>"处，这里的顺序号是 BR 的一个特殊运算分量，用来表示逆波兰式中单词符号的顺序号(即第几个单词)，它不同于 GOTO 语句中的语句标号。BT 和 BF 表示按条件转移的两个双目后缀运算符。例如：

<布尔表达式 e 的逆波兰式><顺序号>BT
<布尔表达式 e 的逆波兰式><顺序号>BF

分别表示当 e 为真或假时转移到顺序号处。其中，布尔表达式 e 的逆波兰式和顺序号是两个特殊的运算分量。若使用 BT 和 BF 两个运算符，则条件语句 if(e) S_1;else S_2 的逆波兰式为

<e 的逆波兰式> <顺序号 1> BF　　　　　//e 为假则转到 S_2 的第一个单词的顺序号处

<S_1 的逆波兰式>　　　　　　　　　　//e 为真则执行 S_1

<顺序号 2>BR　　　　　　　　　　　　//S_1 执行结束后无条件转出该条件语句

<S_2 的逆波兰式>

例如，条件语句 if(m<n) k=i+1；else k=i−1 的逆波兰式表示为((1)~(18)为单词编号)

    (1) mn<

    (4) 13BF

    (6) ki1+=

    (11) 18BR

    (13) ki1−=

    (18) {if 语句的后继语句}

此逆波兰式也可写在一行上，即 mn<13BFki1+=18BRki1− =。

(4) 循环语句。for 循环语句为 for(i=m；i<=n；i++)S。其中，i 为循环控制变量，m 为初值，n 为终值，S 为循环体。循环语句不能直接用逆波兰表示，因而将其展开为等价的条件语句后再用逆波兰表示，即

```
        i=m;
    10：if(i<=n)
        {  S;
            i=i+1;
```

```
        }
        if(i<=n) goto 10；
```

4.3.3　三地址代码

1．三地址代码的形式

三地址代码语句的一般形式为

$$x=y \text{ op } z$$

其中，x、y 和 z 为名字、常量或编译时产生的临时变量；op 为运算符，如定点运算符、浮点运算符和逻辑运算符等。三地址代码的每条语句通常包含三个地址，两个用来存放运算对象，一个用来存放运算结果。在实际实现中，用户定义的名字将由指向符号表中该名字项的指针所取代。由于三地址语句只含有一个运算符，因此多个运算符组成的表达式必须用三地址语句序列来表示，如表达式 x+y*z 的三地址代码为

$$t_1=y*z$$
$$t_2= x+t_1$$

其中，t_1 和 t_2 是编译时产生的临时变量。三地址代码是语法树的一种线性表示，如图 4-4(a) 所示的语法树用三地址代码表示为

$$t_1=b*c$$
$$t_2=a-t_1$$
$$x=t_2$$

2．三地址语句的种类

作为中间语言的三地址语句非常类似于汇编代码，它可以有符号标号和各种控制流语句。常用的三地址语句有以下几种：

(1) x=y op z 形式的赋值语句，其中 op 为二目的算术运算符或逻辑运算符。

(2) x=op y 形式的赋值语句，其中 op 为一目运算符，如一目减 uminus、逻辑否定 not、移位运算符以及将定点数转换成浮点数的类型转换符。

(3) x=y 形式的赋值语句，将 y 的值赋给 x。

(4) 无条件转移语句 goto L，即下一个将被执行的语句是标号为 L 的语句。

(5) 条件转移语句 if x rop y goto L，其中 rop 为关系运算符，如<、<=、==、!=、>、>=等。若 x 和 y 满足关系 rop 就转去执行标号为 L 的语句，否则继续按顺序执行本语句的下一条语句。

(6) 过程调用语句 par X 和 call P,n。源程序中的过程调用语句 $P(X_1, X_2, \cdots, X_n)$ 可用下列三地址代码表示：

$$\text{par } X_1$$
$$\text{par } X_2$$
$$\vdots$$
$$\text{par } X_n$$
$$\text{call } P,n$$

其中，整数 n 为实参个数。

过程返回语句为 return y，其中 y 为过程返回值。

(7) 变址赋值语句 x=y[i]，其中 x、y、i 均代表数据对象，表示把从地址 y 开始的第 i 个地址单元中的值赋给 x。x[i]=y 则表示把 y 的值赋给从地址 x 开始的第 i 个地址单元。

(8) 地址和指针赋值语句：① x=&y 表示将 y 的地址赋给 x，y 可以是一个名字或一个临时变量，而 x 是指针名或临时变量；② x=*y 表示将 y 所指示的地址单元中的内容(值)赋给 x，y 是一个指针或临时变量；③ *x=y 表示将 x 所指对象的值置为 y 的值。

3．三地址代码的具体实现

三地址代码是中间代码的一种抽象形式。在编译程序中，三地址代码语言的具体实现通常有三种表示方法：四元式、三元式和间接三元式。

1) 四元式

四元式是具有四个域的记录(即结构体)结构，这四个域为

$$(op, arg1, arg2, result)$$

其中，op 为运算符；arg1、arg2 及 result 为指针，它们可指向有关名字在符号表中的登记项或一临时变量(也可空缺)。常用的三地址语句与相应的四元式对应如下：

x=y op z	对应 (op, y, z, x)
x=−y	对应 $(uminus, y, \_, x)$
x=y	对应 $(=, y, \_, x)$
par x1	对应 $(par, x1, \_, \_)$
call P	对应 $(call, \_, \_, P)$
goto L	对应 $(j, \_, \_, L)$
if x rop y goto L	对应 $(jrop, x, y, L)$

例如，赋值语句 a=b*(c+d)相应的四元式代码为

① $(+, c, d, t_1)$

② $(*, b, t_1, t_2)$

③ $(=, t_2, \_, a)$

我们约定：凡只需一个运算量的算符一律使用 arg1。此外，注意这样一个规则：如果 op 是一个算术或逻辑运算符，则 result 总是一个新引进的临时变量，它用来存放运算结果。由上例也可看出，四元式出现的顺序与表达式计值的顺序是一致的，四元式之间的联系是通过临时变量实现的。四元式由于其表示更接近程序设计的习惯而成为一种普遍采用的中间代码形式。

2) 三元式

三元式是具有三个域的记录结构，这三个域为

$$(op, arg1, arg2)$$

其中，op 为运算符；arg1、arg2 既可指向有关名字在符号表中的登记项或临时变量，也可以指向三元式表中的某一个三元式。例如，相应于赋值语句 a=(b+c)*(b+c)的三元式代码为

① $(+, b, c)$

② $(+, b, c)$

③ $(*, ①, ②)$

④ (=,a,③)

上述三元式③表示①的结果与②的结果相乘。由上例可知，三元式出现的先后顺序和表达式各部分的计值顺序是一致的。

3) 间接三元式

在三元式代码表的基础上另设一张表，该表按运算的次序列出相应三元式在三元式表中的位置，这张表称为间接码表。三元式表只记录不同的三元式语句，而间接码表则表示由这些语句组成的运算次序。例如，赋值语句 a=(b+c)*(b+c) 对应的三元式表与间接码表为

三元式表：① (+,b,c)
② (*,①,①)
③ (=,a,②)

间接码表：① ① ② ③

在三元式表示中，每个语句的位置同时有两个作用：一是可作为该三元式的结果被其它三元式引用；二是三元式位置顺序即为运算顺序。在代码优化阶段，当需要调整三元式的运算顺序时会遇到困难，这是因为三元式中的 arg1、arg2 也可以是指向某些三元式位置的指针，当这些三元式的位置顺序发生变化时，含有指向这些三元式位置指针的相关三元式也需随之改变指针值。因此，变动一张三元式表是很困难的。

对四元式来说，引用另一语句的结果可以通过引用该语句的 result(通常是一个临时变量)来实现，而间接三元式则通过间接码表来描述语句的运算次序。这两种方法都不存在语句位置同时具有两种功能的现象，代码调整时要做的改动只是局部的。因此，当需要对中间代码表进行优化处理时，四元式与间接三元式都比三元式方便得多。

4.4 表达式及赋值语句的翻译

4.4.1 简单算术表达式和赋值语句的翻译

简单算术表达式是一种仅含简单变量的算术表达式。简单变量是指普通变量和常数，但不含数组元素及结构体成员引用等复合型数据结构。简单算术表达式的计值顺序与四元式出现的顺序相同，因此很容易将其翻译成四元式形式，这些翻译方法稍加修改也可用于产生三元式或间接三元式。

考虑以下文法 G[A]： A→i=E
E→E+E │ E*E │ -E │ (E) │ i

在此，非终结符 A 代表"赋值句"。文法 G[A]虽然是一个二义文法，但通过确定运算符的结合性及规定运算符的优先级就可避免二义性的发生。

为了实现由表达式到四元式的翻译，需要给文法加上语义子程序，以便在进行归约的同时执行对应的语义子程序。语义子程序所涉及的语义变量、语义函数说明如下：

(1) 对非终结符 E 定义语义变量 E.place，即用 E.place 表示存放 E 值的变量名在符号表中的入口地址或临时变量名的整数码。

(2) 定义语义函数 newtemp( )，即每次调用 newtemp( )时都将回送一个代表新临时变量

的整数码；临时变量名按产生的顺序可设为 T_1、T_2、…。

(3) 定义语义函数 emit(op, arg1, arg2, result)，emit 的功能是产生一个四元式并填入四元式表中。

(4) 定义语义函数 lookup(i.name)，其功能是审查 i.name 是否出现在符号表中，是则返回 i.name 在符号表的入口指针，否则返回 NULL。

使用上述语义变量和函数，可写出文法 G[A] 中的每一个产生式的语义子程序。

(1) A→i=E	{ p=lookup(i.name);
	if(p==NULL) error();
	else emit(=, E.place, _, P); }
(2) E→E$^{(1)}$+E$^{(2)}$	{ E.place=newtemp();
	emit(+, E$^{(1)}$.place, E$^{(2)}$.place, E.place); }
(3) E→E$^{(1)}$*E$^{(2)}$	{ E.place=newtemp();
	emit(*, E$^{(1)}$.place, E$^{(2)}$.place, E.place); }
(4) E→-E$^{(1)}$	{ E.place=newtemp();
	emit(uminus, E$^{(1)}$.place, _, E.place); }
(5) E→(E$^{(1)}$)	{ E.place= E$^{(1)}$.place; }
(6) E→i	{ p=lookup(i.name);
	if(p!=NULL) E.place=p;
	//另一种表示为 E.place=entry(i)
	else error(); }

例 4.2 试分析赋值语句 X=-B*(C+D) 的语法制导翻译过程。

[解答] 赋值语句 X=-B*(C+D) 的语法制导翻译过程如表 4.2 所示(加工分析过程参考表 4.1)。

表 4.2　赋值语句 X=-B*(C+D) 的翻译过程

输入串	归约产生式	符号栈	语义栈(place)	四元式
X=-B*(C+D)#		#	_	
=-B*(C+D)#	(6)	#i	_X	
-B*(C+D)#		#i=	_X_	
B*(C+D)#		#i=-	_X_ _	
*(C+D)#	(6)	#i=-i	_X_ _B	
*(C+D)#	(4)	#i=-E	_X_ _B	(uminus, B, _, T_1)
*(C+D)#		#i=E	_X_T_1	
(C+D)#		#i=E*	_X_T_1_	
C+D)#		#i=E*(	_X_T_1_ _	
+D)#	(6)	#i=E*(i	_X_T_1_ _C	
+D)#		#i=E*(E	_X_T_1_ _C	

续表

输入串	归约产生式	符号栈	语义栈(place)	四元式
D)#		#i=E*(E+	_X_T_1__C_	
)#	(6)	#i=E*(E+i	_X_T_1__C_D	
)#	(2)	#i=E*(E+E	_X_T_1__C_D	$(+,C,D,T_2)$
)#		#i=E*(E	_X_T_1__T_2	
#	(5)	#i=E*(E)	_X_T_1__T_2_	
#	(3)	#i=E*E	_X_T_1_T_2	$(*,T_1,T_2,T_3)$
#	(1)	#i=E	_X_T_3	$(=,T_3,\_,X)$
#		#A	_X	

4.4.2　布尔表达式的翻译

在程序语言中，布尔表达式一般由运算符与运算对象组成。布尔表达式的运算符为布尔运算符，即¬、∧、∨，或为 not、and 和 or(注：C 语言中为!、&&和||)，其运算对象为布尔变量，也可为常量或关系表达式。关系表达式的运算对象为算术表达式，其运算符为关系运算符<、<=、==、!=、>=、>等。关系运算符的优先级相同但不得结合，其运算优先级低于任何算术运算符。布尔运算符的运算顺序一般为¬、∧、∨，且∧和∨服从左结合。布尔算符的运算优先级低于任何关系运算符(注意，此处的运算优先级约定不同于 C 语言)。此外，对布尔运算、关系运算、算术运算的运算对象的类型可不区分布尔型或算术型，假定不同类型的变换工作将在需要时强制执行。为简单起见，我们遵循以上运算约定讨论下述文法 G[E]生成的布尔表达式：

$$G[E]:\ E \to E \wedge E \mid E \vee E \mid \neg\ E \mid (E) \mid i\ rop\ i \mid i$$

注意：布尔表达式在程序语言中不仅用作计算布尔值，还作为控制语句(如 if-else、while 等)的条件表达式，用以确定程序的控制流向。无论布尔表达式的作用如何，按照程序执行的顺序，都必须先计算出布尔表达式的值。此外，rop 代表六个关系运算符。

计算布尔表达式的值通常有两种方法。第一种方法是仿照计算算术表达式的方法，按布尔表达式的运算顺序一步步地计算出真假值来。假定逻辑值 true 用 1 表示、false 用 0 表示，则布尔表达式 $1 \vee (\neg\ 0 \wedge 0) \vee 0$ 值的计算过程为

$$1 \vee (\neg\ 0 \wedge 0) \vee 0$$
$$=1 \vee (1 \wedge 0) \vee 0$$
$$=1 \vee 0 \vee 0$$
$$=1 \vee 0$$
$$=1$$

另一种方法是根据布尔运算的特点实施某种优化，即不必一步一步地计算布尔表达式中所有运算对象的值，而是省略不影响运算结果的运算。例如，在计算 A∨B 时，若计算出的 A 值为 1，则 B 值就无需再计算了；因为不管 B 的结果是什么，A∨B 的值都为 1。同理，在计算 A∧B 时若发现 A 值为 0，则 B 值也无需计算，A∧B 的值一定为 0。

注意：上述优化措施在布尔表达式含有布尔函数调用且函数调用引起副作用(指对全局量的赋值)时就会出现问题。如下面的两个等效的 C 语言程序，因其布尔表达式书写的顺序不同而得到不同的结果：

```
(1)  # include "stdio.h"
        int p;
        int f( )
        {
            p=0;
            return(0);
        }
        void main( )
        {
            p=1;
            if(p || f( )) printf("True! \n");
            else printf("False! \n");
        }
```

```
(2)  # include "stdio.h"
        int p;
        int f( )
        {
            p=0;
            return(0);
        }
        void main( )
        {
            p=1;
            if( f( ) || p) printf("True! \n");
            else printf("False! \n");
        }
```

在后面的论述中，我们假定函数过程的工作不出现上述的副作用情况。

如何确定一个表达式的真假出口呢？考虑表达式 $E^{(1)} \vee E^{(2)}$，若 $E^{(1)}$ 为真，则立即知道 E 也为真，因此，$E^{(1)}$ 的真出口也就是整个 E 的真出口；若 $E^{(1)}$ 为假，则 $E^{(2)}$ 必须被计值，此时 $E^{(2)}$ 的第一个四元式就是 $E^{(1)}$ 的假出口。当然，$E^{(2)}$ 的真假出口也就是整个 E 的真假出口。类似的考虑适用于对 $E^{(1)} \wedge E^{(2)}$ 的翻译。我们将 $E^{(1)} \vee E^{(2)}$ 和 $E^{(1)} \wedge E^{(2)}$ 的翻译用图 4-5 表示，而对形如 $\neg E^{(1)}$ 的表达式则只需调换 $E^{(1)}$ 的真假出口就可得到该表达式 E 的真假出口。

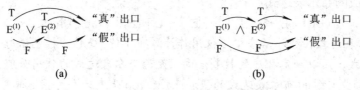

图 4-5　$E^{(1)} \vee E^{(2)}$ 和 $E^{(1)} \wedge E^{(2)}$ 的翻译图

(a) $E^{(1)} \vee E^{(2)}$；(b) $E^{(1)} \wedge E^{(2)}$

在自底向上的分析过程中，一个布尔式的真假出口往往不能在产生四元式的同时就填上，我们只好把这种未完成的四元式的地址(编号)作为 E 的语义值暂存起来，待整个表达式的四元式产生完毕之后，再来填写这个未填入的转移目标。

对于每个非终结符 E，我们需要为它赋予两个语义值 E.tc 和 E.fc，以分别记录 E 所对应的四元式需要回填"真"、"假"出口的四元式地址所构成的链。这是因为在翻译过程中，常常会出现若干转移四元式转向同一个目标但目标位置又未确定的情况，此时可用"拉链"的方法将这些四元式链接起来，待获得转移目标的四元式地址时再进行返填。例如，假定 E 的四元式需要回填"真"出口的有 p、q、r 这三个四元式，则它们可链接成如图 4-6 所示的一条真值链(记作 tc)。

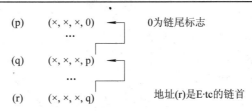

图 4-6　拉链法链接四元式示意

为了处理 E.tc 和 E.fc 这两项语义值，我们需要引入如下的语义变量和函数：

(1) nxq：始终指向下一条将要产生的四元式的地址(序号)，其初值为 1。每执行一次 emit 语句后，nxq 自动增 1。

(2) merge(p_1, p_2)：把以 p_1 和 p_2 为链首的两条链合并为一条以 p_2 为链首的链(即返回链首值 p_2)。

(3) backpatch(p, t)：把链首 p 所链接的每个四元式的第四区段(即 result)都改写为地址 t。

merge( )函数如下：

```
int merge(p₁, p₂)
{
    if(p₂==0)   return(p₁);
    else
    {
        p=p₂;
        while(四元式 p 的第四区段内容不为 0)
            p=四元式 p 的第四区段内容;
        把 p₁ 填进四元式 p 的第四区段;
        return(p₂);
    }
}
```

backpatch( )函数如下：

```
void backpatch(p, t)
{
    Q=p;
    while(Q!=0)
    {
        q=四元式 Q 的第四区段内容;
        把 t 填进四元式 Q 的第四区段;
        Q=q;
    }
}
```

为了便于实现布尔表达式的语法制导翻译，并在扫描到“∧”与“∨”时能及时回填一些已经确定了的待填转移目标，我们将前述文法 G[E] 改写为下面的文法 G'[E]，以利于编制相应的语义子程序：

$$G'[E]: \quad E \rightarrow E^A E \mid E^B E \mid \neg E \mid (E) \mid i \text{ rop } i \mid i$$
$$E^A \rightarrow E \wedge$$
$$E^B \rightarrow E \vee$$

这时，文法 G'[E]的每个产生式和相应的语义子程序如下：

(1) $E \rightarrow i$ 　　　　　　　　　　{ E.tc=nxq; E.fc=nxq+1;
　　　　　　　　　　　　　　　　　　　emit(jnz, entry(i), _, 0);
　　　　　　　　　　　　　　　　　　　emit(j, _, _, 0); }

(2) $E \rightarrow i^{(1)} \text{ rop } i^{(2)}$ 　　　　{ E.tc=nxq; E.fc=nxq+1;
　　　　　　　　　　　　　　　　　　　emit(jrop, entry($i^{(1)}$), entry($i^{(2)}$), 0);
　　　　　　　　　　　　　　　　　　　emit(j, _, _, 0); }

(3) $E \rightarrow (E^{(1)})$ 　　　　　　　{ E.tc=$E^{(1)}$.tc; E.fc=$E^{(1)}$.fc; }

(4) $E \rightarrow \neg E^{(1)}$ 　　　　　　{ E.tc=$E^{(1)}$.fc; E.fc=$E^{(1)}$.tc; }

(5) $E^A \rightarrow E^{(1)} \wedge$ 　　　　　{ backpatch($E^{(1)}$.tc, nxq);
　　　　　　　　　　　　　　　　　　　E^A.fc=$E^{(1)}$.fc; }

(6) $E \rightarrow E^A E^{(2)}$ 　　　　　　{ E.tc=$E^{(2)}$.tc;
　　　　　　　　　　　　　　　　　　　E.fc=merge(E^A.fc, $E^{(2)}$.fc); }

(7) $E^B \rightarrow E^{(1)} \vee$ 　　　　　{ backpatch($E^{(1)}$.fc, nxq);
　　　　　　　　　　　　　　　　　　　E^B.tc=$E^{(1)}$.tc; }

(8) $E \rightarrow E^B E^{(2)}$ 　　　　　　{ E.fc=$E^{(2)}$.fc;
　　　　　　　　　　　　　　　　　　　E.tc=merge(E^B.tc, $E^{(2)}$.tc); }

注意：根据上述语义动作，在整个布尔表达式所对应的四元式全部产生之后，作为整个表达式的真假出口(转移目标)仍尚待回填。此外，由产生式(2)也可看出关系表达式的优先级要高于布尔表达式。

例4.3 试给出布尔表达式 a∧b∨c≥d 作为控制条件的四元式中间代码。

[解答] 设四元式序号从 100 开始，则布尔表达式 a∧b∨c≥d 的分析过程如图 4-7 所示。

即：　　　　　　100 (jnz, a, _, 102)
　　　　　　　　101 (j, _, _, 104)
　　　　　　　　102 (jnz, b, _, 106)
　　　　　　　　103 (j, _, _, 104)
　　　　　　　　104 (j≥, c, d, 106)
　　　　　　　　105 (j, _, _, q)
　　　　T: 　106
　　　　　　　　　⋮
　　　　F: 　　q

当然，我们也可以通过图 4-8 的分析得到上述四元式序列。

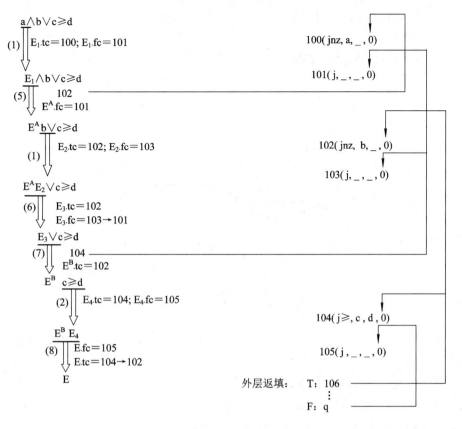

图 4-7 表达式 a∧b∨c≥d 分析示意

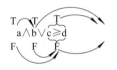

图 4-8 a∧b∨c≥d 的翻译图

由例 4.3 可知，每一个布尔变量 a 都对应一真一假两个四元式，并且格式是固定的，即

(jnz，a，_，0) //a 为布尔变量

(j，_，_，0)

而每一个关系表达式同样对应一真一假两个四元式，其格式也是固定的，即

(jrop，X，Y，0) //X、Y 为关系运算符两侧的变量或值

(j，_，_，0)

例 4.4 试给出布尔表达式 a∨m≠n∨c∧x>y 的四元式代码。

[解答] 该布尔表达式的翻译图如图 4-9 所示，所对应的四元式代码如下：

100 (jnz，a，_，108)

101 (j，_，_，102)

102 (j≠，m，n，108)

103 (j，_，_，104)

```
        104 (jnz，c，_，106)
        105 (j，_，_，q)
        106 (j>，x，y，108)
        107 (j，_，_，q)
  T:    108
          ⋮
  F:    q
```

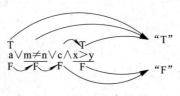

图 4-9　例 4.4 的翻译图

4.5　控制语句的翻译

在源程序中，控制语句用于实现程序流程的控制。一般程序流程控制可分为下面三种基本结构：

(1) 顺序结构，一般用复合语句实现。

(2) 选择结构，用 if 和 switch 等语句实现。

(3) 循环结构，用 for、while、do 等语句实现。

4.5.1　条件语句 if 的翻译

1. 条件语句 if 的代码结构

我们按下面的条件语句 if 的模式进行讨论：

$$if(E)\ S_1;\ else\ S_2;$$

条件语句 if(E) S_1; else S_2; 中布尔表达式 E 的作用仅在于控制对 S_1 和 S_2 的选择，因此可将作为转移条件的布尔式 E 赋予两种"出口"：一是"真"出口，出向 S_1；一是"假"出口，出向 S_2。于是，条件语句可以翻译成如图 4-10 所示的代码结构。

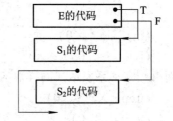

图 4-10　条件语句 if(E) S_1; else S_2; 的代码结构

我们知道，非终结符 E 具有两项语义值 E.tc 和 E.fc，它们分别指出了尚待回填真假出口的四元式串。E 的"真"出口只有在扫描完布尔表达式 E 后的"）"时才能知道，而它的"假"出口则需要处理过 S_1 之后并且到 else 时才能明确。这就是说，必须把 E.fc 的值传下去，以便到达相应的 else 时才进行回填。S_1 语句执行完就意味着整个 if-else 语句已执行完毕，因此，在 S_1 的编码之后应产生一条无条件转移指令，这条转移指令将导致程序控制离开整个 if-else 语句。但是，在完成 S_2 的翻译之前，这条无条件转移指令的转移目标是不知道的，

甚至在翻译完 S_2 之后仍无法确定,这种情形是由语句的嵌套性所引起的。例如下面的语句:

$$if(E_1)\ if(E_2)\ S_1;\ else\ S_2;\ else\ S_3;$$

在 S_1 代码之后的那条无条件转移指令不仅应跨越 S_2,而且应跨越 S_3。这也就是说,转移目标的确定和语句所处的环境密切相关。

不含 else 的条件语句 if(E) S 的代码结构图如图 4-11 所示。

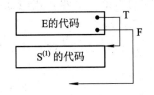

图 4-11 if(E) S 的代码结构

2. 条件语句 if 的文法和语义子程序的设计

条件语句 if 的文法 G[S] 如下:

$$G[S]:\quad S→if(E)\ S^{(1)};$$
$$S→if(E)\ S^{(1)};\ else\ S^{(2)};$$

为了在扫描条件语句过程中不失时机地处理和回填有关信息,可将 G[S] 改写为如下的 G'[S]:

$$G'[S]:\ (1)\ \ S→CS^{(1)};$$
$$(2)\ \ C→if(E)$$
$$(3)\ \ S→T^PS^{(2)};$$
$$(4)\ \ T^P→CS^{(1)};else$$

根据程序语言的处理顺序,首先用产生式(2)$C→if(E)$ 进行归约,这时 E 的真出口即为 E 所生成四元式序列后的下一个地址。因此,将 ")" 后的第一个四元式地址回填至 E 的真出口,E 的假出口地址则作为待填信息放在 C 的语义变量 C.chain 中,即

$$C→if(E)\quad \{\ backpatch(E.tc,nxq);$$
$$C.chain=E.fc;\ \}$$

接下来用产生式(1)$S→CS^{(1)};$ 继续向上归约。这时已经处理到 $S→if(E)\ S^{(1)};$,由于归约时 E 的真出口已经处理,而 E 的假出口(即语句 S 的出口)同时是语句 $S^{(1)}$ 的出口,但此时语句 S 的出口地址未定,故将 C.chain 和 $S^{(1)}$.chain 一起作为 S 的待填信息链用函数 merge 链在一起保留在 S 的语义值 S.chain 中,即有

$$S→CS^{(1)};\qquad \{S.chain=merge(C.chain,S^{(1)}.chain)\}$$

如果此时条件语句为不含 else 的条件句,则在产生式(1)、(2)归约为 S 后即可以用下一个将要产生的四元式地址(即 S 的出口地址)来回填 S 的出口地址链(即 S.chain);如果此时条件语句为 if-else 形式,则继续用产生式(4)$T^P→CS^{(1)};else$ 归约。

用 $T^P→CS^{(1)};else$ 归约时首先产生 $S^{(1)}$ 语句序列之后的一个无条件转移四元式(以便跳过 $S^{(2)}$,见图 4-10 的结构框图),该四元式的地址(即标号)保留在 q 中,以便待获知要转移的地址后再进行回填,也即

$$
\begin{array}{lll}
(i) & (S^{(1)}的第一个四元式) & //E\ 的真出口 \\
\\
(q-1) & (S^{(1)}的最后一个四元式) & \\
(q) & (j,\_,\_,0) & //无条件跳过\ S^{(2)},其转移地址有待回填 \\
(q+1) & (S^{(2)}的第一个四元式) & //E\ 的假出口
\end{array}
$$

此时 q 的出口也就是整个条件语句的出口,因此应将其与 S.chain 链接后挂入链头为

T^P.chain 的链中。此外，emit 产生四元式 q 后 nxq 自动加 1(即为 q+1)，其地址即为 else 后(也即 $S^{(2)}$)的第一个四元式地址，它也是 E 的假出口地址，因此应将此地址回填到 E.fc 即 C.chain 中，即有

$$T^P \rightarrow CS^{(1)}; else \{ q=nxq;$$
$$emit(j, \_, \_, 0);$$
$$backpatch(C.chain, nxq);$$
$$T^P.chain=merge(S.chain, q); \}$$

最后用产生式(3)$S \rightarrow T^P S^{(2)}$;归约。$S^{(2)}$语句序列处理完后继续翻译 if 语句之后的后继语句，这时就有了后继语句的四元式地址，该地址也是整个 if 语句的出口地址，它与 $S^{(2)}$语句序列的出口一致。由于 $S^{(2)}$的出口待填信息在 $S^{(2)}$.chain 中，故将 T^P.chain 与 $S^{(2)}$.chain 链接后挂入链头为 S.chain 的链中，即

$$S \rightarrow T^P S^{(2)}; \qquad \{S.chain=merge(T^P.chain, S^{(2)}.chain);\}$$

4.5.2 循环语句的翻译

1. 循环语句 while 的代码结构

循环语句 while(E) $S^{(1)}$;通常被翻译成如图 4-12 所示的代码结构。布尔表达式 E 的"真"出口出向 $S^{(1)}$代码段的第一个四元式，紧接 $S^{(1)}$代码段之后应产生一条转向测试 E 的无条件转移指令;而 E 的"假"出口将导致程序控制离开整个 while 语句而去执行 while 语句之后的后继语句。

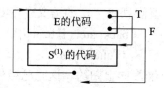

图 4-12　循环语句 while 的代码结构

注意：E 的"假"出口目标即使在整个 while 语句翻译完之后也未必明确。例如：

$$if (E_1) while (E_2) S_1; else S_2;$$

这种情况仍是由于语句的嵌套性引起的，所以只好把 E 的假出口作为循环语句的语义值 S.chain 保留下来，以便在处理外层语句时再伺机回填。

2. 循环语句 while 的文法和语义子程序设计

同样，我们给出易于及时处理和回填的循环语句 while 的文法 G[S]如下：

$$G[S]: (1) \quad S \rightarrow W^d S^{(1)}$$
$$(2) \quad W^d \rightarrow W(E)$$
$$(3) \quad W \rightarrow while$$

根据 while 语句的扫描加工顺序，首先用产生式(3)$W \rightarrow while$ 进行归约，这时 nxq 即为 E 的第一个四元式地址，我们将其保留在 W.quad 中。然后继续扫描并用产生式(2)$W^d \rightarrow W(E)$归约，即扫描完")"后可以用 backpatch(E.tc,nxq)回填 E.tc 值;而 E.fc 则要等到 $S^{(1)}$语句序列全部产生后才能回填，因此 E.fc 作为待填信息用 W^d.chain=E.fc 传下去。

当用产生式(1)S→$W^d S^{(1)}$;归约时，$S^{(1)}$语句序列的全部四元式已经产生。根据图 4-12 while 语句代码结构的特点，此时应无条件返回到 E 的第一个四元式继续对条件 E 进行测试，即形成四元式(j,_,_,W^d.quad)，同时用 backpatch($S^{(1)}$.chain,W^d.quad)回填 E 的入口地址到$S^{(1)}$语句序列中所有需要该信息的四元式中。

在无条件转移语句(j,_,_,W^d.quad)之后即为 while 语句的后继语句，而这个后继语句中的第一个四元式地址即为 while 语句 E 的假出口，保存在 W^d.chain 中。考虑到嵌套情况，将 W^d.chain 信息作为整个 while 语句的出口保留在 S.chain 中，以便适当时机回填。因此，文法 G[S]对应的语义加工子程序如下：

(1)　W→while　　　　　　　{ W.quad=nxq; }

(2)　W^d→W(E)　　　　　　{ backpatch(E.tc,nxq);

　　　　　　　　　　　　　　W^d.chain=E.fc;

　　　　　　　　　　　　　　W^d.quad= W.quad; }

(3)　S→W^d $S^{(1)}$;　　　　　{ backpatch($S^{(1)}$.chain, W^d.quad);

　　　　　　　　　　　　　　emit((j,_,_,W^d.quad);

　　　　　　　　　　　　　　S.chain=W^d.chain; }

3. 循环语句 do 和 for 的代码结构

循环语句 do $S^{(1)}$ while(E); 通常被翻译成如图 4-13 所示的代码结构。首先翻译 $S^{(1)}$的代码，然后翻译布尔表达式 E 的代码；E 的"真"出口出向 $S^{(1)}$代码段的第一个四元式，而 E 的"假"出口则使程序控制离开整个 do 语句而去执行 do 语句之后的后继语句。

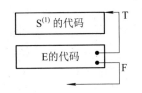

图 4-13　循环语句 do 的代码结构

C 语言的 for 语句不同于其他高级语言中的 for 语句，其功能更加强大，使用更加灵活。for 循环语句的一般形式为：

　　　　for(E_1; E_2; E_3) $S^{(1)}$;

for 语句圆括号中两个分号分隔的三个表达式 E_1、E_2 和 E_3 的作用如下：

(1) E_1：给循环控制变量赋初值，只在循环开始时执行一次。

(2) E_2：作为控制循环的条件在每次循环之前进行计算；如果条件成立(非 0)则执行循环体语句，如果条件不成立(为 0)则结束循环。

(3) E_3：用于改变循环控制变量的值，使得循环条件趋向于不成立(以便结束循环)。

for 语句的执行过程分解为如下几步：

(1) 计算 E_1；

(2) 求解 E_2；若值为真(非 0)则执行循环体语句 $S^{(1)}$，然后转(3)；若值为假(0)则转(5)；

(3) 计算 E_3；

(4) 转(2)继续执行；

(5) 结束循环。

因此，for(E_1; E_2; E_3) $S^{(1)}$; 就相当于：

　　　　E_1；

```
            while(E₂)
            {
                S⁽¹⁾;
                E₃;
            }
```

所以，循环语句 for(E_1; E_2; E_3) $S^{(1)}$; 可以依照图 4-12 翻译成如图 4-14 所示的代码结构。

当然，我们还可按同样方法得到循环语句 do $S^{(1)}$ while(E); 和 for(E_1; E_2; E_3) $S^{(1)}$; 的文法及语义加工子程序。

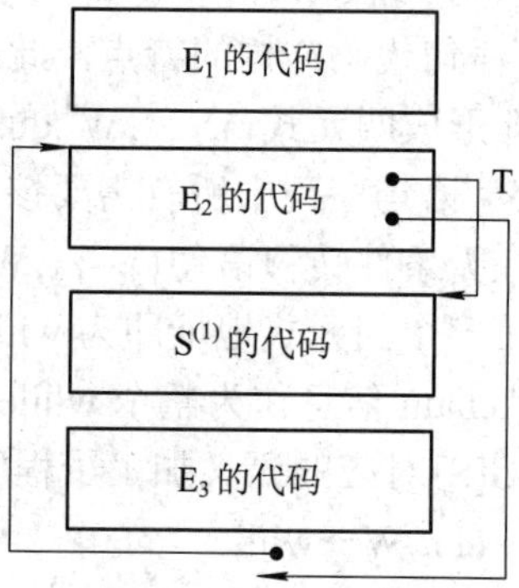

图 4-14　循环语句 for 的代码结构

4.5.3　三种基本控制结构的翻译

1. 三种基本控制结构的文法

我们给出三种基本控制结构的文法 G[S] 如下：

$$
\begin{aligned}
G[S]: \quad &(1) \quad S \rightarrow CS \\
&(2) \quad | \ T^P S \\
&(3) \quad | \ W^d S \\
&(4) \quad | \ \{L\} \\
&(5) \quad | \ A \qquad\qquad //A\ 代表赋值语句 \\
&(6) \quad L \rightarrow L^S S; \\
&(7) \quad | \ S; \\
&(8) \quad C \rightarrow if(E) \\
&(9) \quad T^P \rightarrow CS; else \\
&(10) \quad W \rightarrow while \\
&(11) \quad W^d \rightarrow W(E) \\
&(12) \quad L^S \rightarrow L;
\end{aligned}
$$

G[S] 中各产生式对应的语义子程序如下：

(1) $S \rightarrow C S^{(1)}$;　　　　{ S.chain=merge(C.chain, $S^{(1)}$.chain); }

(2) $S \rightarrow T^P S^{(2)}$;　　　　{ S.chain=merge(T^P.chain, $S^{(2)}$.chain); }

(3) $S \rightarrow W^d S^{(1)}$;　　　　{ backpatch($S^{(1)}$.chain, W^d.quad);

　　　　　　　　　　　　　　emit(j, _, _, W^d.quad);

　　　　　　　　　　　　　　S.chain=W^d.chain; }

(4) $S \rightarrow \{L\}$　　　　　　{ S.chain=L.chain; }

(5) $S \rightarrow A$　　　　　　　{ S.chain=0;　//空链　}

(6) $L \rightarrow L^S S^{(1)}$;　　　　{ L.chain=$S^{(1)}$.chain; }

(7) $L \rightarrow S$;　　　　　　{ L.chain=S.chain;}

(8) $C \rightarrow if(E)$　　　　　{ backpatch(E.tc, nxq);

　　　　　　　　　　　　　　C.chain=E.fc; }

(9) $T^P \rightarrow C \ S^{(1)}$; else   { q=nxq;

                      emit(j, _, _, 0);

                      backpatch(C.chain, nxq);

                      T^P.chain=merge($S^{(1)}$.chain, q);}

(10) $W \rightarrow$ while   { W.quad=nxq;}

(11) $W^d \rightarrow W(E)$ { backpatch(E.tc, nxq);

                      W^d.chain=E.fc;

                      W^d.quad=W.quad;}

(12) $L^S \rightarrow L$;   { backpatch(L.chain, nxq); }

2．翻译示例

例 4.5 将下面的语句翻译成四元式：

    if(x＞y) if(a∧b) m=m+1; else m=m-1; else x=y;

[解答] 该语句对应的代码结构图如图 4-15 所示，它所对应的四元式序列如下：

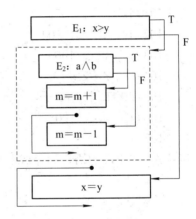

    100 (j＞, x, y, 102)

    101 (j, _, _, 110)

    102 (jnz, a, _, 104)

    103 (j, _, _, 108)

    104 (jnz, b, _, 106)

    105 (j, _, _, 108)

    106 (+, m, 1, m)

    107 (j, _, _, 109)

    108 (−, m, 1, m)

    109 (j, _, _, 111)

    110 (=, y, _, x)

    111

图 4-15　例 4.5 的代码结构图

如果按图 4-16 所示的翻译图进行翻译，则第 107 句四元式为(j, _, _, 111)，虽然与上面的 107 句不同，但仔细分析就会发现：翻译图与代码结构图两者所翻译的结果在功能上是完全相同的。

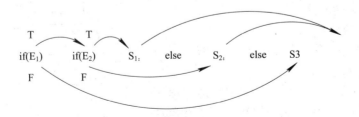

图 4-16　例 4.5 的翻译图

例 4.6 将下面的语句翻译成四元式：

    while(A<B)

        if(C<D) X=Y+Z

[解答]   我们首先画出该语句对应的代码结构图如图 4-17 所示。

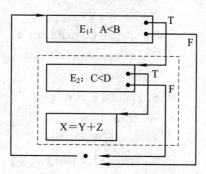

图 4-17   例 4.6 的代码结构图

按照文法及加工子程序(包括前述赋值句和布尔表达式的翻译法)得到该语句对应的四元式序列如下：

```
100 (j<, A, B, 102)          //E₁ 为 T
101 (j, _, _, 107)           //E₁ 为 F
102 (j<, C, D, 104)          //E₂ 为 T
103 (j, _, _, 106)           //E₂ 为 F
104 (+, Y, Z, T)
105 (=, T, _, X)
106 (j, _, _, 100)           //转对 E 的测试
107
```

例 4.7   将下面的语句翻译成四元式：

```
if(a∧b)
    while(x<y)
        if(m≠n)
            m=n;
        else
            m=m+1;
    else
        while(m>n)
            x=x+y;
```

[解答]   我们首先画出该语句对应的代码结构图如图 4-18 所示。

虽然根据文法及加工子程序可以得到该语句对应的四元式序列，但我们知道每个布尔变量及每个关系表达式都对应一真一假固定格式的两个四元式，且 if 语句在 else 之前应有一无条件转移语句跳过 else 后的语句，而 while 语句则在结束时有一个向回跳的无条件转移语句。由本题可知，

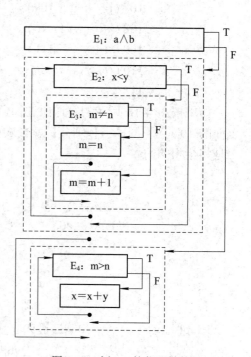

图 4-18   例 4.7 的代码结构图

共有两个布尔变量 a、b 和三个关系表达式,共需 10 条四元式,而两个 if 语句和两个 while 语句共需 4 条无条件转移四元式,再加上 3 条赋值四元式,总计为 17 条四元式。再依据代码结构图来确定各个条件转移和无条件转移四元式的转移地址,就很容易得到该语句的四元式序列如下:

100 (jnz, a, _, 102)
101 (j, _, _, 113)
102 (jnz, b, _, 104)
103 (j, _, _, 113)
104 (j<, x, y, 106)
105 (j, _, _, 112)
106 (j≠, m, n, 108)
107 (j, _, _, 110)
108 (=, n, _, m)
109 (j, _, _, 111)
110 (+, m, 1, m)
111 (j, _, _, 104)
112 (j, _, _, 117)
113 (j>, m, n, 115)
114 (j, _, _, 117)
115 (+, x, y, x)
116 (j, _, _, 113)
117

例 4.8　将下面的语句翻译成四元式:

for(i=0;i<=10;i++)
　　x=x+1;

[解答]　根据图 4-14 所示的 for 语句代码结构可以翻译成如下的四元式序列:

100 (=, 0, _, i)
101 (j<=, i, 10, 103)
102 (j, _, _, 106)
103 (+, x, 1, x)
104 (+, i, 1, i)
105 (j, _, _, 101)
106

例 4.9　按已学过的文法及语义加工子程序分析下述语句语义加工的全过程:

while(x<y) x=x+1

[解答]　语句 while(x<y) x=x+1 的语义加工过程见表 4.3。

表 4.3　while(x<y) x=x+1# 的语义加工过程

输入串	符号栈	语义栈（place）	语义动作	四元式
while(x<y) …	#	_	移进	
(x<y) x=x+1#	#while	_ _	归约	
			w.quad=100	
(x<y) x=x+1#	#W	_ _	移进	
x<y) x=x+1#	#W(	_ _ _	移进	
<y) x=x+1#	#W(x	_ _ _ _	归约（参见赋值句文法）	
			i_1.place=entry(x)	
<y) x=x+1#	#W(i_1	_ _ _ x	移进	
y) x=x+1#	#W(i_1<	_ _ _ x_	移进	
) x=x+1#	#W(i_1<y	_ _ _ x_ _	归约	
			i_2.place=entry(y)	
) x=x+1#	#W(i_1<i_2	_ _ _ x_ y	归约（参见布尔表达式文法）	
			E_1.tc=100	102
			E_1.fc=101	100 (j<,x,y,0)
				105
				101 (j, _,_,0)
) x=x+1#	#W(E_1	_ _ _ _	移进	
x=x+1#	#W(E_1)	_ _ _ _ _	归约	
			Backpatch(100,102)	
			W^d.chain=101	
x=x+1#	#W^d	_ _	移进	
=x+1#	#W^d x	_ _ _	归约	
			i_3.place=entry(x)	
=x+1#	#W^d i_3	_ _ x	移进	
x+1#	#W^d i_3=	_ _ x_	移进	
+1#	#W^d i_3=x	_ _ x_ _	归约	
			E_2.place=entry(x)	
+1#	#W^d i_3=E_2	_ _ x_ x	移进	
1#	#W^d i_3=E_2+	_ _ x_ x_	移进	
#	#W^d i_3=E_2+1	_ _ x_ x_ _	归约	
			E_3.place=entry(1)	
#	#W^d i_3=E_2+E_3	_ _ x_ x_ 1	归约	
			E_4.place=T_1	
				102 (+,x,1,T_1)
#	#W^d i_3=E_4	_ _ x_ _	归约	
				103 (=,T_1, _,x)
#	#W^d $S^{(1)}$	_ _ _	归约	
			Backpatch($S^{(1)}$.chain,100)	
			(因无 $S^{(1)}$.chain 故不回填)	
				104 (j, _,_,100)
			S.chain=101	
#	#S	_ _	while 语句分析结束	
			外层返填；	
			由 L^S →L 归约得：	
			Backpatch(S.chain,105)	

4.5.4　多分支控制语句 switch 的翻译

多分支控制语句具有如下形式的语法结构：

switch(E)

{　　case c_1: S_1;

　　　case c_2: S_2;

　　　　　　　⋮

　　　case c_i: S_i;

　　　　　　　⋮

　　　case c_n: S_n;

　　　default: S_n+1

}

其中 n≥1。switch 语句的语义是：先计算整型表达式 E 的值，然后将表达式的值依次和 case 后的常数 c_i 比较，当与某常数 c_i 相等时就执行语句 S_i，并结束多分支控制语句；若与诸常数均不相等，则执行语句 S_{n+1}。

多分支控制语句 switch 常见的中间代码形式如下：

　　　　　　　　　　　　　E 计值后存放在临时单元 T 的中间代码；

　　　　　　　　　　　　　goto test;

　　　P_1:　　　　　　　S_1 的中间代码；

　　　　　　　　　　　　　goto next;

　　　P_2:　　　　　　　S_2 的中间代码；

　　　　　　　　　　　　　goto next;

　　　　　　　　　　　　　　　⋮

　　　P_n:　　　　　　　S_n 的中间代码；

　　　　　　　　　　　　　goto next;

　　　P_{n+1}:　　　　　　S_{n+1} 的中间代码；

　　　　　　　　　　　　　goto next;

　　　test:　　　　　　　if(T==c_1) goto P_1;

　　　　　　　　　　　　　if(T==c_2) goto P_2;

　　　　　　　　　　　　　　　⋮

　　　　　　　　　　　　　if(T==c_n) goto P_n;

　　　　　　　　　　　　　if(T=='default') goto P_{n+1};

　　　next:

进行语义加工处理时应先设置一空队列 queue，当遇到 c_i 时，将这个 c_i 连同 nxq(指向标号 c_i 后语句 S_i 的入口)送入队列 queue，然后按通常的办法产生语句 S_i 的四元式。需要注意的是，在 S_i 的四元式之后要有一个 goto next 的四元式。当处理完 default: S_{n+1} 之后，应产生以 test 为标号的 n 个条件转移语句的四元式。这时，逐项读出 queue 的内容即可形成如下的四元式序列：

　　　　　　（case, c_1, P_1, ＿）

$$(\text{case}, c_2, P_2, \_)$$

$$\vdots$$

$$(\text{case}, c_n, P_n, \_)$$

$$(\text{case}, T.place, \text{default}, \_)$$

其中，T.place 是存放 E 值的临时变量名，每个四元式$(\text{case}, c_i, P_i, \_)$实际上代表一个如下的条件语句：

$$\text{if}(T == c_i)\ \text{goto}\ P_i$$

为了便于语法制导翻译，我们给出了 switch 语句的文法和相应的语义加工子程序如下：

(1)　A→switch(E)　　{　T.place=E.place；

　　　　　　　　　　　　F_1.quad=nxq；

　　　　　　　　　　　　emit(j,_,_,0)；　　　　　　　//转向 test }

(2)　B→A{case c　　{　P=1；

　　　　　　　　　　　　queue[P].label=c；

　　　　　　　　　　　　queue[P].quad=nxq；}

(3)　D→B:S；　　　　{ 生成 S 的四元式序列；

　　　　　　　　　　　　backpatch(S.chain,nxq)；

　　　　　　　　　　　　B.quad=nxq；

　　　　　　　　　　　　emit(j,_,_,0)；　　　　　　　//转向 next }

(4)　D→F:S；　　　　{ 生成 S 的四元式序列；

　　　　　　　　　　　　backpatch(S.chain,nxq)；

　　　　　　　　　　　　B.quad=nxq；

　　　　　　　　　　　　emit(j,_,_,0)；　　　　　　　//转向 next

　　　　　　　　　　　　F.quad=merge(B.quad,F.quad)；//转向 next 的语句拉成链 }

(5)　F→D；case c　　{　P=P+1；

　　　　　　　　　　　　queue[P].label=c；

　　　　　　　　　　　　queue[P].quad=nxq；}

(6)　S→D；default:S；}

　　　　　　　　　　{ 生成 S 的四元式序列；

　　　　　　　　　　　backpatch(S.chain,nxq)；

　　　　　　　　　　　B.quad=nxq；

　　　　　　　　　　　emit(j,_,_,0)；

　　　　　　　　　　　F.quad=merge(B.quad,F.quad)；　//形成转向 next 的链首 }

　　　　　　　　　　　P=P+1；

　　　　　　　　　　　queue[P].label='default'；

　　　　　　　　　　　queue[P].quad=nxq；

　　　　　　　　　　　F_3.quad=nxq；　　　　　　　　//指向标号 test

　　　　　　　　　　　m=1；

　　　　　　　　　　　do

　　　　　　　　　　　{

c_i=queue[m].label；

P_i=queue[m].quad；

m=m+1；

if(c_i!='default') emit(case, c_i, P_i, _)；

else emit(case, T.place, default, _)；

}while(m<=P+1)；

backpatch(F_1.quad, F_3.quad)；

backpatch(F.quad, nxq)； //填写所有转向 next 语句的转移地址}

4.5.5　语句标号和转移语句的翻译

程序语言中直接改变控制流程的语句是 goto L 语句，其中 L 是源程序中的语句标号。标号 L 在源程序中可以以两种方式出现：

(1) 定义性出现。定义性出现的语句形式为

L：S

此时，带标号的语句 S 所生成的第一个四元式地址即为标号 L 的值。

(2) 引用性出现。引用性出现的语句形式为

goto L

它引用 L 的值作为四元式(j, _, _, L)中转向的目标地址。

对标号 L 的处理方法是：当标号 L 定义性出现时，应将标号此时对应的四元式地址(即标号 L 的值)登录到符号表中 L 所对应的项；当标号 L 引用性出现时，则引用符号表中该标号 L 的值。

显然，在源程序中，如果标号的定义性出现在前而引用性出现在后，即先定值后引用(称为向后引用)，则填、查符号表及将转移语句翻译成四元式很容易。但是，如果标号引用性出现在前而定义性出现在后(称为向前引用)，则引用时不可能从符号表中获得标号 L 的值，此时只能生成有待回填的四元式(j, _, _, 0)，等到向前翻译到标号 L 定义性出现时，再将标号 L 的值回填到待填的四元式中。

翻译 goto L 语句时需要查符号表，看 L 是否定值，有以下几种情况：

(1) L 已经定值，即 L.value 为符号表中所记录的 L 值，这时生成(j, _, _, L.value)语句。

(2) 在符号表中未出现标号 L 项，则 goto L 中的 L 是首次出现，故生成(j, _, _, 0)形式的语句并在符号表中登录 L 项，给 L 项标记为"未定值"并将四元式(j, _, _, 0)的地址作为 L 的值记入符号表(作为 L 引用链的链头)，以待 L 定值后回填。

(3) 在符号表中已有标号 L 项但未定值，此时的 goto L 语句并非首次出现，故生成四元式(j, _, _, 0)并将其地址挂入到 L 的引用链中，待 L 定值后再进行回填。

翻译语句 L：S 时，在识别 L 后也要查符号表。如 L 为首次出现，则在符号表中建立 L 项，将此时的 nxq 值作为 L 的值登入符号表并置"已定值"标记；如果符号表中已有 L 项且标记为"未定值"，这意味着是向前引用情况，应将此时的 nxq 值作为 L 的值登入符号表并置"已定值"，同时以此值回填 L 的引用链；若查找符号表发现 L 已定值，则表示 L 出现了重复定义的错误。

4.6　数组元素的翻译

程序语言中，数组是用来存储一批同类型数据的数据结构，数组中的每一个元素具有同样长度的存储空间。如果在编译时就知道一个数组存储空间的大小，则称其为静态数组，否则为动态数组。我们主要讨论静态数组元素的引用如何翻译。

4.6.1　数组元素的地址计算及中间代码形式

在表达式或赋值语句中若出现数组元素，则翻译时将牵涉到数组元素的地址计算。数组在存储器中的存放方式决定了数组元素的地址计算法，从而也决定了应该产生什么样的中间代码。数组在存储器中的存放方式通常有按行存放和按列存放两种。在此，我们讨论以行为主序存放方式的数组元素地址计算方法。

数组的一般定义为

$$A[l_1{:}u_1, l_2{:}u_2, \cdots, l_k{:}u_k, \cdots, l_n{:}u_n]$$

其中，A 是数组名，l_k 是数组 A 第 k 维的下界，u_k 是第 k 维的上界。为简单起见，假定数组 A 中每个元素的存储长度为 1，a 是数组 A 的首地址，则数组元素 $A[i_1, i_2, \cdots, i_n]$ 的地址 D 的计算公式如下：

$$D=a+(i_1-l_1)d_2d_3\cdots d_n+(i_2-l_2)d_3d_4\cdots d_n+\cdots+(i_{n-1}-l_{n-1})d_n+(i_n-l_n)$$

其中，$d_i=u_i-l_i+1(i=1, 2, \cdots, n-1)$。整理后得到

$$D=CONSPART+VARPART$$

其中，$CONSPART=a-(\cdots((l_1d_2+l_2)d_3+l_3)d_4+\cdots+l_{n-1})d_n+l_n$

$VARPART=(\cdots((i_1d_2+i_2)d_3+i_3)d_4+\cdots+i_{n-1}d_n)+i_n$

CONSPART 中的各项(如 l_i、$d_i(i=1, 2, \cdots, n)$)在处理说明语句时就可以得到，因此 CONSPART 值可在编译时计算出来后保存在数组 A 的相关符号表项里。此后，在计算数组 A 的元素地址时仅需计算 VARPART 值，而直接引用 CONSPART 值。

实现数组元素的地址计算时，将产生两组四元式序列：一组计算 CONSPART，其值存放在临时变量 T 中；另一组计算 VARPART，其值存放在临时变量 T_1 中，即用 $T_1[T]$ 表示数组元素的地址。这样，对数组元素的引用和赋值就有如下两种不同的四元式：

(1) 变址存数：若有 $T_1[T]=X$，则可以用四元式$([]=, X, \_, T_1[T])$表示。

(2) 变址取数：若有 $X=T_1[T]$，则可用四元式$(=[], T_1[T], \_, X)$表示。

4.6.2　赋值语句中数组元素的翻译

为了便于语法制导翻译，我们定义一个含有数组元素的赋值语句文法 G[A] 如下：

G[A]:　(1) A→V=E

　　　　(2) V→i[elist] | i

　　　　(3) elist→elist,E | E

　　　　(4) E→E+E | (E) | V

其中，A 代表赋值语句；V 代表变量名；E 代表算术表达式；elist 代表由逗号分隔的表达

式，它表示数组的一维下标；i 代表简单变量名或数组名。

在用产生式(2)、(3)进行归约时，为了能够及时计算数组元素的 VARPART，我们将产生式(2)、(3)改写为

$$(2')\quad V \rightarrow elist] \mid i$$

$$(3')\quad elist \rightarrow elist, E \mid i[E$$

把数组名 i 和最左的下标式写在一起的目的是在整个下标串 elist 的翻译过程中随时都能知道数组名 i 的符号表入口，从而随时能够了解登记在符号表中有关数组 i 的全部信息。

为产生计算 VARPART 的四元式序列，还需要设置如下的语义变量和函数：

(1) elist.ARRAY：表示数组名在符号表的入口。

(2) elist.DIM：计数器，用来计算数组的维数。

(3) elist.place：登录已生成 VARPART 中间结果的单元名字在符号表中的存放位置，或是一个临时变量的整数码。

(4) limit(ARRAY,k)：参数 ARRAY 表示数组名在符号表的入口，k 表示数组当前计算的维数；函数 limit() 计算数组 ARRAY 的第 k 维长度 d_k。

在逐次对 elist 归约的过程中，将逐步产生计算 VARPART 的四元式。

此外，每个变量 V 有两项语义值：V.place 和 V.offset。若 V 是一个简单变量名 i，则 V.place 就是该变量名在符号表中的入口，而 V.offset 此时为 null；若 V 是一个下标变量名，则 V.place 是保存 CONSPART 的临时变量名的整数码，而 V.offset 则是保存 VARPART 的临时变量名的整数码。

含有数组元素的赋值语句对应的文法 G[A] 及相应的语义子程序如下(省略语义检查，仅给出主要语义动作)：

(1) A→V=E   { if(V.offset==null)
                      emit(=, E.place, _, V.place);   //V 是简单变量
                   else emit([]=, E.place, _, V.place[V.offset]);   //V 是下标变量
                   }

(2) E→E$^{(1)}$ +E$^{(2)}$ { T=newtemp；emit(+, E$^{(1)}$.place, E$^{(2)}$.place, T)；E.place=T；}

(3) E→(E$^{(1)}$)   { E.place=E$^{(1)}$.place；}

(4) E→V   { if (V.offset==null)
                      E.place=V.place；   //V 是简单变量
                   else {T=newtemp；   //V 是下标变量
                        emit(=[ ], V.place[V.offset], _, T)；
                        E.place=T；}；}

(5) V→elist]   { T=newtemp；emit(−, elist.ARRAY, C, T)；
                     V.place=T；V.offset=elist.place；}

/*假定通过数组名的符号表入口不仅能获得地址 a 而且也能得到常数 C(CONSPART=a−C)*/

(6) V→i   { V.place=entry(i)；V.offset=null；}

(7) elist→elist$^{(1)}$, E   { T=newtemp；k=elist$^{(1)}$.DIM+1；
                     d_k=limit(elist$^{(1)}$.ARRAY, k)；emit(*, elist$^{(1)}$.place, d_k, T)；

emit($+$, E.place, T, T)； elist.ARRAY=elist[(1)].ARRAY；

elist.place=T； elist.DIM=k； }

(8) elist→i[E   { elist.place=E.place； elist.DIM:=1； elist.ARRAY=entry(i)； }

4.6.3 数组元素翻译示例

例 4.10 已知 A 是一个 10×20 的数组(每维下界均为 1)且按行存放，求：

(1) 赋值语句 X=A[I, J]的四元式序列；

(2) 赋值语句 A[I+2, J+1]=M+N 的四元式序列。

要求给出语法制导翻译过程。

[解答] 由于 A 是 10 × 20 的数组，故 d_1=10，d_2=20，C=d_2+1=21。

(1) 根据文法 G[A]及对应的语义加工子程序，赋值语句 X=A[I, J]的语法制导翻译过程如图 4-19 所示。

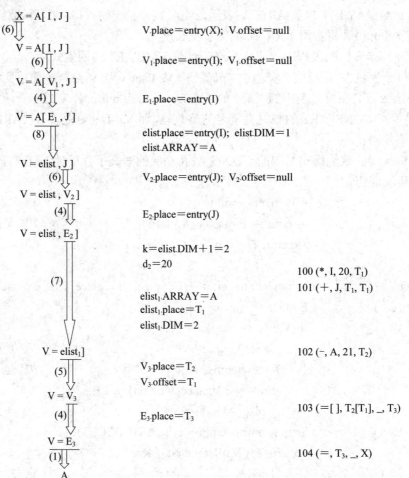

图 4-19   X=A[I, J]的语法制导翻译过程

注意： 由(7)计算出的是数组元素 A[I, J]的地址，即为 I×列数长度(即 d_2=20)+J，而此处数组 A 的行、列下界值为 1，即实际上多计算了一行一列，故应减去，则实际 A[I, J]对

应的地址是：

$$A+(20-1)*I+J-1=A+20I+J-21$$

最后得到的赋值句 X=A[I,J]的四元式序列为

100	(*,	I, 20, T_1)	//d_2=20
101	(+,	J, T_1, T_1)	//得到 20I+J
102	(−,	A, 21, T_2)	//得到 A−21
103	(=[],$T_2[T_1]$,_,T_3)		//$T_2[T_1]$即为 A[I,J]，即 T_3=T_2[1]
104	(=,	T_3, _, X)	

(2) 根据文法 G[A]及对应的语义加工子程序，赋值语句 A[I+2,J+1]=M+N 的语法制导翻译过程如图 4-20 所示(为节省篇幅，特将表达式的翻译由顺序进行改为同时进行)。因此得到赋值句 A[I+2,J+1]=M+N 的四元式序列为

100	(+,	I, 2, T_1)
101	(+,	J, 1, T_2)
102	(*,	T_1, 20, T_3)
103	(+,	T_2, T_3, T_3)
104	(−,	A, 21, T_4)
105	(+,	M, N, T_5)
106	([]=,	T_5, _, $T_4[T_3]$) //$T_4[T_3]$=T_5

例 4.11 试给出下列语句的四元式序列：

if(p1==0∧p2＞10) X[1,1]=1; else X[7,6]=0;

其中，X 是 10×20 的数组(每维下界为 1)且按行存放；一个数组元素占用两个字节，机器按字节编址。

[解答] 拓展数组元素翻译的语义子程序功能，得到该语句对应的四元式序列如下：

100	(j=, P_1, 0, 102)
101	(j, _, _, 110)
102	(j>, P_2, 10, 104)
103	(j, _, _, 110)
104	(*, 1, 40, T_1)
105	(*, 1, 2, T_2)
106	(+, T_1, T_2, T_3)
107	(−, X, 42, T_4)
108	([]=, 1, _, $T_4[T_3]$)
109	(j, _, _, 115)
110	(*, 7, 40, T_1)
111	(*, 6, 2, T_2)
112	(+, T_1, T_2, T_3)
113	(−, X, 42, T_4)
114	([]=, 0, _, $T_4[T_3]$)
115	

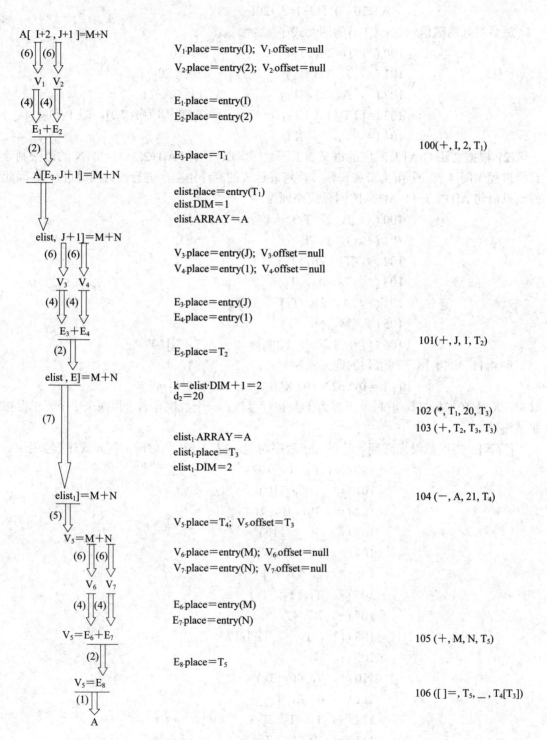

图 4-20　A[I+2, J+1]=M+N 的语法制导翻译过程

4.7　过程或函数调用语句的翻译

4.7.1　过程或函数调用的方法

过程或函数(注：C 语言将过程与函数统称为函数)是程序设计中最常用的手段之一，也是程序语言中最常用的一种结构。

过程或函数调用语句的翻译是为了产生一个调用序列和返回序列。如果在 P 过程中有过程调用语句 call Q，则当目标程序执行到过程调用语句 call Q 时所做的过程调用工作如下(参见第 6 章)：

(1) 为被调用过程 Q 分配活动记录的存储空间。

(2) 将实在参数传递给被调用过程 Q 的形式单元。

(3) 建立被调用过程 Q 的外围嵌套过程的层次显示表，以便存取外围过程的数据。

(4) 保留被调用时刻的环境状态，以便调用返回后能恢复过程 P 的原运行状态。

(5) 保存返回地址(通常是调用指令的下一条指令地址)。

(6) 在完成上述调用序列动作后，生成一条转子指令转移到被调用过程的代码段开始位置。

在过程调用结束返回时：

(1) 如果是函数调用，则在返回之前将返回值存放到指定的位置。

(2) 恢复过程 P 的活动记录。

(3) 生成 goto 返回地址的指令，返回到 P 过程。

在编译阶段对过程或函数调用语句的翻译所做的工作主要是参数传递。参数传递的方式很多，我们在此只讨论传递实在参数地址(传地址)的处理方式。

如果实在参数是一个变量或数组元素，则直接传递它的地址；如果是其它表达式，如 A+B 或 2，则先把它的值计算出来并存放在某个临时单元 T 中，然后传送 T 的地址。

注意：所有实在参数的地址都应存放在被调用过程(如 Q)能够取得到的地方。在被调用的过程中，每个形式参数都有一个单元(称为形式单元)用来存放相应的实在参数的地址，对形式参数的任何引用都当作是对形式单元的间接访问。在通过转子指令进入被调用过程后，被调用过程的第一步工作就是把实在参数的地址取到对应的形式单元中，然后再开始执行本过程中的语句。

传递实在参数地址的一个简单办法是把实参的地址逐一放在转子指令的前面。例如，过程调用 call Q(A+B,Z)将被翻译成：

计算 A+B 置于 T 中的代码	//即生成四元式：$(+, A, B, T)$
par T	//第一个实参地址
par Z	//第二个实参地址
call Q	//转子指令

这样，在目标代码执行过程中，通过执行转子指令 call Q 而进入过程 Q 之后，Q 就可根据返回地址(假定为 K，它是 call Q 后面的那条指令地址)寻找到存放实在参数地址的单元(在

此分别为 K-3 对应着 T 和 K-2 对应着 Z)。

4.7.2　过程或函数调用语句的四元式生成

根据上述关于过程或函数调用的目标结构，我们现在来讨论如何产生反映这种结构的四元式序列。

一种描述过程或函数调用语句的文法 G[S] 如下：

$$G[S]: \quad (1) \quad S \rightarrow call \ i(elist)$$
$$(2) \quad elist \rightarrow elist, E$$
$$(3) \quad elist \rightarrow E$$

为了在处理实在参数串的过程中记住每个实参的地址，以便最后把它们排列在转子指令 call 之前，我们需要把这些地址保存起来。用来存放这些地址的有效办法是使用队列这种数据结构，以便按序记录每个实在参数的地址。我们赋予产生式 elist→elist,E 的语义的动作是将表达式 E 的存放地址 E.place 放入队列 queue 中；而产生式 S→call i(elist) 的语义动作是对队列 queue 中的每一项 P 生成一个四元式(par,_,_,P)，并让这些四元式按顺序排列在对实参表达式求值的那些四元式之后。注意，实参表达式求值的语句已经在把它们归约为 E 的时候生成。下面是文法 G[S] 和与之对应的语义加工子程序：

(1)　S→call i (elist)　　　　{for(队列 queue 中的每一项 P)

　　　　　　　　　　　　　　　　emit(par,_,_,P);

　　　　　　　　　　　　　　emit(call,_,_,i.place);　}

(2)　elist→elist, E　　　　{将 E.place 加入到 queue 的队尾}

(3)　elist→E　　　　　　　{初始化 queue 仅包含 E.place}

注意：(1) 中 S 的四元式首先包括 elist 的四元式(即对各实参表达式求值的四元式)，接下来还包括顺序为每一个参数产生的一个四元式(par,_,_,P)，最后还包括生成(call,_,_,i.place)的四元式。

4.8　说明语句的翻译

4.8.1　变量说明的翻译

程序中的每个名字(如变量名)都必须在使用之前进行说明，而说明语句的功能就是为编译程序说明源程序中的每一个名字及其性质。简单说明语句的一般形式是用一个基本字来定义某些名字的性质，如整型变量、实型变量等。

简单说明语句的文法 G[D]定义如下：

$$G[D]: D \rightarrow int \ namelist \mid float \ namelist$$
$$namelist \rightarrow namelist, i \mid i$$

其中，int、float 为保留字，用来说明名字的性质分别为整型或实型，其相应的翻译工作是将名字及其性质登录在符号表中。

按照自底向上的制导翻译方法用上述文法的产生式进行归约时，首先将所有的名字都归约成 namelist 后才能把它们的性质登入符号表，这意味着必须用一个队列(或栈)来保存 namelist 中的所有名字。我们可以把文法 G[D]改为 G'[D]：

$$G'[D]: \quad D \rightarrow D, i \mid int\ i \mid float\ i$$

这样，就能把所说明的性质及时地告诉每个名字 i；或者说，每当读进一个标识符时就可以把它的性质登记到符号表中，而无需到最后再集中登记了。

我们给 D 的语义子程序设置了一个函数和一个语义变量：函数 fill(i,A)的功能是把名字 i 和性质 A 登录在符号表中；考虑到一个性质说明(如 int)后可能有一系列名字，故设置 D 的语义变量 D.att 来传递相关名字的性质。这样，文法 G'[D]和相应的语义加工子程序如下：

(1)　$D \rightarrow int\ i$　　　　　　{ fill(i,int)；D.att=int；}

(2)　$D \rightarrow float\ i$　　　　　{ fill(i,float)；D.att=float；}

(3)　$D \rightarrow D^{(1)}, i$　　　　　{ fill(i,$D^{(1)}$.att)；D.att= $D^{(1)}$.att；}

4.8.2　数组说明的翻译

包括变量说明和数组说明的文法 G[D]定义如下：

$$G[D]: \quad D \rightarrow int\ namelist \mid float\ namelist$$
$$namelist \rightarrow namelist, V \mid V$$
$$V \rightarrow i[elist] \mid i$$
$$elist \rightarrow elist, E \mid E$$
$$E \rightarrow E+E \mid (E) \mid i$$

当处理数组说明时，需要把数组的有关信息汇集在一个称为"内情向量"的表格中，以供后来计算数组元素的地址时查询。例如，数组 int $A[l_1:u_1, l_2:u_2, \cdots, l_n:u_n]$ 相应的内情向量见表 4.4。

表 4.4　数组内情向量表

l_1	u_1	d_1
l_2	u_2	d_2
$\vdots$	$\vdots$	$\vdots$
l_n	u_n	d_n
维数：n	CONSPART=a-C 中的 C	
类型：int	数组 A 的首地址 a	

如果不检查数组引用时的下标是否越界，则内情向量的内容还可以进一步压缩，如 l、u、d 三栏只用 l、d 栏即可。显然，内情向量的大小是由数组的维数 n 所确定的。

对静态数组来说，它的每一维上、下界 u_i 和 l_i 都是常数，故每维的长度 d_i(从而可求出 CONSPART 中的 C)在编译时就可计算出来，在编译时就能知道数组所需占用存储空间的大小。在这种情况下，内情向量只在编译时有用而无需将其保留到目标程序的运行时刻，因此，可将它安排为符号表的一部分。

如果是可变数组，有些维的上、下界 u_i、l_i 是变量，则某些维的长度 d_i 以及 C 在运行时才能计算出来，因此，数组所需的存储空间大小在程序运行时才能知道。在这种情况下，编译时应分配数组的内情向量表区。在目标程序运行中，当执行到数组 A 所在的分程序时，把内情向量的各有关成分填入此表区，然后再动态地申请数组所需的存储空间。这表明可变数组在编译时，一方面要分配它的内情向量表区，另一方面必须产生在运行时动态建立内情向量和分配数组空间的目标指令，而这些指令就是在翻译数组说明时产生的。

4.9　递归下降语法制导翻译方法简介

自底向上分析法适应更多的文法，因此，自底向上分析制导翻译技术也受到普遍重视。但是，自顶向下分析法也有自底向上分析法不可取代的优点，它可以在一个产生式的中间调用语义子程序。例如，假定我们正在为非终结符 A 寻找匹配，并已确定用 A 的候选式 BCD(即用 A→BCD 规则)，那么可分别在识别出 B、C 和 D 之后直接调用某些语义子程序，而无需等到整个候选式匹配完之后。

为了完整起见，我们简略地讨论一下自顶向下分析制导翻译技术，如递归下降分析制导翻译技术，它的特点是将语义子程序嵌入到每个递归过程中，通过递归子程序内部的局部量和参数来传递语义信息。

作为一个例子，我们考虑下面关于算术表达式的文法 G[E]：

$$G[E]: E→T\{+T\}$$
$$T→F\{*F\}$$
$$F→(E)\,|\,i \qquad (注：在此"\{"和"\}"为元语言符号)$$

关于这个文法的递归下降分析程序见 3.3.1 节，我们很容易将其改造为如下的递归下降分析制导翻译程序：

```
E()                                    //E→T{+T}
{
    E(1).place=T();                    //调用过程 T
    do{
        scaner();                      //读进下一个符号
        E(2).place=T();
        T1=newtemp;
        emit(+,E(1).place,E(2).place,E(1).place);
    }while(lookahead=='+');
    return(E(1).place);
}
T()                                    //T→F{*F}
{
    T(1).place=F();
    do{
        scaner();
        T(2).place=F();
```

```
                T⁽¹⁾=newtemp;
                emit(*,T⁽¹⁾.place,T⁽²⁾.place,T⁽¹⁾.place );
            }while(lookahead=='*');
        return(T⁽¹⁾.place);
    }
    F()                                    //F→(E)│i
    {
        if(lookahead=='i')
        {
            scaner( );
            return(i.place);
        }
        else if(lookahead=='(')
            {
                scaner( );
                F.place=E( );
                if(lookahead==')')
                {
                    scaner( );
                    return(F.place);
                }
                else error( );
            }
        else error( );
    }
```

习 题 4

4.1　完成下列选择题：

(1) 中间代码的优点是_____。

　　A．节省存储空间　　　　　　　　　B．编译时间短

　　C．编译结构在逻辑上更为简单明确　　D．节省内存且编译时间短

(2) 四元式之间的联系是通过_____实现的。

　　A．指示器　　　　　B．临时变量　　　　C．符号表　　　　D．程序变量

(3) 间接三元式表示法的优点为_____。

　　A．采用间接码表，便于优化处理　　　B．节省存储空间，不便于表的修改

　　C．便于优化处理，节省存储空间　　　D．节省存储空间，不便于优化处理

(4) 表达式 $(\neg A \vee B) \wedge (C \vee D)$ 的逆波兰表示为_____。

    A．$\neg$ AB$\vee\wedge$CD$\vee$　　　　　　　　　　B．A$\neg$B$\vee$CD$\vee\wedge$

    C．AB$\vee\neg$CD$\vee\wedge$　　　　　　　　　　D．A$\neg$B$\vee\wedge$CD$\vee$

(5) 后缀式_____对应的中缀表达式是 a-(-b)*c(注：@表示求负运算)。

    A．a-b@c*　　　　B．ab@-c*　　　　C．ab-c@*　　　　D．ab@c*-

(6) 后缀式 ab+cd+/ 可用中缀表达式_____来表示。

    A．a+b/c+d　　　　B．(a+b)/(c+d)　　　　C．a+b/(c+d)　　　　D．a+b+c/d

(7) 表达式 (a+b)*c 的后缀表达式为_____。

    A．ab*c+　　　　B．abc*+　　　　C．ab+c*　　　　D．abc+*

(8) 中间代码生成时所依据的是_____。

    A．语法规则　　　　B．词法规则　　　　C．语义规则　　　　D．等价变换规则

(9) 四元式表示法的优点为_____。

    A．不便于优化处理但便于表的更动　　　　B．不便于优化处理但节省存储空间

    C．便于优化处理也便于表的更动　　　　D．便于表的更动也节省存储空间

(10) 有一语法制导翻译如下所示：

        S→bAb　　　　{ print"1" }

        A→(B　　　　{ print"2" }

        A→a　　　　{ print"3" }

        B→Aa)　　　　{ print"4" }

若输入序列为 b (((aa) a) a) b，且采用自底向上的分析方法，则输出序列为_____。

    A．32224441　　　　B．34242421　　　　C．12424243　　　　D．34442212

4.2　何谓"语法制导翻译"？试给出用语法制导翻译生成中间代码的要点，并用一简例予以说明。

4.3　令 S.val 为文法 G[S]生成的二进制数的值，例如对输入串 101.101，则 S.val=5.625。按照语法制导翻译方法的思想，给出计算 S.val 的相应的语义规则，G[S] 如下：

        G[S]:　S→L.L | L

              L→LB | B

              B→0 | 1

4.4　下面的文法生成变量的类型说明：

        D→id L

        L→, id L | : T

        T→integer | real

试构造一个翻译方案，仅使用综合属性，把每个标识符的类型填入符号表中(对所用到的过程，仅说明功能即可，不必具体写出)。

4.5　写出翻译过程调用语句的语义子程序。在所生成的四元式序列中，要求在转子指令之前的参数四元式 par 按反序出现(与实现参数的顺序相反)。此时，在翻译过程调用语句时，是否需要语义变量(队列)queue？

4.6　设某语言的 while 语句的语法形式为

        S→while E do S$^{(1)}$

其语义解释如图 4-21 所示。

(1) 写出适合语法制导翻译的产生式；

(2) 写出每个产生式对应的语义动作。

4.7　改写 4.4.2 节中布尔表达式的语义子程序，使得
$i^{(1)}$ rop $i^{(2)}$ 不按通常方式翻译为下面的相继两个四元式：

$$(\text{jrop}, i^{(1)}, i^{(2)}, 0)$$

$$(j, \_, \_, 0)$$

而是翻译成如下的一个四元式：

$$(\text{jnrop}, i^{(1)}, i^{(2)}, 0)$$

使得当 $i^{(1)}$ rop $i^{(2)}$ 为假时发生转移，而为真时并不发生转移
(即顺序执行下一个四元式)，从而产生效率较高的四元式
代码。

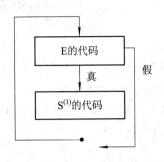

图 4-21　习题 4.6 的语句结构图

4.8　按照 4.5.3 节的三种基本控制结构的文法将下面的语句翻译成四元式序列：

while(A<C∧B<D)
{
　　if(A≥1) C=C+1;
　　else while(A≤D)
　　A=A+2;
}

4.9　按照 4.5.3 节的三种基本控制结构的文法将下面的语句翻译成四元式序列：

while(a∨b)
　if(x<y)
　　while(c∧d)
　　　k=k+1;
　else
　　if(m<n∧k<q)
　　　m=k;
　　else
　　　while(m≠k)
　　　　m=m+1;

4.10　有一张纸厚 0.5 mm，假如它足够大且不断把它对折，问对折多少次后它的厚度
可以达到珠穆朗玛峰的高度(8848 m)。设纸厚随对折次数变化为 h(初始为 0.5 mm)、对折次
数为 n、循环控制变量为 a 且 8848 m = 8848000 mm，下面是实现求解的程序段，将该程序
段翻译成四元式序列。

n=0, a=1;
h=0.5;
while(a)
{
　　n++;
　　h=h*2;

```
    if( h>=8848000 )
        a=0;
}
```

4.11　求自然对数的底数 e 的程序段如下，将该程序段翻译成四元式序列。

```
e=1, n=1;
for( i=1; 1/n>=0.000001; i++ )
{
    n=n*i;
    e=e+1/n;
}
```

4.12　已知源程序如下：

```
prod=0;
i=1;
while( i≤20 )
{
    prod=prod+a[i]*b[i];
    i=i+1;
}
```

试按语法制导翻译法将上述源程序翻译成四元式序列(设 A 是数组 a 的起始地址，B 是数组 b 的起始地址；机器按字节编址，每个数组元素占四个字节)。

4.13　给出文法 G[S]:　S→SaA | A

　　　　　　　　　　　　A→AbB | B

　　　　　　　　　　　　B→cSd | e

(1) 请证实 AacAbcBaAdbed 是文法 G[S] 的一个句型；

(2) 请写出该句型的所有短语、素短语以及句柄；

(3) 为文法 G[S] 的每个产生式写出相应的翻译子程序，使句型 AacAbcBaAdbed 经该翻译方案后，输出为 131042521430。

第 5 章 代 码 优 化

源程序经过词法分析、语法分析、语义分析等阶段的编译工作，得到了与源程序功能等价的中间代码。但是，由于这种中间代码是"机械生成"的结果，因而必然存在效率不高和有冗余代码的现象，还需进行代码优化。代码优化的含义是：对代码进行等价变换，使得变换后的代码具有更高的时间效率和空间效率。代码优化的目的是提高目标程序的质量。

优化可以在编译的不同阶段进行，但最主要的一类优化是在目标代码生成以前进行的，即对语义分析后的中间代码进行优化，这种优化的优点是不依赖于具体的计算机。另一类重要的优化是在生成目标代码时进行的，它在很大程度上依赖于具体的计算机。本章讨论前一种与机器无关的中间代码优化。

根据优化对象所涉及的程序范围，优化又分为局部优化、循环优化和全局优化。一个程序从结构上看，作为结点的基本块是其基础。因为基本块的结构最简单、因素最单纯，所以它也是优化的基础，对基本块的优化就是局部优化。循环是程序中要反复执行的部分，优化的效益当然很大，所以循环优化是优化工作的一个重点。针对整个程序的优化即全局优化，它涉及对程序数据流分析的问题。

为了叙述方便，从本章开始把四元式写成更为直观的三地址代码形式，如：

$$(op,B,C,A) \Rightarrow A=B \text{ op } C$$
$$(jrop,B,C,L) \Rightarrow \text{if } B \text{ rop } C \text{ goto } L$$
$$(j,\_,\_,L) \Rightarrow \text{goto } L$$

5.1 局 部 优 化

局部优化是指对代码的每一个线性部分所进行的优化，使得在这个线性部分只存在一个入口和一个出口，而这个线性部分我们称之为基本块。

5.1.1 基本块的划分方法

所谓基本块，是指程序中一顺序执行的语句序列，其中只有一个入口和一个出口，入口就是该序列的第一个语句，出口就是该序列的最后一个语句。对一个基本块来说，执行时只能从其入口进入，从其出口退出。对一个给定的程序，我们可以把它划分为一系列基本块，在各个基本块范围内进行的优化称为局部优化。划分基本块的关键问题是准确定义入口和出口语句。下面我们给出划分四元式程序为基本块的算法。

(1) 从四元式序列确定满足以下条件的入口语句：

① 四元式序列的第一个语句。

② 能由条件转移语句或无条件转移语句转移到的语句。

③ 紧跟在条件转移语句后面的语句。

(2) 确定满足以下条件的出口语句：

① 下一个入口语句的前导语句。

② 转移语句(包括转移语句自身)。

③ 停语句(包括停语句自身)。

例如，考察下面求最大公因子的三地址代码程序：

(1) read X

(2) read Y

(3) R=X % Y

(4) if R=0 goto (8)

(5) X=Y

(6) Y=R

(7) goto (3)

(8) write Y

(9) halt

根据上述划分基本块的算法可确定四元式(1)、(3)、(5)、(8)是入口语句，而四个基本块分别是：(1)(2)，(3)(4)，(5)(6)(7)，(8)(9)。

5.1.2　基本块的 DAG 方法

DAG(Directed Acyclic Graph)是一种有向图，常常用来对基本块进行优化。一个基本块的 DAG 是一种其结点带有下述标记或附加信息的 DAG。

(1) 图的叶结点(无后继的结点)以一标识符(变量名)或常数作为标记，表示该结点代表该变量或常数的值。如果叶结点用来表示一变量 A 的地址，则用 addr(A) 作为该结点的标记。通常把叶结点上作为标记的标识符加上下标 0，以表示它是该变量的初值。

(2) 图的内部结点(有后继的结点)以一运算符作为标记，表示该结点代表应用该运算符对其直接后继结点所代表的值进行运算的结果。

(3) 图中各个结点上可能附加一个或多个标识符，表示这些变量具有该结点所代表的值。

一个基本块由一个四元式序列组成，且每一个四元式都可以用相应的 DAG 结点表示。图 5-1 给出了不同四元式和与其对应的 DAG 结点形式。图中，各结点圆圈中的 n_i 是构造 DAG 过程中各结点的编号，而各结点下面的符号(运算符、标识符或常数)是各结点的标记，各结点右边的标识符是结点上的附加标识符。除了对应转移语句的结点右边可附加一语句位置来指示转移目标外，其余各类结点的右边只允许附加标识符。除对应于数组元素赋值的结点(标记为[ ]=)有三个后继外，其余结点最多只有两个后继。

利用 DAG 进行基本块优化的基本思想是：首先按基本块内的四元式序列顺序将所有的四元式构造成一个 DAG，然后按构造结点的次序将 DAG 还原成四元式序列。由于在构造 DAG 的同时已做了局部优化，所以最后所得到的是优化过的四元式序列。

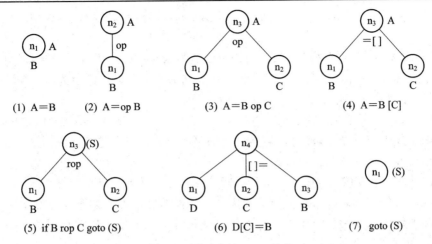

图 5-1　四元式与 DAG 结点

为了 DAG 构造算法的需要，我们将图 5-1 中的四元式按照其对应结点的后继结点个数分为四类：

(1) 0 型四元式：后继结点个数为 0，如图 5-1(1) 所示。

(2) 1 型四元式：有一个后继结点，如图 5-1(2) 所示。

(3) 2 型四元式：有两个后继结点，如图 5-1(3)、(4)、(5) 所示。

(4) 3 型四元式：有三个后继结点，如图 5-1(6) 所示。

我们规定：用大写字母(如 A、B 等)表示四元式中的变量名(或常数)；用函数 Node(A) 表示 A 在 DAG 中的相应结点，其值可为 n 或者无定义，并用 n 表示 DAG 中的一个结点值。这样，每个基本块仅含 0、1、2 型四元式的 DAG 构造算法如下(对基本块的每一个四元式依次执行该算法)：

(1) 若 Node(B) 无定义，则构造一标记为 B 的叶结点并定义 Node(B) 为这个结点，然后根据下列情况做不同处理：

① 若当前四元式是 0 型，则记 Node(B) 的值为 n，转(4)。

② 若当前四元式是 1 型，则转(2)①。

③ 若当前四元式是 2 型，则：

i. 如果 Node(C) 无定义，则构造一标记为 C 的叶结点，并定义 Node(C) 为这个结点；

ii. 转(2)②。

(2) ① 若 Node(B) 是以常数标记的叶结点，则转(2)③，否则转(3)①。

② 若 Node(B) 和 Node(C) 都是以常数标记的叶结点，则转(2)④，否则转(3)②。

③ 执行 op B(即合并已知量)，令得到的新常数为 P。若 Node(B) 是处理当前四元式时新建立的结点，则删除它；若 Node(P) 无定义，则构造一用 P 做标记的叶结点 n 并置 Node(P)=n；转(4)。

④ 执行 B op C(即合并已知量)，令得到的新常数为 P。若 Node(B) 或 Node(C) 是处理当前四元式时新建立的结点，则删除它；若 Node(P) 无定义，则构造一用 P 做标记的叶结点 n 并置 Node(P)=n；转(4)。

(3) ① 检查 DAG 中是否有标记为 op 且以 Node(B) 为唯一后继的结点(即查找公共子表

达式)。若有，则把已有的结点作为它的结点并设该结点为 n；若没有，则构造一个新结点；
转(4)。

② 检查 DAG 中是否有标记为 op 且其左后继为 Node(B)、右后继为 Node(C) 的结点(即
查找公共子表达式)。若有，则把已有的结点作为它的结点并设该结点为 n；若没有，则构
造一个新结点；转(4)。

(4) 若 Node(A) 无定义，则把 A 附加在结点 n 上并令 Node(A)=n；否则，先从 Node(A)
的附加标识符集中将 A 删去(注意，若 Node(A) 是叶结点，则不能将 A 删去)，然后再把 A
附加到新结点 n 上，并令 Node(A)=n。

注意：算法中步骤(2)的 ①、② 用于判断结点是否为常数，而步骤(2)的 ③、④ 则是对
常数的处理。对任何一个四元式，如果其中参与运算的对象都是编译时的已知量，那么(2)
并不生成计算该结点值的内部结点，而是执行该运算并用计算出的常数生成一个叶结点，
所以(2)的作用是实现合并已知量。

步骤(3)的作用是检查公共子表达式。对具有公共子表达式的所有四元式，它只产生一
个计算该表达式值的内部结点，而把那些被赋值的变量标识符附加到该结点上。这样，当
把该结点重新写为四元式时，就删除了多余运算。

步骤(4)的功能是将(1)～(3)的操作结果赋给变量 A，也即将标识符 A 标识在操作结果
的结点 n 上，而执行把 A 从 Node(A) 上的附加标识符集中删除的操作，这意味着删除了无
用赋值(对 A 赋值后但在该 A 值引用之前又重新对 A 进行了赋值，则前一个赋值为无用赋
值)。

综上所述，DAG 可以在基本块内实现合并已知量、删除无用赋值和删除多余运算的
优化。

例 5.1　试构造以下基本块的 DAG：

(1) $T_0=3.14$

(2) $T_1=2*T_0$

(3) $T_2=R+r$

(4) $A=T_1*T_2$

(5) $B=A$

(6) $T_3=2*T_0$

(7) $T_4=R+r$

(8) $T_5=T_3*T_4$

(9) $T_6=R-r$

(10) $B=T_5*T_6$

[解答]　按照算法顺序处理每一四元式后构造出的 DAG 如图 5-2 所示，其中子图(1)～
(10) 分别对应四元式(1)～(10)的 DAG 构造。

构造过程说明如下：

(1) 对应图 5-2(2)，四元式 $T_1=2*T_0$ 首先执行算法中的步骤(1)，因 Node(B) 无定义，所
以构造一个标记为 2 的叶结点并定义 Node(2) 为这个结点。因当前四元式是 2 型且 Node(C)
已有定义(此时为 Node(T_0))，转算法步骤(2)②。因 Node(B)=Node(2) 和 Node(C)=Node(T_0) 都
是标记为常数的叶结点，则执行 B op C 并令新结点为 P(=6.28)。由于 Node(P) 无定义，故

构造 Node(P)=Node(6.28)。此外，因 Node(B)=Node(2)是处理当前四元式时新构造出来的结点，故删除 n_2。接下来执行算法步骤(4)，因 Node(A)无定义而将 T_1 附加在结点 n_3 上，并令 Node(T_1)=6.28；最后 DAG 生成了 2 个结点 n_1 和 n_3，因结点 n_2 被删除而将 n_3 改名为 n_2。图 5-2(2)的形成过程实际上也是合并已知量的优化过程。

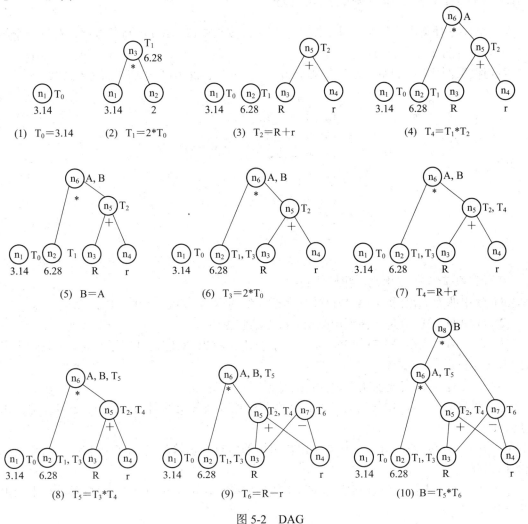

图 5-2 DAG

(2) 图 5-2(4)中 T_1、T_2 已有定义，则仅生成一个新结点 n_6 并将 A 附加在 n_6 上。图 5-2(5)中结点 B 已有定义，故直接附加在 n_6 上。

(3) 图 5-2(6)的处理过程与图 5-2(2)略同，但在生成 P 时因其已在 DAG 中(即 Node(6.28))，故不生成新结点而直接将 T_3 附加在结点 6.28 上。

(4) 图 5-2(7)的生成过程实质上是删除多余运算(删除公共子表达式)的优化。因为 DAG 中已有叶结点 R 与叶结点 r，并且执行 op 操作后得到的新结点 T_2 也已经在 DAG 中，故执行算法步骤(4)时因 T_4 无定义而将 T_4 附加在结点 n_5 上。

(5) 图 5-2(9)中，变量 R 和 r 已在 DAG 中有相应的结点，执行 "−" 操作后，产生的新结点 P 无定义，故仅生成一个新结点 n_7 并将 T_6 标记于其上。

(6) 图 5-2(10)中，对当前四元式 $B=T_5*T_6$，DAG 中已有结点 T_5 和 T_6；执行算法步骤(4)时因结点 B 已有定义且不是叶结点，故先将原 B 从 DAG 中删除，然后生成一个新结点 n_8，将 B 附加其上并令 Node(B)=n_8。这一处理过程实质上是删除了无用赋值 B=A。

5.1.3 用 DAG 进行基本块的优化处理

用 DAG 进行基本块优化处理的基本思想是：按照构造 DAG 结点的顺序，对每一个结点写出其相应的四元式表示。

我们根据例 5.1 中 DAG 结点的构造顺序，按照图 5-2(10)写出四元式序列 G'如下：

(1) T_0=3.14

(2) T_1=6.28

(3) T_3=6.28

(4) T_2=R+r

(5) $T_4=T_2$

(6) A=6.28*T_2

(7) T_5=A

(8) T_6= R−r

(9) B=A*T_6

将 G'和原基本块 G 相比，我们看到：

(1) G 中四元式(2)和(6)都是已知量和已知量的运算，G'已合并。

(2) G 中四元式(5)是一种无用赋值，G'已将它删除。

(3) G 中四元式(3)和(7)的 R+r 是公共子表达式，G'只对它们计算了一次，即删除了多余的 R+r 运算。

因此，G'是对 G 实现上述三种优化的结果。

通过观察图 5-2(10)中的所有叶结点和内部结点以及其上的附加标识符，还可以得出以下结论：

(1) 在基本块外被定值并在基本块内被引用的所有标识符就是 DAG 中相应叶结点上标记的标识符。

(2) 在基本块内被定值且该值能在基本块后面被引用的标识符就是 DAG 各结点上的附加标识符。

这些结论可以引导优化工作的进一步深入，尤其是无用赋值的优化，也即：

(1) 如果 DAG 中某结点上的标识符在该基本块之后不会被引用，就可以不生成对该标识符赋值的四元式。

(2) 如果某结点 n_i 上没有任何附加标识符，或者 n_i 上的附加标识符在该基本块之后不会被引用，而且 n_i 也没有前驱结点，这表明在基本块内和基本块之后都不会引用 n_i 的值，那么就不生成计算 n_i 结点值的四元式。

(3) 如果有两个相邻的四元式 A=C op D 和 B=A，其中第一条代码计算出来的 A 值仅在第二个四元式中被引用，则将 DAG 中相应结点重写成四元式时，原来的两个四元式可以优化为 B=C op D。

假设例 5.1 中 T_0、T_1、T_2、T_3、T_4、T_5 和 T_6 在基本块后都不会被引用，则图 5-2(10)中

的 DAG 就可重写为如下的四元式序列：

    (1) S_1=R+r   //S_1、S_2 为存放中间结果的临时变量

    (2) A=6.28*S_1

    (3) S_2=R−r

    (4) B=A*S_2

以上把 DAG 重写成四元式序列时，是按照原来构造 DAG 结点的顺序(即 n_5、n_6、n_7、n_8)依次进行的。实际上，我们还可以采用其它顺序(如自底向上)重写，只要其中的任何一个内部结点是在其后继结点之后被重写并且转移语句(如果有的话)仍然是基本块的最后一个语句即可。

5.1.4 DAG 构造算法的进一步讨论

当基本块中有数组元素引用、指针和过程调用时，构造 DAG 算法就较为复杂。例如，考虑如下的基本块 G：

                (1) x=a[i]

                (2) a[j]=y

                (3) z=a[i]

如果我们用构造 DAG 的算法来构造上述基本块的 DAG，则 a[i] 就是一个公共子表达式；且由所构造的 DAG 重写出优化后的四元式序列 G'如下：

                (1) x=a[i]

                (2) z=x

                (3) a[j]=y

如果 i≠j，则 G 与 G'是等效的。但是，如果 i=j 且 y≠a[i]，则将 y 值赋给 a[j] 的同时也改变了 a[i] 的值(因 i=j)；这时 z 值应为改变后的 a[i] 值(即 y 值)，与 x 不等。为了避免这种情况的发生，当我们构造对数组 a 的元素赋值句的结点时，就"注销"所有标记为 [] 且左边变量是 a(可加上或减去一个常数)的结点。我们认为对这样的结点再添加附加标识符是非法的，从而取消了它作为公共子表达式的资格。

对指针赋值语句*p=w(其中 p 是一个指针)也会产生同样的问题，如果我们不知道 p 可能指向哪一个变量，那么就认为它可能改变基本块中任何一个变量的值。当构造这种赋值句的结点时，就需要把 DAG 各结点上的所有标识符(包括作为叶结点上标记的标识符)都予以注销，这也就意味着 DAG 中所有的结点也都被注销。

在一个基本块中的一个过程调用将注销所有的结点，因为对被调用过程的情况缺乏了解，所以我们必须假定任何变量都可能因产生副作用而发生变化。

此外，当把 DAG 重写成四元式时，如果我们不是按照原来构造 DAG 结点的顺序进行重写，那么 DAG 中的某些结点必须遵守一定的顺序。例如，在上述基本块 G 中，z=a[i] 必须跟在 a[j]=y 之后，而 a[j]=y 则必须跟在 x=a[i] 之后。下面，我们根据上述讨论把重写四元式时 DAG 中结点间必须遵守的顺序归纳如下：

(1) 对数组 a 中任何元素的引用或赋值，都必须跟在原来位于其前面的(如果有的话，下同)对数组 a 任何元素的赋值之后；对数组 a 任何元素的赋值，都必须跟在原来位于其前面的对数组 a 任何元素的引用之后。

(2) 对任何标识符的引用或赋值，都必须跟在原来位于其前面的任何过程调用或通过指针的间接赋值之后；任何过程调用或通过指针的间接赋值，都必须跟在原来位于其前面的任何标识符的引用或赋值之后。

总之，当对基本块重写时，任何数组 a 的引用不允许互相调换次序，并且任何语句不得跨越一个过程调用语句或者通过指针间接赋值。

5.2　循　环　优　化

循环是程序中不可缺少的一种控制结构。因为循环中的代码可能要重复执行，所以进行代码优化时应着重考虑循环的代码优化，这对提高目标代码的效率将起很大的作用。

5.2.1　程序流图与循环

为了进行循环优化，必须先找出程序中的循环。由程序语言的循环语句形成的循环是不难找出的，但由条件转移语句和无条件转移语句同样可以形成程序中的循环，并且其结构可能更加复杂。因此，为了找出程序中的循环，就需要对程序中的控制流程进行分析。我们应用程序的控制流程图来给出循环的定义并找出程序中的循环。

一个控制流程图(简称流图)就是具有唯一首结点的有向图。所谓首结点，就是从它开始到控制流程图中任何一个结点都有一条通路的结点。我们可以把控制流程图表示成一个三元组 $G=(N,E,n_0)$；其中，N 代表图中所有结点集，E 代表图中所有有向边集，n_0 代表首结点。

一个程序可用一个流图来表示。流图的有限结点集 N 就是程序的基本块集，流图中的结点就是程序的基本块，流图的首结点就是包含程序第一个语句的基本块。流图的有向边集 E 是这样构成的：假设流图中结点 i 和结点 j 分别对应于程序的基本块 i 和基本块 j，则当下述条件有一个成立时，从结点 i 有一条有向边引到结点 j：

(1) 基本块 j 在程序中的位置紧跟在基本块 i 之后，并且基本块 i 的出口语句不是无条件转移语句 goto (s) 或停语句。

(2) 基本块 i 的出口语句是 goto (s) 或 if…goto (s)，并且(s)是基本块 j 的入口语句。

在以后的讨论中，我们所涉及的流图都是程序流图。程序流图和基本块的 DAG 是不同的概念。程序流图是对整个程序而言的，它表示了各基本块(对应流图中的一个结点)之间的控制关系，图中可以出现环路；DAG 是对基本块而言的，是局限于该基本块内的无环路有向图，它表示了这个基本块内各四元式的操作及相互关系。

我们仍以下面求最大公因子的三地址代码程序为例来求其程序流图：

(1) read X

(2) read Y

(3) R=X % Y

(4) if R=0 goto (8)

(5) X=Y

(6) Y=R

(7) goto (3)

(8) write Y

(9) halt

我们知道，该程序的基本块分别为(1)(2)、(3)(4)、(5)(6)(7)和(8)(9)。按构造流图结点间有向边的方法，我们得到该程序的程序流图如图 5-3 所示。

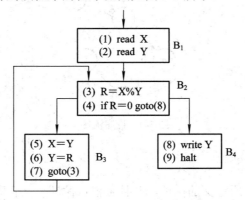

图 5-3　求最大公因子的程序流图

有了程序流图，我们就可以对所要讨论的循环结构给出定义。在程序流图中，我们称具有下列性质的结点序列为一个循环：

(1) 它们是强连通的，其中任意两个结点之间必有一条通路，而且该通路上各结点都属于该结点序列；如果序列只包含一个结点，则必有一条有向边从该结点引到其自身。

(2) 它们中间有一个而且只有一个是入口结点。

所谓入口结点，是指序列中具有下述性质的结点：从序列外某结点有一条有向边引到它，或者它就是程序流图的首结点。

注意：此处定义的循环就是程序流图中具有唯一入口结点的强连通子图。从循环外要进入循环，必须先经过循环的入口结点。对于性质(1)，任意两个结点之间必有一条通路，即通路上的尾结点到首结点之间也有一条通路(实际上可认为无首尾之分)，这就构成了一个环形通路。该通路上的各结点都属于该结点序列，即从通路上的任何结点开始所构成的序列都包含该通路上的所有结点，这仍然构成了一个环形通路。因此，性质(1)是任何一种循环结构所必须具备的，否则该结点序列必有一部分是不可能反复执行的。性质(2)出于对循环优化的考虑，当需要把循环中某些代码(如不随循环反复执行而改变的运算)提到循环之外时，可以将代码提到循环结构的唯一入口结点的前面。

例如，对图 5-3 所示的程序流图，由上述循环的定义可知，结点序列{B_2, B_3}是程序中的一个循环，其中，B_2 是循环的唯一入口结点。

对图 5-4 所示的程序流图，结点序列{6}因其只有一个结点且有一有向边引到自身，并且只有唯一的入口结点 6，故是我们所定义的循环。而{2,3,4,5,6,7}中的任意两个结点之间都存在通路(即为强连通)，且有唯一的入口结点 2，故也是我们所定义的循环。此外，{4,5,6,7}也是强连通且有唯一入口结点 4，虽然到入口结点 4 的有向边不止一条，但仍然是我们所定义的循环。而{2,4}和 {2,3,4}，它们虽然是强连通的，但却存在两个入口结点 2、4，故不是我们所定义的循环。{4,5,7}和{4,6,7}也因其存在两个入口结点 4、7 而不是我们所定义的循环。

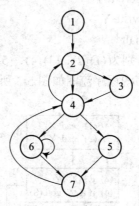

图 5-4　程序流图

5.2.2　循环的查找

现在已经了解了我们所定义的循环，并且可根据循环定义直观地求出循环。下面我们再介绍可通过计算机计算求出该循环的方法。

1. 必经结点集

为了找出程序流图中的循环，需要分析流图中结点的控制关系，为此我们引入必经结点和必经结点集的定义。

在程序流图中，对任意结点 m 和 n，如果从流图的首结点出发，到达 n 的任一通路都要经过 m，则称 m 是 n 的必经结点，记为 m DOM n；流图中结点 n 的所有必经结点的集合称为结点 n 的必经结点集，记为 D(n)。

显然，循环的入口结点是循环中所有结点的必经结点；此外，对任何结点 n 来说都有 n DOM n。

如果把 DOM 看作流图结点集上定义的一个关系，则由定义容易看出它具有下述性质：

(1) 自反性：对流图中任意结点 a，都有 a DOM a。

(2) 传递性：对流图中任意结点 a、b、c，若存在 a DOM b 和 b DOM c，则必有 a DOM c。

(3) 反对称性：若存在 a DOM b 和 b DOM a，则必有 a=b。

因此，关系 DOM 是一个偏序关系，任何结点 n 的必经结点集是一个有序集。

例 5.2　求图 5-4 中各结点的 D(n)。

[解答]　考察图 5-4 并由必经结点的定义容易看出：首结点 1 是所有结点的必经结点；结点 2 是除去结点 1 之外所有结点的必经结点；结点 4 是 4、5、6、7 的必经结点；而结点 3、5、6、7 都只是其自身的必经结点。因此，直接由定义和 DOM 的性质可求得

$$D(1)=\{1\}$$
$$D(2)=\{1,2\}$$
$$D(3)=\{1,2,3\}$$
$$D(4)=\{1,2,4\}$$
$$D(5)=\{1,2,4,5\}$$
$$D(6)=\{1,2,4,6\}$$

$$D(7)=\{1,2,4,7\}$$

求流图 G=(N,E,n_0)的所有结点 n 的必经结点集 D(n)的算法如下(其中 P(n)代表结点 n 的前驱结点集，它可以从边集 E 中直接求出)：

```
D(n₀)={n₀};
for(n∈N-{n₀})  D(n)=N;              //置初值
change=true;
while( change )
{
    change=false;
    for(n∈N-{n₀})
    {
        new={n}∪ ∩ D(p);
               p∈P(n)
        if( new!=D(n) )
        {
            change=true;
            D(n)=new;
        }
    }
}
```

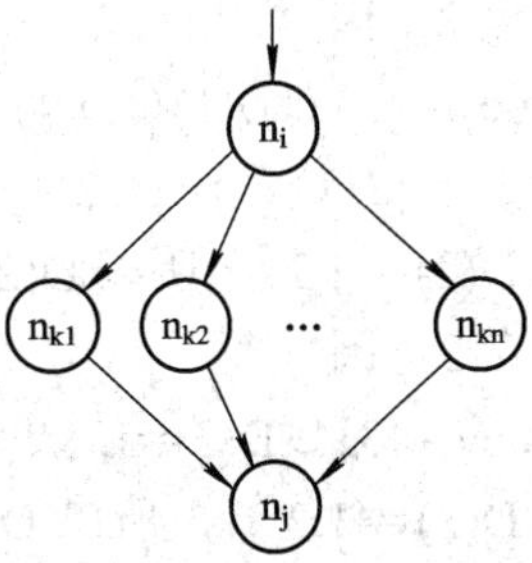

图 5-5 n_i 为 n_j 的必经结点示意

注意：由于算法中是利用所有前驱信息进行∩运算来获得某结点对应的必经结点集的，因此迭代初值 D(n_i)必须取最大值，即全集 N。此外，由 $\bigcap\limits_{p\in P(n)}D(p)$ 知表示结点 n 的所有前驱(即父结点)的必经结点集的交集即为 n 的必经结点集。由图 5-5 可看出，n_i 为 n_j 的必经结点(n_i 为结点 n_j 所有前驱 $n_{k1}\sim n_{kn}$ 必经结点集的交集)，而 $n_{k1}\sim n_{kn}$ 都不是 n_j 的必经结点。另一点要说明的是，因程序流图中有循环情况，所以后面计算的结点其必经结点集 D(n_j)的改变可能要影响到前面所计算的 D(n_i)值。因此，在一次迭代计算结束时，只要发现某一个 D(n_k)被改变，就必须进行下一次迭代来计算各结点的 D(n)(即算法中的 while 循环继续执行)，直至全部结点的 D(n)都不改变为止(即算法中的 change 值为 false 才结束算法的执行)。

例 5.3 应用求流图必经结点集的算法求图 5-4 所示程序流图各结点 n 的 D(n)。

[解答] 算法求解过程如下：

首先置初值：

$$D(1)=\{1\}$$
$$D(2)=D(3)=D(4)=D(5)=D(6)=D(7)$$
$$=\{1,2,3,4,5,6,7\}$$

置 change 为 false，然后从结点 2 到结点 7 依次执行第二个 for 循环。

对结点 2，因

$$new=\{2\}\cup D(1)\cap D(4)=\{2\}\cup\{1\}\cap\{1,2,3,4,5,6,7\}$$
$$=\{2\}\cup\{1\}=\{1,2\}$$

但迭代前 D(2)={1,2,3,4,5,6,7}，故 D(2)≠new，因此置 change=true 并令 D(2)={1,2}。

对结点 3，因

$$new=\{3\} \cup D(2)=\{3\} \cup \{1,2\}=\{1,2,3\}$$

但迭代前 D(3)={1,2,3,4,5,6,7}，故 D(3)≠new，因此令 D(3)={1,2,3}。

其余各结点按照上述步骤可求出：

$$D(4)=\{4\} \cup D(2) \cap D(3) \cap D(7)=\{4\} \cup \{1,2\} \cap \{1,2,3\} \cap \{1,2,3,4,5,6,7\}=\{1,2,4\}$$

$$D(5)=\{5\} \cup D(4)=\{1,2,4,5\}$$

$$D(6)=\{6\} \cup D(4)=\{1,2,4,6\}$$

$$D(7)=\{7\} \cup D(5) \cap D(6)=\{7\} \cup \{1,2,4,5\} \cap \{1,2,4,6\}=\{1,2,4,7\}$$

一次迭代完毕后，因 change 为 true，故还要进行下一次迭代。

先令 change 为 false，然后继续从结点 2 到结点 7 依次执行第二个 for 循环。

对结点 2，因

$$new=\{2\} \cup D(1) \cap D(4)=\{2\} \cup \{1\} \cap \{1,2,4\}$$
$$=\{2\} \cup \{1\}=\{1,2\}$$

但迭代前 D(2)={1,2}，所以 D(2)=new，故 D(2) 不变。

对结点 3，因

$$new=\{3\} \cup D(2)=\{3\} \cup \{1,2\}=\{1,2,3\}$$

但迭代前 D(3)={1,2,3}，所以 D(3)=new，故 D(3) 不变。

对其余结点 n(n=4～7) 求出的 new 均有 D(n)=new，所以第二次迭代后 change 为 false，迭代结束，第一次迭代求出的各个 D(n) 就是最后的结果。

2. 回边

查找循环的方法是：首先应用必经结点集来求出流图中的回边，然后再利用回边找出流图中的循环。

回边的定义如下：假设 a→b 是流图中一条有向边，如果 b DOM a，则称 a→b 是流图中的一条回边。

对于一已知流图 G，只要求出各结点 n 的必经结点集，就可以立即求出流图中的所有回边。在求出流图 G 中的所有回边后，就可以求出流图中的循环。如果已知有向边 n→d 是一条回边，则由它组成的循环就是由结点 d、结点 n 以及有通路到达 n 但该通路不经过 d 的所有结点组成的。

例 5.4　求出图 5-4 所示程序流图的所有回边。

[解答]　(1) 已知 D(6)={1,2,4,6}，因存在 6→6 且 6 DOM 6，故 6→6 是回边。

(2) 已知 D(7)={1,2,4,7}，因存在 7→4 且 4 DOM 7，故 7→4 是回边。

(3) 已知 D(4)={1,2,4}，因存在 4→2 且 2 DOM 4，故 4→2 是回边。

容易看出，其它有向边都不是回边。

寻找由回边组成循环的算法如下：

```
void insert(m)
{
    if(m∉ loop)
```

```
        {
            loop=loop∪{m};
            把 m 压入栈 stack;
        }
    }
    void main( )
    {
        stack=空;                      //stack 是一个工作栈
        loop={d};                      //loop 是所求的循环
        insert(m);
        while( stack 非空 )
        {
            弹出 stack 栈顶元素 m;
            for(p∈P(m))               //P(m)为结点 m 的前驱结点集
                insert(p);
        }
    }
```

此算法中求回边 n→d 组成循环的所有结点的方法是：由于循环以 d 为其唯一入口，n 是循环的一个出口，因而只要 n 不同时是循环入口 d，那么 n 的所有前驱就应属于循环。在求出 n 的所有前驱之后，只要它们不是循环入口 d，就应再继续求出它们的前驱，而这些新求出的所有前驱也应属于循环。然后再对新求出的所有前驱重复上述过程，直到所求出的前驱都是 d 为止。

3. 可归约流图

一个流图被称为可归约的，当且仅当流图中除去回边之外，其余的边构成一个无环路流图。例如，图 5-4 就是一个可归约流图，而图 5-6 则是一个不可归约流图，因为图 5-6 中虽然有 2→3，但没有 3 DOM 2，即 2→3 不是一个回边，对 3→2 也是如此。

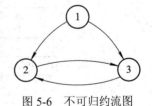

图 5-6 不可归约流图

如果程序流图是可归约的，那么程序中任何可能反复执行的代码都会被求回边的算法纳入到一个循环当中。

可归约流图是一类非常重要的流图，从代码优化的角度来说，它具有下述重要的性质：

(1) 图中任何直观意义下的环路都属于我们所定义的循环。

(2) 只要找出图中的所有回边，对回边应用查找循环的方法，就可以找出流图中的所有循环。

(3) 图中任意两个循环要么嵌套，要么不相交(除了可能有公共的入口结点)，对这类流图进行循环优化较为容易。

应用结构程序设计原则编写的程序，其流图总是可归约的；而应用高级语言编写的程序，其流图往往也是可归约的。

例 5.5   四元式序列如下：

(1)   J=0；

(2) L₁：   I=0；

(3)   if I< 8 goto L₃；

(4) L₂：   A=B+C；

(5)   B=D*C；

(6) L₃：   if B=0 goto L₄；

(7)   write B；

(8)   goto L₅；

(9) L₄：   I= I+1；

(10)   if I<8 goto L₂；

(11) L₅：   J= J+1；

(12)   if J≤3 goto L₁；

(13)   halt

画出该四元式序列的程序流图 G 并求出 G 中的回边与循环。

[解答]   该四元式序列的基本块与程序流图如图 5-7 所示(也可用结点形式画出程序流图，如图 5-8 所示)。

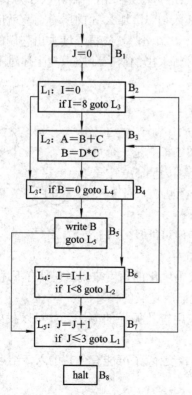

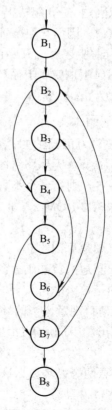

图 5-7   例 5.5 的程序流图   图 5-8   例 5.5 结点形式的程序流图

由求流图 G 的所有结点 n 的必经结点集 D(n) 的算法可知，初始时 D(B₁)～D(B₈) 为全集$\{B_1, B_2, B_3, B_4, B_5, B_6, B_7, B_8\}$，而各结点的必经结点集的求法是：必经结点集 $D(B_i)$ 为 $\{B_i\}$ 并上 B_i 所有前驱(即父结点)的必经结点集的交集。对图 5-7(图 5-8)中各结点的必经结点集的求法如下：

$D(B_1) = \{B_1\}$

$D(B_2) = \{B_2\} \cup D(B_1) \cap D(B_7) = \{B_2\} \cup \{B_1\} \cap \{B_1, B_2, B_3, B_4, B_5, B_6, B_7, B_8\} = \{B_1, B_2\}$

$D(B_3) = \{B_3\} \cup D(B_2) \cap D(B_6) = \{B_3\} \cup \{B_1, B_2\} \cap \{B_1, B_2, B_3, B_4, B_5, B_6, B_7, B_8\} = \{B_1, B_2, B_3\}$

$D(B_4) = \{B_4\} \cup D(B_2) \cap D(B_3) = \{B_4\} \cup \{B_1, B_2\} \cap \{B_1, B_2, B_3\} = \{B_1, B_2, B_4\}$

$D(B_5) = \{B_5\} \cup D(B_4) = \{B_1, B_2, B_4, B_5\}$

$D(B_6) = \{B_6\} \cup D(B_4) = \{B_1, B_2, B_4, B_6\}$

$D(B_7) = \{B_7\} \cup D(B_5) \cap D(B_6) = \{B_7\} \cup \{B_1, B_2, B_4, B_5\} \cap \{B_1, B_2, B_4, B_6\} = \{B_1, B_2, B_4, B_7\}$

$D(B_8) = \{B_8\} \cup D(B_7) = \{B_8\} \cup \{B_1, B_2, B_4, B_7\} = \{B_1, B_2, B_4, B_7, B_8\}$

考察流图中的有向边 $B_7 \to B_2$ 且已知 $D(B_7) = \{B_1, B_2, B_4, B_7\}$，所以有 B_2 DOM B_7，即 $B_7 \to B_2$ 是流图中的回边。容易看出，其它有向边都不是回边。

因 $B_7 \to B_2$ 是一条回边，则在流图中能够不经过结点 B_2 且有通路到达结点 B_7 的结点只有 B_3、B_4、B_5 和 B_6，故由回边 $B_7 \to B_2$ 组成的循环是 $\{B_2, B_3, B_4, B_5, B_6, B_7\}$。

5.2.3　循环优化

对循环中的代码可以实行代码外提、强度削弱和删除归纳变量等优化。

1．代码外提

循环中的代码要随着循环反复执行，但其中某些运算的结果并不因循环而改变，对于这种不随循环变化的运算，可以将其外提到循环外。这样，程序的运行结果仍保持不变，但程序的运行效率却提高了。我们称这种优化为代码外提。

实行代码外提时，在循环入口结点前面建立一个新结点(基本块)，称为循环的前置结点。循环前置结点以循环入口结点为其唯一后继，原来流图中从循环外引到循环入口结点的有向边改成引到循环前置结点，如图 5-9 所示。

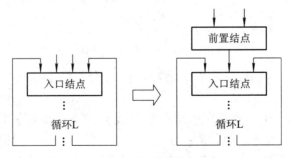

图 5-9　给循环建立前置结点

因为在我们所定义的循环结构中，其入口结点是唯一的，所以前置结点也是唯一的。循环中外提的代码将统统外提到前置结点中。但是，循环中的不变运算并不是在任何情况下都可以外提的。对循环 L 中的不变运算 S：A=B op C 或 A= op B 或 A=B，要求满足下述条件(A 在离开 L 后仍是活跃的)：

(1) S 所在的结点是 L 的所有出口结点的必经结点。

(2) A 在 L 中其它地方未再定值。

(3) L 中的所有 A 的引用点只有 S 中 A 的定值才能到达。

对上述三个条件，我们给出图 5-10 所示的三种流图予以说明。

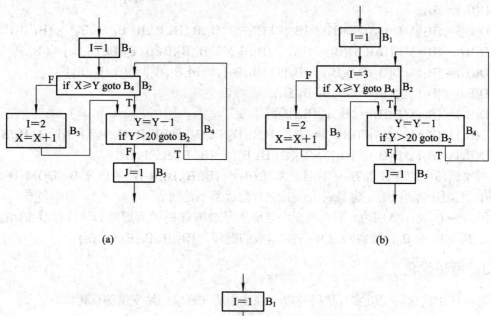

(a)   (b)

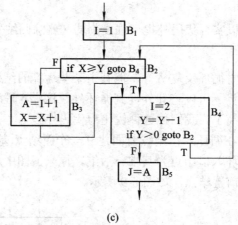

(c)

图 5-10 代码外提的程序流图示例

(1) 对图 5-10(a)，先将 B_3 中的循环不变运算 I=2 外提到循环前置结点 B_2' 中，如图 5-11 所示。

由图 5-10(a)可知，B_3 并不是出口结点 B_4 的必经结点。如果令 X=25，Y=22，则按图 5-10(a)的程序流图，B_3 是不会执行的；于是，当执行到 B_5 时，I 的值是 1。但是，如果按图 5-11 执行，则执行到 B_5 时，I 的值总是 2，因此图 5-11 改变了原来程序运行的结果。出现以上问题是因为 B_3 不是循环出口结点 B_4 的必经结点，因此当把一不变运算外提到循环前置结点时，要求该不变运算所在的结点是循环所有出口结点的必经结点。

(2) 考查图 5-10(b)，现在 I=3 所在的结点 B_2 是循环出口结点的必经结点，但循环中除 B_2 外，B_3 也对 I 定值。如果把 B_2 中的 I=3 外提到循环前置结点中，且循环前 X=21 和 Y=22，此时循环的执行顺序是 $B_2 \rightarrow B_3 \rightarrow B_4 \rightarrow B_2 \rightarrow B_4 \rightarrow B_5$，则到达 B_5 时 I 值为 2；但如果不把 B_2

中的 I=3 外提，则经过以上执行顺序到达 B_5 时，I 值为 3。由此可知，当把循环中的不变运算 A=B op C 外提时，要求循环中其它地方不再有 A 的定值点。

(3) 考查图 5-10(c)，不变运算 I=2 所属结点 B_4 本身就是出口结点，而且此循环只有一个出口结点，同时循环中除 B_4 外其它地方没有 I 的定值点，因此它满足外提的条件(1)、(2)。我们注意到，对循环中 B_3 的 I 的引用点，不仅 B_4 中 I 的定值能够到达，而且 B_1 中 I 的定值也能到达。现在考虑进入循环前 X=0 和 Y=2 时的情况，此时循环的执行顺序为 $B_2 \rightarrow B_3 \rightarrow B_4 \rightarrow B_2 \rightarrow B_4 \rightarrow B_5$，当到达 B_5 时 A

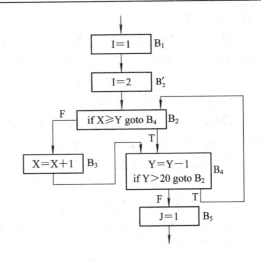

图 5-11 将图 5-10(a)中的 I=2 外提后的程序流图

值为 2；但如果把 B_4 中的 I=2 外提，则到达 B_5 时 A 值为 3。因此当把循环不变运算 A=B op C 外提时，要求循环中 A 的所有引用点都是而且仅仅是该定值所能到达的。

根据以上讨论，给出查找所需处理的循环 L 中的不变运算和代码外提的算法如下：

(1) 依次查看 L 中各基本块的每个四元式，如果它的每个运算对象为常数或者定值点在 L 外，则将此四元式标记为"不变运算"。

(2) 依次查看尚未被标记为"不变运算"的四元式，如果它的每个运算对象为常数或定值点在 L 之外，或只有一个到达-定值点且该点上的四元式已标记为"不变运算"，则把被查看的四元式标记为"不变运算"。

(3) 重复第(2)步直至没有新的四元式被标记为"不变运算"为止。

例如，循环中的 A=3 已标记为"不变运算"，则对循环中 A=3 定值点可唯一到达的 X=A+2 也标记为"不变运算"。

找出了循环的不变运算就可以进行代码外提了。代码外提算法如下：

(1) 求出循环 L 的所有不变运算。

(2) 对步骤(1)所求得的每一不变运算 S：A=B op C 或 A=op B 或 A=B，检查它是否满足以下条件：

① i. S 所在的结点是 L 的所有出口结点的必经结点；

ii. A 在 L 中其它地方未再定值；

iii. L 中所有 A 的引用点只有 S 中 A 的定值才能到达。

② A 在离开 L 后不再是活跃的(即离开 L 后不会引用该 A 值)，并且条件①的 ii 和 iii 两条成立。所谓 A 在离开 L 后不再是活跃的，是指 A 在 L 的任何出口结点的后继结点(当然是指那些不属于 L 的后继)的入口处不是活跃的。

(3) 按步骤(1)所找出的不变运算的顺序，依次把步骤(2)中满足条件的不变运算 S 外提到 L 的前置结点中。但是，如果 S 的运算对象(B 或 C)是在 L 中定值的，那么只有当这些定值四元式都已外提到前置结点中时，才可把 S 也外提到前置结点中(B、C 的定值四元式提到前置结点后，S 的运算对象 B、C 就属于定值点在 L 之外了，因此也就是真正的"不变运算"了)。

注意：如果把满足条件(2)②的不变运算 A=B op C 外提到前置结点中，则执行完循环后得到的 A 值可能与不进行外提的情形所得的 A 值不同，但因为离开循环后不会引用该 A 值，所以这不会影响程序的运行结果。

例 5.6　试对图 5-12 给定的程序流图进行代码外提优化。

[解答]　确定不变运算的原则是依次查看循环中各基本块的每个四元式，如果它的每个运算对象为常数或者定值点在循环外，则将此四元式标记为"不变运算"。查看图 5-12 所示的程序流图，可以找出的不变运算是 B_3 中的 I=2 和 B_4 中的 J=M+N。

进行代码外提时，只能将 J=M+N 提到循环前置结点。因为 B_3 中的 I=2 虽然是不变运算，但 B_3 不是循环所有出口结点的必经结点，且循环中所有 I 的引用点并非只有 B_3 的 I 定值能够到达，故 B_3 中的 I=2 不能外提。最后，得到代码外提后的程序流图如图 5-13 所示。

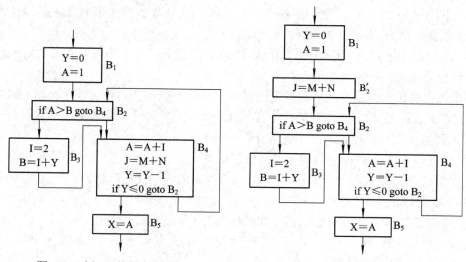

图 5-12　例 5.6 的程序流图　　　　图 5-13　代码外提后的程序流图

2. 强度削弱

强度削弱是指把程序中执行时间较长的运算替换为执行时间较短的运算。强度削弱不仅可对乘法运算实行(将循环中的乘法运算用递归加法运算来替换)，对加法运算也可实行。

如果循环中有 I 的递归赋值 $I=I\pm C$（C 为循环不变量），并且循环中 T 的赋值运算可化归为 $T=K*I\pm C_1$（K 和 C_1 为循环不变量），那么 T 的赋值运算可以进行强度削弱。

进行强度削弱后，循环中可能出现一些新的无用赋值，如果它们在循环出口之后不是活跃变量，则可以从循环中删除。此外，对下标变量地址计算来说，强度削弱实际就是实现下标变量地址的递归计算。

例 5.7　试对图 5-14 给定的程序流图进行强度削弱优化。

[解答]　由图 5-14 所示的流图可以看出，B_2 中的 A=K*I 和 B=J*I 因计算 K、J 的四元式都在循环之外，故可将 K、J 看作常量，而每次循环 I=I+1 即 I 增加 1 时，对应 A=K*I 和 B=J*I 分别增加 K 和 J，因此可以将 A=K*I 和 B=J*I 外提到前置结点 B_2' 中，同时在 B_2 的 I=I+1 之后分别给 A 和 B 增加一个常量 K 和 J。进行强度削弱后的流图如图 5-15 所示。

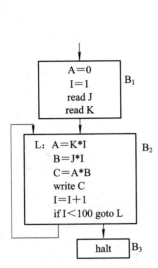

图 5-14 例 5.7 的程序流图

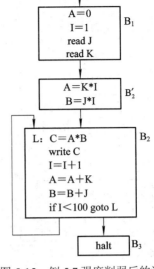

图 5-15 例 5.7 强度削弱后的流图

例 5.8 试对图 5-16 给定的程序流图进行强度削弱优化。

[解答] 强度削弱不仅可对乘法运算进行,也可对加法运算进行。由于本题中的四元式程序不存在乘法运算,所以只能进行加法运算的强度削弱。从图 5-16 中可以看到,B_2 中的 C=B+I,B 的定值点在循环之外,故相当于常数;而另一加数 I 值由 B_3 中的 I=I+1 决定,即每循环一次 I 值增 1,也即每循环一次,B_2 中 C=B+I 的 C 值增量与 B_3 中的 I 相同,为常数 1。因此,我们可以对 C 进行强度削弱,即将 B_2 中的四元式 C=B+I 外提到前置结点 B_2' 中,同时在 B_3 中 I=I+1 之后给 C 增加一个常量 1。进行强度削弱后的结果如图 5-17 所示。

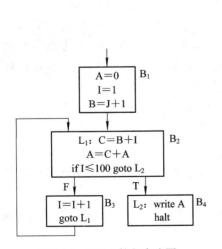

图 5-16 例 5.8 的程序流图

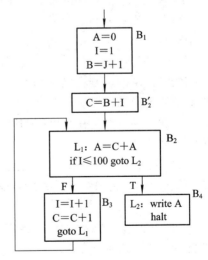

图 5-17 例 5.8 强度削弱后的流图

例 5.9 试对图 5-18 给定的程序流图进行强度削弱优化。

[解答] 由图 5-18 的 B_3 看到,T_2 是递归赋值的变量,每循环一次增加一个常量 10。因 $T_3=T_2+T_1$,计算 T_3 值时要引用 T_2 的值,它的另一运算对象是循环不变量 T_1,所以每循环一次,T_3 值的增量与 T_2 相同,即常数 10。因此,我们可以对 T_3 进行强度削弱,即将 $T_3=T_2+T_1$

外提到前置结点 B'_2 中，同时在 $T_2=T_2+10$ 的后面给 T_3 增加一个常量 10。进行以上强度削弱后的结果如图 5-19 所示。

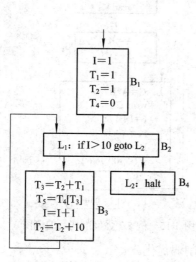

图 5-18　例 5.9 的程序流图

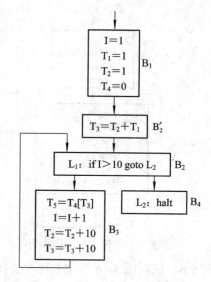

图 5-19　例 5.9 强度削弱后的程序流图

3．删除归纳变量

如果循环中对变量 I 只有唯一的形如 I=I±C 的赋值，且其中 C 为循环不变量，则称 I 为循环中的基本归纳变量。

如果 I 是循环中一基本归纳变量，J 在循环中的定值总是可化归为 I 的同一线性函数，也即 $J=C_1*I±C_2$，其中 C_1 和 C_2 都是循环不变量，则称 J 是归纳变量，并称它与 I 同族。一个基本归纳变量也是一归纳变量。

一个基本归纳变量除用于其自身的递归定值外，往往只在循环中用来计算其它归纳变量以及控制循环的进行。此时，可以用同族的某一归纳变量来替换循环控制条件中的这个基本归纳变量，从而达到将这个基本归纳变量从程序流图中删去的目的。这种优化称为删除归纳变量或变换循环控制条件。

由于删除归纳变量是在强度削弱以后进行的，因此，我们一并给出强度削弱和删除归纳变量的算法。

(1) 利用循环不变运算信息，找出循环中所有的基本归纳变量。

(2) 找出所有其它归纳变量 A，并找出 A 与已知基本归纳变量 X 的同族线性函数关系 $F_A(X)$；即：

① 在 L 中找出形如 A=B*C、A=C*B、A=B/C、A=B±C、A=C±B 的四元式，其中 B 是归纳变量，C 是循环不变量。

② 假设找出的四元式为 S：A=C*B，这时有：

i. 如果 B 就是基本归纳变量，则 X 就是 B，A 与基本归纳变量 B 是同族的归纳变量，且 A 与 B 的函数关系就是 $F_A(B)=C*B$。

ii. 如果 B 不是基本归纳变量，假设 B 与基本归纳变量 D 同族且它们的函数关系为 $F_B(D)$，那么如果 L 外 B 的定值点不能到达 S 且 L 中 B 的定值点与 S 之间未曾对 D 定值，则 X 就是 D，A 与基本归纳变量 D 是同族的归纳变量，且 A 与 D 的函数关系是 $F_A(D)=C*B=C*F_B(D)$。

(3) (强度削弱)对(2)中找出的每一归纳变量 A，假设 A 与基本归纳变量 B 同族，而且 A 与 B 的函数关系为 $F_A(B)=C_1*B+C_2$，其中 C_1 和 C_2 均为循环不变量，C_2 可能为 0，执行以下步骤：

① 建立一个新的临时变量 $S_{F_A(B)}$。如果两个归纳变量 A 和 A'都与 B 同族且 $F_A(B)=F_A'(B)$，则只建立一个临时变量 $S_{F_A(B)}$。

② 在循环前置结点原有的四元式后面增加下面的四元式：

$$S_{F_A(B)}=C_1*B$$
$$S_{F_A(B)}=S_{F_A(B)}+C_2 \qquad (注：实现 A=C_1*B+C_2)$$

如果 $C_2=0$，则无四元式 $S_{F_A(B)}=S_{F_A(B)}+C_2$。

③ 把循环中原来对 A 赋值的四元式改为 $A=S_{F_A(B)}$。

④ 在循环中基本的归纳变量 B 的唯一赋值 $B=B\pm E$(E 是循环不变量)后面增加下面的四元式：

$$S_{F_A(B)}=S_{F_A(B)}\pm C_1*E \text{ (注：B 增减 E 则 A 应相应地增减 } C_1*E，即为 S_{F_A(B)} \text{ 增减 } C_1*E)$$

如果 $C_1\neq 1$ 且 E 是变量名，则上式为

$$T=C_1*E$$
$$S_{F_A(B)}=S_{F_A(B)}\pm T$$

其中 T 为临时变量(由于一个四元式只能完成一个运算，故此处出现两个四元式)。

(4) 依次考察第(3)步中每一归纳变量 A，如果在 $A=S_{F_A(B)}$ 与循环中任何引用 A 的四元式之间没有对 $S_{F_A(B)}$ 的赋值且 A 在循环出口之后不活跃，则删除 $A=S_{F_A(B)}$ 并把所有引用 A 的地方改为引用 $S_{F_A(B)}$。

(5) (删除基本归纳变量)如果基本归纳变量 B 在循环出口之后不是活跃的，并且在循环中除在其自身的递归赋值中被引用外，只在形为 if B rop Y goto Z(或 if Y rop B goto Z)中被引用，则：

① 选取一与 B 同族的归纳变量 M，并设 $F_M(B)=C_1*B+C_2$(尽可能使所选 M 的 $F_M(B)$ 简单，并且可能的话,使 M 是循环中其它四元式要引用的或者是循环出口之后的活跃变量)。

② 建立一临时变量 R，并用下列四元式：

R=C_1* Y   //如果 $C_1=1$ 则 C_1 不出现
R=R+ C_2 //如果 $C_2=0$ 则无此四元式
if $F_M(B)$ rop R goto Z   (或 if R rop $F_M(B)$ goto Z)

来替换 if B rop Y goto Z(或 if Y rop B goto Z)，即将原判断条件 B rop Y 改为 (C_1*B+C_2) rop (C_1*Y+C_2)，也就是 $F_M(B)$ rop R。

③ 删除循环中对 B 递归赋值的四元式。

例 5.10 试对图 5-15 给定的程序流图进行删除归纳变量优化。

[解答] 由图 5-15 可知，循环中 I 是基本归纳变量，A、B 是与 I 同族的归纳变量且具

有如下的线性关系：

$$A=K*I$$
$$B=J*I$$

因此，循环控制条件 I<100 完全可用 A<100*K 或 B<100*J 来替代。这样，基本块 B_2 中的控制条件和控制语句可改写为

$$T_1=100*K$$
$$\text{if } A<T_1 \text{ goto } L$$

或者改写为

$$T_2=100*J$$
$$\text{if } A<T_2 \text{ goto } L$$

此时的程序流图如图 5-20 所示。

循环控制条件经过以上改变之后，就可以删除基本块 B_2 中的语句 I=I+1；而语句 $T_1=100*K$ 是循环中的不变运算，故可由基本块 B_2 外提到基本块 B_2' 中。最后，经删除归纳变量及代码外提后得到的程序流图如图 5-21 所示。

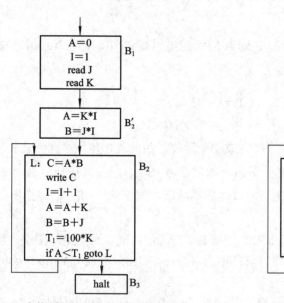

图 5-20　变换循环控制条件的程序流图　　　　图 5-21　删除归纳变量及代码外提后的程序流图

*5.3　全局优化概述

全局优化是在整个程序范围内，对程序进行全面分析而进行的优化。在此，我们仅就到达-定值的有关内容和复写传播这种全局优化方法作一介绍。我们约定，本节所提到程序中某一"点"，均指某个四元式的位置(地址或编号)。

5.3.1　到达-定值与引用-定值链

为了进行全局优化，需要分析程序中所有变量的定值(即对变量赋值)和引用之间的关

系。首先，我们介绍下面两个重要概念。

(1) 到达-定值：所谓变量 A 在某点 d 的定值到达另一点 p，是指程序流图中从 d 有一通路到达 p 且该通路上没有 A 的其它定值。

(2) 引用-定值链(简称为 ud 链)：假设在程序中某点 p 引用了变量 A 的值，则把能够到达 p 的 A 的所有定值点的全体，称为 A 在引用点 p 的引用-定值链。

注意：可能在程序的不同分支道路上都有 A 的定值点，而这些定值点都可以直接到达点 p；也即，这些定值点即为到达 p 的变量 A 的所有定值点全体。

为了求出到达点 p 的各个变量的所有定值点，我们先对程序中所有基本块 B 作如下定义：

IN[B]——到达基本块 B 入口之前的各个变量的所有定值点集。

OUT[B]——到达基本块 B 出口之后的各个变量的所有定值点集。

GEN[B]——基本块 B 中定值的并到达 B 出口之后的所有定值点集。

KILL[B]——基本块 B 外满足下述条件的定值点集：这些定值点所定值的变量在 B 中已被重新定值。

也即，GEN[B] 为基本块 B 所"生成"的定值点集，KILL[B] 为被基本块 B"注销"的定值点集；GEN[B] 和 KILL[B] 均可从给定的程序流图直接求出。

我们先对程序中的所有基本块 B 求出其 IN[B]；一旦求出所有基本块 B 的 IN[B]，就可按下述规则求出到达 B 中某点 p 的任一变量 A 的所有定值点。

(1) 如果 B 中 p 的前面有 A 的定值，则到达 p 的定值点是唯一的，它就是与 p 最靠近的那个 A 的定值点。

(2) 如果 B 中 p 的前面没有 A 的定值，则到达 p 的 A 的所有定值点就是 IN[B] 中 A 的那些定值点。

怎样求得 IN[B] 和 OUT[B] 呢？

对于 OUT[B] 容易看出：

(1) 如果定值点 d 在 GEN[B] 中，那么它一定也在 OUT[B] 中。

(2) 如果某定值点 d 在 IN[B] 中且被 d 定值的变量在 B 中没有被重新定值，则 d 也在 OUT[B] 中。

(3) 除(1)、(2)外没有其它定值点 d 能够到达 B 的出口之后，即 $d \notin$ OUT[B]。

对于 IN[B] 可以看出：某定值点 d 到达基本块 B 的入口之前，当且仅当它到达 B 的某一前驱基本块的出口之后。

综上所述，我们可得到所有基本块 B 的 IN[B] 和 OUT[B] 的计算公式：

$$\text{OUT[B]} = \text{IN[B]} - \text{KILL[B]} \cup \text{GEN[B]}$$

$$\text{IN[B]} = \bigcup_{p \in P[B]} \text{OUT[p]}$$

在此，P[B] 代表 B 的所有前驱基本块(即 B 的父结点)的集合；OUT[B] 意为所有进入 B 前并在 B 中没有被修改过的某变量定值点集与 B 中所"生成"的该变量定值点集的并集，即先计算 IN[B]-KILL[B]，然后再与 GEN[B] 相"∪"。由于所有 GEN[B] 和 KILL[B] 可以从给定的程序流图中直接求出，故上式是变量 IN[B] 和 OUT[B] 的线性联立方程并被称之为到达-定值数据流方程。

IN[B]、OUT[B]、GEN[B] 和 KILL[B] 均可用位向量来表示。于是上述公式中运算符 "∪" 可用 "或"、运算符 "−" 可用 "与非" 代替；也即 IN[B] −KILL[B] 可表示为 IN[B]∧¬KILL[B]。

设程序流图含有 n 个结点，则到达-定值数据流方程可用下述迭代算法求解。

$$
\begin{aligned}
&(1)\qquad\quad \text{for}(i=1;i<=n;i++)\\
&(2)\qquad\quad \{\quad IN[B_i]=\phi;\\
&(3)\qquad\quad OUT[B_i]=GEN[B_i];\ \}\qquad\qquad //\text{置初值}\\
&(4)\qquad\quad change=true;\\
&(5)\qquad\quad while(\ change\ )\\
&(6)\qquad\quad \{\quad change=false;\\
&(7)\qquad\qquad for(i=1;i<=n;i++)\\
&(8)\qquad\qquad \{\quad NEWIN=\bigcup_{p\in P[B]}OUT[p];\\
&(9)\qquad\qquad\quad if(NEWIN!=IN[B_i])\\
&(10)\qquad\qquad \{\quad change=true;\\
&(11)\qquad\qquad\quad IN[B_i]=NEWIN;\\
&(12)\qquad\qquad\quad OUT[B_i]=(\ IN[B_i]-KILL[B_i]\ )\cup GEN[B_i];\\
&(13)\qquad\qquad \}\\
&(14)\qquad\quad \}\\
&(15)\qquad \}
\end{aligned}
$$

在上述算法第(3)行中，如果不给 OUT[B_i] 赋初值，则无法进行后面的 ∪OUT[p] 计算(结果总为 Φ)，这将使得 IN[B_i] 计算没有变化(始终为 Φ)，所以必须先给 OUT[B_i] 赋初值，而这个初值只能是基本块 B_i 所产生的 GEN[B_i]。在第(7)行中，我们按程序流图中各结点的深度为主次序依次计算各基本块的 IN 和 OUT。change 是用来判断结束的布尔变量；NEWIN 是集合变量。对每一基本块 B_i 如果前后两次迭代计算出的 NEWIN 值不等，则置 change 为 true，表示尚需进行下一次迭代。这是因为程序中可能存在着循环，即后面结点(基本块)IN 和 OUT 的改变可能又影响到前面已计算过的结点之 IN 和 OUT 值。所以，只要出现某结点的 IN 和 OUT 发生变化的情况，迭代就得继续下去。

例 5.11　考察图 5-22 所示的程序流图，各四元式左边的 d 分别代表该四元式的位置，假设只考虑变量 i 和 j，求其到达-定值数据流方程的解。

[解答]　(1) 先求出所有基本块 B 的 GEN[B] 和 KILL[B]。GEN[B] 和 KILL[B] 用位向量来表示，程序流图中每一点 d 在向量中占一位；如果 d 属于某个集，则该向量的相应位为 1，否则为 0。由定义直接计算出的 GEN[B] 和 KILL[B] 值见表 5.1。

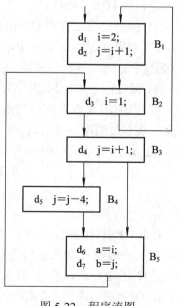

图 5-22　程序流图

表 5.1 程序流图的 GEN[B]和 KILL[B]值

基本块 B	GEN[B]	位向量	KILL[B]	位向量
B_1	{ d_1,d_2 }	1100000	{ d_3,d_4,d_5 }	0011100
B_2	{ d_3 }	0010000	{ d_1 }	1000000
B_3	{ d_4 }	0001000	{ d_2,d_5 }	0100100
B_4	{ d_5 }	0000100	{ d_2,d_4 }	0101000
B_5	Φ	0000000	Φ	0000000

(2) 图 5-23 是图 5-22 程序流图的深度为主扩展树。各基本块的深度为 B_1、B_2、B_3、B_4、B_5。根据上述迭代算法求解步骤如下：

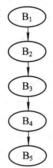

图 5-23 深度为主扩展树

首先置迭代初值：

  $IN[B_1]=IN[B_2]=IN[B_3]=IN[B_4]=IN[B_5]=0000000$

  $OUT[B_1]=GEN[B_1]=1100000$

  $OUT[B_2]=GEN[B_2]=0010000$

  $OUT[B_3]=GEN[B_3]=0001000$

  $OUT[B_4]=GEN[B_4]=0000100$

  $OUT[B_5]=GEN[B_5]=0000000$

按深度为主次序对 B_1、B_2、B_3、B_4、B_5 执行算法计算：

对 B_1：因 $NEWIN=OUT[B_2]=0010000\neq IN[B_1]$，所以

  change=true

  $IN[B_1]=0010000$

  $OUT[B_1]=(IN[B_1]-KILL[B_1])\cup GEN[B_1]=IN[B_1]\wedge\neg KILL[B_1]\cup GEN[B_1]$

    $=0010000\wedge 1100011\cup 1100000=0000000\cup 1100000$

    $=1100000$

对 B_2：因 $NEWIN=OUT[B_1]\cup OUT[B_5]=1100000\cup 0000000=1100000\neq IN[B_2]$，故

  $IN[B_2]=1100000$

  $OUT[B_2]=(IN[B_2]-KILL[B_2])\cup GEN[B_2]=0110000$

同理对 B_3：

  $IN[B_3]=OUT[B_2]=0110000$

$$\text{OUT}[B_3] = (\text{IN}[B_3] - \text{KILL}[B_3]) \cup \text{GEN}[B_3] = 0011000$$

B_4:　$\text{IN}[B_4] = \text{OUT}[B_3] = 0011000$

　　　$\text{OUT}[B_4] = (\text{IN}[B_4] - \text{KILL}[B_4]) \cup \text{GEN}[B_4] = 0010100$

B_5:　$\text{IN}[B_5] = \text{OUT}[B_3] \cup \text{OUT}[B_4] = 0011000 \cup 0010100 = 0011100$

　　　$\text{OUT}[B_5] = (\text{IN}[B_5] - \text{KILL}[B_5]) \cup \text{GEN}[B_5] = 0011100$

各次迭代结果见表 5.2，因第四次迭代计算出的结果与第三次迭代结果相同，故它就是最后所求的结果。

表 5.2　程序流图的 IN 和 OUT

基本块	第一次		第二次		第三次		第四次	
	IN[B]	OUT[B]	IN[B]	OUT[B]	IN[B]	OUT[B]	IN[B]	OUT[B]
B_1	0010000	1100000	0110000	1100000	0111100	1100000	0111100	1100000
B_2	1100000	0110000	<u>1111100</u>	0111100	<u>1111100</u>	0111100	1111100	0111100
B_3	0110000	0011000	0111100	0011000	0111100	0011000	0111100	0011000
B_4	0011000	0010100	0011000	0010100	0011000	0010100	0011000	0010100
B_5	0011100	0011100	0011100	0011100	0011100	0011100	0011100	0011100

我们知道，程序流图中 $\text{IN}[B_2]$ 处为循环入口，迭代继续的原因是后面结点计算出的 IN 和 OUT 又随循环影响到前面结点的 IN 和 OUT 值，故在此只要两次迭代的 $\text{IN}[B_2]$ 不发生变化，就无需继续迭代。在表 5.2 中，由于循环入口处的 $\text{IN}[B_2]$ 在第二次和第三次值(下划线处)是相同的，故无需再进行第四次迭代了。

我们可以应用到达-定值信息来计算各个变量在任何引用点的引用-定值链(ud 链)，即先找出其所有的引用点，然后再应用规则求各点的 ud 链。这个规则就是：

(1) 如果在基本块 B 中，变量 A 的引用点 p 之前有 A 的定值点 d，并且 A 在点 d 的定值到达 p，那么 A 在点 p 的 ud 链就是{d}。

(2) 如果在基本块 B 中，变量 A 的引用点 p 之前没有 A 的定值点，那么 IN[B]中 A 的所有定值点均到达 p，它们就是 A 在点 p 的 ud 链。

ud 链信息除了用于各种循环优化外，还可用于整个程序范围内进行常数传播和合并已知量，在此就不再赘述了。

5.3.2　定值-引用链(du 链)

我们已经知道了如何计算一个变量 A 在引用点的 ud 链，即能到达该引用点的 A 的所有定值点。反之，对一个变量 A 在某点 p 的定值，也可计算该定值能够到达的 A 的所有引用点，它称为该定值点的定值-引用链(简称 du 链)。

对程序中某变量 A 和某点 p，如果存在一条从 p 开始的道路，其中引用了 A 在点 p 的值，则称 A 在点 p 是活跃的。对于基本块 B，如果 OUT[B]仅给出哪些变量的值在 B 的后继中还会使用的信息，而且还一同指出它们在 B 的后继中哪些点会被使用，那么就可直接应用这种信息来计算 B 中任一变量 A 在定值点 p 的 du 链。在此，只要对 B 中 p 后面部分进行扫描：如果 B 中 p 后面没有 A 的其它定值点，则 B 中 p 后面 A 的所有引用点加上 OUT[B]中 A 的所有引用点就是 A 在定值点 p 的 du 链；如果 B 中 p 后面有 A 的其它定值点，则从

p 到 p 距离最近的那个 A 的定值点之间的 A 的所有引用点，就是 A 在定值点 p 的 du 链。所以，问题归结为如何计算出带有上述引用点信息的 OUT[B]。

我们定义：

IN[B]——基本块 B 入口之前的活跃变量集(进入基本块 B 时，哪些变量 A 的定值能够到达 B 和 B 的后继中 A 的哪些引用点)。

OUT[B]——基本块 B 出口之后的活跃变量集(离开基本块 B 时，哪些变量 A 的定值能够到达 B 的后继中 A 的哪些引用点)。

USE[B]——所有含(p,A)的集，其中 p 是 B 中某点，p 引用变量 A 的值且 B 中在 p 前面没有 A 的定值点。

DEF[B]——所有含(p,A)的集，其中 p 是不属于 B 的某点，p 引用变量 A 的值但 A 在 B 中被重新定值。

注意：对 USE[B]，B 中 p 点引用变量 A 值且在 B 中的 p 点前没有 A 的定值点这两个条件必须同时满足；同样，对 DEF[B]，p 引用变量 A 是在 B 之外且 A 在 B 中被重新定值这两个条件也必须同时满足。

显然，USE 和 DEF 可以从给定的程序流图中直接求出，问题是如何计算 IN 和 OUT。对已经介绍过的到达-定值方程，那里的基本块 B 的 IN 集是由 IN 的所有前驱的 OUT 集计算出来的，这是一个由前往后的计算过程。对于我们现在需要计算的基本块活跃变量来说，根据定义它应该是一个由后往前的计算过程，即从某基本块所有后继的 IN 来求得该基本块的 OUT。这是因为：对在某点 p 定值的变量 A，只有在以后引用了它，才表示变量 A 从 p 开始是活跃的，所以只有从后面寻找引用了哪些变量并向前寻找这些变量相应的定值点，即此时才能确定与这些找到定值点开始所对应的变量才是活跃的。因此，计算基本块的活跃变量这个过程是由后向前进行的。按照这一思路，我们可得到计算所有基本块 B 的 IN[B] 和 OUT[B] 的 du 链数据流方程：

$$IN[B]=OUT[B]-DEF[B]\cup USE[B]$$

$$OUT[B]= \bigcup_{s\in S[B]} IN[s]$$

其中，S[B]代表 B 的所有后继基本块集。du 链数据流方程也可用迭代法求解，假定已求出程序流图中各结点的深度为主次序，则按深度为主次序的逆序(由后向前)的迭代法求解 du 链数据流方程算法如下：

```
for( i=1; i<=n; i++)
    IN[Bi] = Φ;                    //初始化
change=true;
while( change )
{   change=false;
    for( i=n; i>=1; i--)
    {   OUT[Bi] = ⋃ IN[s]
                 s∈S[B]

        NEWIN=( OUT[Bi]-DEF[Bi])∪USE[Bi];
        if( NEWIN!=IN[Bi])
```

```
                {       change=true;
                        IN[Bi]=NEWIN;
                }
        }
}
```

例 5.12　假定只考虑变量 j，试求例 5.11 中图 5-22 程序流图的 du 链数据方程的解，并求基本块 B_3 中 j 的定值点 d_4 以及基本块 B_4 中 j 的定值点 d_5 的 du 链。

[解答]　图 5-22 程序流图对应的 DEF 和 USE 见表 5.3。

表 5.3　程序流图对应的 DEF 和 USE

基本块	DEF	USE
B_1	$\{(d_4,j),(d_5,j),(d_7,j)\}$	$\{\ \}$
B_2	$\{\ \}$	$\{\ \}$
B_3	$\{(d_5,j),(d_7,j)\}$	$\{(d_4,j)\}$
B_4	$\{(d_4,j),(d_7,j)\}$	$\{(d_5,j)\}$
B_5	$\{\ \}$	$\{(d_7,j)\}$

对 B_2 中的 DEF，虽然有许多地方引用了 j，但在 B_2 中 j 没有重新定值，所以这些引用不属于 DEF，B_5 也是同理；对 B_3 中的 USE，由于 j 属于先引用后定值，故 (d_4,j) 属于 USE。

根据迭代算法，按照程序流图中结点的深度为主次序的逆序，即 B_5、B_4、B_3、B_2、B_1 进行计算。

置初值：

$$IN[B_1]=IN[B_2]=IN[B_3]=IN[B_4]=IN[B_5]=\{\ \}$$

第一次迭代：

$$OUT[B_5]=IN[B_2]=\{\ \}$$

$$IN[B_5]=(OUT[B_5]-DEF[B_5])\cup USE[B_5]=(\{\ \}-\{\ \})\cup\{(d_7,j)\}=\{(d_7,j)\}$$

$$OUT[B_4]=IN[B_5]=\{(d_7,j)\}$$

$$IN[B_4]=(OUT[B_4]-DEF[B_4])\cup USE[B_4]=(\{(d_7,j)\}-\{(d_4,j),(d_7,j)\})\cup\{(d_5,j)\}=\{(d_5,j)\}$$

$$OUT[B_3]=IN[B_4]\cup IN[B_5]=\{(d_5,j)\}\cup\{(d_7,j)\}=\{(d_5,j),(d_7,j)\}$$

$$IN[B_3]=(OUT[B_3]-DEF[B_3])\cup USE[B_3]$$
$$=(\{(d_5,j),(d_7,j)\}-\{(d_5,j),(d_7,j)\})\cup\{(d_4,j)\}=\{(d_4,j)\}$$

$$OUT[B_2]=IN[B_1]\cup IN[B_3]=\{\ \}\cup\{(d_4,j)\}=\{(d_4,j)\}$$

$$IN[B_2]=(OUT[B_2]-DEF[B_2])\cup USE[B_2]=(\{(d_4,j)\}-\{\ \})\cup\{\ \}=\{(d_4,j)\}$$

$$OUT[B_1]=IN[B_2]=\{(d_4,j)\}$$

$$IN[B_1]=(OUT[B_1]-DEF[B_1])\cup USE[B_1]=(\{(d_4,j)\}-\{(d_4,j),(d_5,j),(d_7,j)\})\cup\{\ \}=\{\ \}$$

各次迭代结果如表 5.4 所示。

表 5.4 程序流图的 IN 和 OUT

基本块	第一次迭代		第二次迭代		第三次迭代	
	OUT	IN	OUT	IN	OUT	IN
B_5	{ }	$\{(d_7,j)\}$	$\{(d_4,j)\}$	$\{(d_4,j),(d_7,j)\}$	$\{(d_4,j)\}$	$\{(d_4,j),(d_7,j)\}$
B_4	$\{(d_7,j)\}$	$\{(d_5,j)\}$	$\{(d_4,j),(d_7,j)\}$	$\{(d_5,j)\}$	$\{(d_4,j),(d_7,j)\}$	$\{(d_5,j)\}$
B_3	$\{(d_5,j),(d_7,j)\}$	$\{(d_4,j)\}$	$\{(d_4,j),(d_5,j),(d_7,j)\}$	$\{(d_4,j)\}$	$\{(d_4,j),(d_5,j),(d_7,j)\}$	$\{(d_4,j)\}$
B_2	$\{(d_4,j)\}$	$\{(d_4,j)\}$	$\{(d_4,j)\}$	$\{(d_4,j)\}$	$\{(d_4,j)\}$	$\{(d_4,j)\}$
B_1	$\{(d_4,j)\}$	{ }	$\{(d_4,j)\}$	{ }	$\{(d_4,j)\}$	{ }

因为第三次迭代结果与第二次迭代结果相同，所以它就是所求的解。同样，由于第一次迭代和第二次迭代的循环入口处 $IN[B_2]$ 相同，故无需再进行第三次迭代。

求程序流图 B_3 中 j 的定值点 d_4 以及 B_4 中 j 的定值点 d_5 的 du 链：如果 B_3 中 d_4 后有 j 的其它定值，则 j 的定值点 d_4 的 du 链只包含 d_4 后最靠近 d_4 的 j 的定值以前的所有引用 j 的点；如果 B_3 中 d_4 后没有 j 的其它定值但有 j 的引用，则 j 的定值点 d_4 的 du 链除 $OUT[B_3]$ 外还应包含这些引用点。

因 $OUT[B_3]=\{(d_4,j),(d_5,j),(d_7,j)\}$ 而 B_3 中 d_4 后面没有 j 的其它定值也没有 j 的引用，所以 B_3 中 j 的定值点 d_4 的 du 链就是 $OUT[B_3]$(只考虑变量 j)；也即，d_4 的 j 的定值到达程序中 j 的引用点 d_4、d_5 和 d_7(d_4 中 j 的定值到达 d_4，这是由于 d_5、d_7 中没有其它对 j 的定值，而 d_4 又可不经过 d_5 对 j 重新定值而到达 d_4)。

同样，因 $OUT[B_4]=\{(d_4,j),(d_7,j)\}$，而 B_4 中 d_5 后面没有 j 的其它定值也没有 j 的引用，所以 B_4 中 j 的定值点 d_5 的 du 链就是 $OUT[B_4]$；也即，d_5 的 j 的定值到达程序中 j 的引用点 d_4 和 d_7(d_5 中 j 的定值只能到达 d_4、d_7 而不能到达 d_5，这是因为在到达 d_5 前必须经过 d_4 对 j 的重新定值)。

5.3.3 复写传播

我们称形如 A=D 的赋值为复写，复写可直接出现在语法分析后的中间代码中。在 5.1 节局部优化中重写 DAG 为四元式时，我们曾经说过，如果 A 未在该基本块的后继中被引用，则可删除 A=D；然而，如果 A 在基本块的后继中被引用能否也删除它呢？这是在此需要研究的问题。

容易看出，假设有某复写 s: A=D；如果对程序中所有引用该 A 值的四元式 p，我们能确定：

(1) 到达 p 的 A 的定值点只是 s。例如在程序中只有 s: A=D；…；p: $X=C_1*A+C_2$；也即，A 在引用点 p 的 ud 链仅仅包含 s。

(2) 从 s 到 p 的每一条通路包括多次穿过 p 的通路(但不穿过 s 多次)，没有对 D 重新定值。

那么，就可把 s: A=D 删除，并把 p 中引用 A 改为引用 D，我们称它为复写传播。

为了确定符合上述条件的 s 和 p，需要在程序流图中进行数据流分析。为此，我们定义：

C_IN[B]——满足下述条件的所有复写 s: A=D 的集：从首结点到基本块 B 入口之前的每一通路上都包含有复写 s: A=D，并且在每一通路上最后出现的那个复写 s: A=D 到 B 入口之前未曾对 A 或 D 重写定值。

C_OUT[B]——满足下述条件的所有复写 s: A=D 的集：从首结点到基本块 B 出口之后的每一通路上都包含有复写 s: A=D，并且在每一通路上最后出现的那个复写 s: A = D 到 B 出口之间未曾对 A 或 D 重新定值。

C_GEN[B]——基本块 B 中满足下述条件的所有复写 s: A=D 的集：在 B 中 s 的后面未曾对 A 或 D 重新定值。

C_KILL[B]——程序中满足下述条件的所有复写 s: A=D 的集：在 s 在基本块 B 外的条件下 A 或 D 在 B 外，且 A 或 D 在 B 中被重新定值。

这里，C_GEN[B] 和 C_KILL[B] 均可从给定的程序流图中直接求出。为了求出 IN[B] 和 OUT[B]，我们列出数据流方程：

$$OUT[B] = IN[B] - C\_KILL[B] \cup C\_GEN[B]$$

$$IN[B] = \bigcap_{p \in P[B]} OUT[p] \qquad //B\ 不是首结点$$

$$IN[B_1] = \Phi \qquad //B_1\ 是首结点$$

其中，P[B] 代表 B 的所有前驱基本块集。第二组方程中运算符是 ∩ 而不是 ∪，是因为一个复写在某基本块入口之前是可用的，仅当它在该基本块所有前驱出口之后是可用的。

上述数据流方程也可用迭代法求解，并在每次迭代过程中按深度为主次序依次计算各结点的 OUT 和 IN。假设已求出流图的深度为主次序，则求解数据流方程的迭代算法如下：

```
IN[B₁]=Φ;                    //首结点 B₁ 的 IN 和 OUT 的值始终不变
OUT[B₁]=C_GEN[B₁];
for(i=2; i<=n; i++)
{    IN[Bᵢ]=ξ;               //置初值
     OUT[Bᵢ]=ξ-C_KILL[Bᵢ];
}
change=true;
while(change)
{    change=false;
     for(i=2; i<=n; i++)
     {    NEWIN= ∩ OUT[p];
               p∈P[B]

          if(IN[Bᵢ]!=NEWIN)
          {    IN[Bᵢ]=NEWIN;
               OUT[Bᵢ]=(IN[Bᵢ]-C_KILL[Bᵢ])∪C_GEN[Bᵢ];
               change=true;
          }
     }
}
```

这里，ξ 代表程序中所有复写 A=D 的集。只要从上述数据流方程中求出各基本块的 IN[B] 就可以进行复写传播。复写传播算法如下：

(1) 应用 du 链信息求出复写 s: A=D 中 A 的定值所能到达的 A 的所有引用点。

(2) 对(1)中求出的 A 的各个引用点，假设其所属基本块分别为 B_1、B_2、…、B_r，如果对所有满足 $1 \leqslant i \leqslant r$ 的 i，都有 $s \in C\_IN[B_i]$ 且上述 B_i 中各个 A 的引用点之前都未曾对 A 或 D 重新定值，则转(3)，否则转(1)考虑下一复写句。

(3) 删除 s，并把(1)中求出的那些引用 A 的地方改为引用 D。

注意：对复写传播算法(2)，因为 s 属于 $IN[B_i]$，即对 A 可到达的基本块 B_i 有：从首结点到 B_i 入口之前的每一通路上都包含有复写 A=D 且每一通路上最后出现的那个复写 s: A=D 到 B_i 入口之前未曾对 A 或 D 重新定值，再加上 B_i 中各个 A 的引用点之前都未曾对 A 或 D 重新定值；也即，从首结点出发到 B_i 中各个 A 的引用点之前必定有 A=D，且这个 A=D 可到达 B_i 中各个 A 的引用点，而这些点所引用的 A 值即为 D，所以可改为引用 D，因此可将 s: A=D 删除。

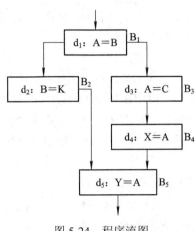

图 5-24 程序流图

例 5.13 对图 5-24 的程序流图，

(1) 假设只考虑复写 A=D 和 A=C，即把 p 限制为 {A=B,A=C}，求数据流方程的解；

(2) 求解 B_1 中复写 d_1: A=B 和 B_3 中复写 d_3: A=C 的复写传播问题。

[解答] (1) 由程序流图先求出 C_GEN 和 C_KILL，如表 5.5 所示。

表 5.5 程序流图的 C_GEN 和 C_KILL

基本块	C_GEN	C_KILL
B_1	{A=B}	{A=C}
B_2		{A=B}
B_3	{A=C}	{A=B}
B_4		
B_5		

注意：对 B_2 中的 C_KILL，由于 B 被重新定值，找 B_2 之外所有形如 B=… 或 …=B 的语句，只有 d_1 满足，即为 {A=B}；A 被重新定值，由于所有复写仅考虑 A=B 和 A=C，所以在此限制下 C_KILL 只有 {A=C}。

再按程序流图的深度为主次序 B_1、B_2、B_3、B_4、B_5 和迭代算法求解：

$$IN[B_1] = \Phi$$
$$OUT[B_1] = \{A=B\}$$

置初值：

$$IN[B_2] = IN[B_3] = IN[B_4] = IN[B_5] = \{A=B, A=C\}$$
$$OUT[B_2] = \{A=B, A=C\} - \{A=B\} = \{A=C\}$$
$$OUT[B_3] = \{A=B, A=C\} - \{A=B\} = \{A=C\}$$

　　　　OUT[B_4]={A=B,A=C}−{}={A=B,A=C}

　　　　OUT[B_5]={A=B,A=C}−{}={A=B,A=C}

　第一次迭代：

　　　　IN[B_2]={A=B}

　　　　OUT[B_2]=(IN[B_2]−C_KILL[B_2])∪C_GEN[B_2]=({A=B}−{A=B})∪{}={}

　　　　IN[B_3]={A=B}

　　　　OUT[B_3] = (IN[B_3] −C_KILL[B_3]) ∪ C_GEN[B_3] =({A=B} −{A=B}) ∪ {A=C} = {A=C}

　　　　IN[B_4]={A=C}

　　　　OUT[B_4]=(IN[B_4]−C_KILL[B_4])∪C_GEN[B_4]=({A=C}−{})∪{}={A=C}

　　　　IN[B_5]=OUT[B_5]∩OUT[B_4]={}∩{A=C}={}

　　　　OUT[B_5]=(IN[B_5]−C_KILL[B_5])∪C_GEN[B_5]=({}−{})∪{}={}

　第二次迭代与第一次迭代的结果相同，所以它就是所求方程的解。

　(2) 可以求出：A 的定值点 d_1 的 du 链是 A 的引用点 d_5；A 的定值点 d_3 的 du 链是 A 的引用点 d_4 和 d_5。

　　现在考虑 d_1：由 du 链信息知 A 的定值点 d_1 只到达 A 的引用点 d_5，d_5 属于基本块 B_5 而 C_IN[B_5]=Φ，故 d_1 不可删除，d_5 中的引用 A 不可改为引用 B。

　　再考虑 d_3：由 du 链信息知 A 的定值点 d_3 到达 A 的引用点 d_4 和 d_5，因 d_4 属于基本块 B_4，C_IN[B_4] ={d_3: A=C}，d_5 属于基本块 B_5，C_IN[B_5] =Φ，所以 d_3∈C_IN[B_4] 而 d_3∉ C_IN[B_5]，故 d_3 不可删除，d_4 和 d_5 中的引用 A 不可改为引用 C。

　　也即，以上复写都不可进行复写传播。

　　最后，需要指出的是，活跃变量与 du 链信息不仅可用于代码优化中的删除程序中无用赋值(包括无用的递归赋值)、代码外提，而且也可以在代码生成中用于寄存器分配。此外，活跃变量与 du 链信息还可用在软件测试中，查找程序错误、追踪程序变量的出错地点以及错误影响范围等。

　　全局优化还涉及在整个程序范围内删除多余公共子表达式等，限于篇幅就不再介绍了。

*5.4　代码优化示例

　　我们通过一个高级语言程序的例子来了解代码优化的全过程。下面是一个用 C 语言编写的快速排序子程序：

```
        void quicksort(m,n)
        {
            int i,j;
            int v,x;
            if(n<=m) return;
        //fragment begins here
            i=m-1;
```

```
        j=n;
        v=a[n];
        while( 1 )
        {
            do i=i+1; while( a[i]<v );
            do j=j-1; while( a[j]>v );
            if( i>=j ) break;
            x=a[i];
            a[i]=a[j];
            a[j]=x;
        }
        x=a[i];
        a[i]=a[n];
        a[n]=x;
    //fragment ends here
        quicksort( m,j );
        quicksort( i+1,n );
    }
```

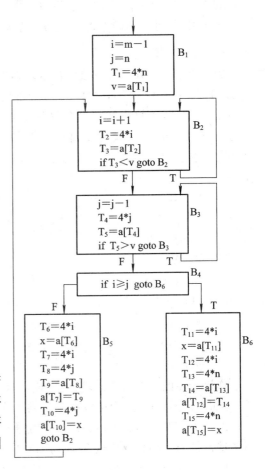

通过第四章的中间代码生成方法可以产生这个程序的中间代码。图 5-25 给出了程序中两个注解行之间的语句翻译成中间代码序列后所对应的程序流图。对图 5-25 程序流图的代码优化叙述如下。

图 5-25　程序流图

1. 删除公共子表达式

在图 5-25 的 B_5 中分别把公共子表达式 $4*i$ 和 $4*j$ 的值赋给 T_7 和 T_{10}，因此这种重复计算可以消除，即 B_5 中的代码变换成

$$
\begin{aligned}
B_5: \quad & T_6=4*i \\
& x=a[T_6] \\
& T_7=T_6 \\
& T_8=4*j \\
& T_9=a[T_8] \\
& a[T_7]=T_9 \\
& T_{10}=T_8 \\
& a[T_{10}]=x \\
& goto\ B_2
\end{aligned}
$$

对 B_5 删除了公共子表达式后，仍然要计算 $4*i$ 和 $4*j$，我们还可以在更大范围内来考虑删除公共子表达式的问题，即利用 B_3 中的四元式 $T_4=4*j$ 可以把 B_5 中的代码 $T_8=4*j$ 替换为 $T_8=T_4$。

同样，利用 B_2 中的赋值句 T_2=4*i 可以把 B_5 中的代码 T_6=4*i 替换为 T_6=T_2。

对于 B_6 也可以同样考虑，最后，删除公共子表达式后的程序流图如图 5-26 所示。

2. 复写传播

图 5-26 中的 B_5 还可以进一步改进，四元式 T_6=T_2 把 T_2 赋给了 T_6，而四元式 x=a[T_6] 中引用了 T_6 的值，但这中间并没有改变 T_6 的值，因此可以把 x=a[T_6] 变换为 x=a[T_2]。这种变换称为复写传播。用复写传播的方法可以把 B_5 变为

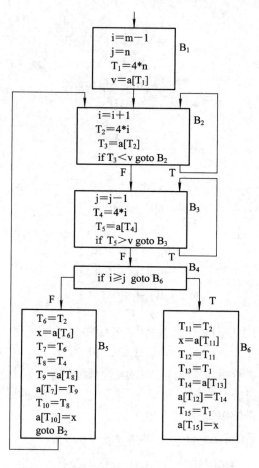

图 5-26　删除公共子表达式后的程序流图

$$T_6=T_2$$
$$x=a[T_2]$$
$$T_7=T_2$$
$$T_8=T_4$$
$$T_9=a[T_4]$$
$$a[T_2]=T_9$$
$$T_{10}=T_4$$
$$a[T_4]=x$$
$$goto\ B_2$$

作进一步的考察可以发现，在 B_2 中计算了 T_3=a[T_2]，因此在 B_5 中可以删除公共子表达式，即把 x=a[T_2] 替换为 x=T_3，并继续通过复写传播，把 B_5 中的 a[T_4]=x 替换为 a[T_4]=T_3。

同样，把 B_5 中的 T_9=a[T_4] 替换为 T_9=T_5，a[T_2]=T_9 替换为 a[T_2]=T_5。

这样，B_5 就变为

$$T_6=T_2$$
$$x=T_3$$
$$T_7=T_2$$
$$T_8=T_4$$
$$T_9=T_5$$
$$a[T_2]=T_5$$
$$T_{10}=T_4$$
$$a[T_4]=T_3$$
$$goto\ B_2$$

复写传播的目的就是使对某些变量的赋值成为无用赋值。

3. 删除无用赋值

对于进行了复写传播后的 B_5，其中的变量 x 及临时变量 T_6、T_7、T_8、T_9、T_{10} 在整个程序中不再使用，故可以删除对这些变量赋值的四元式。删除无用赋值后 B_5 变为

$$a[T_2]=T_5$$
$$a[T_4]=T_3$$
$$\text{goto } B_2$$

对 B_6 进行相同的复写传播和删除无用赋值后变为

$$a[T_2]=v$$
$$a[T_1]=T_3$$

复写传播和删除无用赋值后的程序流图如图 5-27 所示。

4．代码外提

考察图 5-27，没有发现可外提到循环之外的不变运算。

5．强度削弱

观察图 5-27 中的内循环 B_3，每循环一次，j 的值减 1；而 T_4 的值始终与 j 保持着 $T_4=4*j$ 的线性关系，即每循环一次，T_4 值随之减少 4。因此，我们可以把循环中计算 T_4 值的乘法运算变为在循环前进行一次乘法运算而在循环中进行减法运算。同样，对循环 B_2 中的 $T_2=4*i$ 也可以进行强度削弱。经过强度削弱后的程序流图如图 5-28 所示。

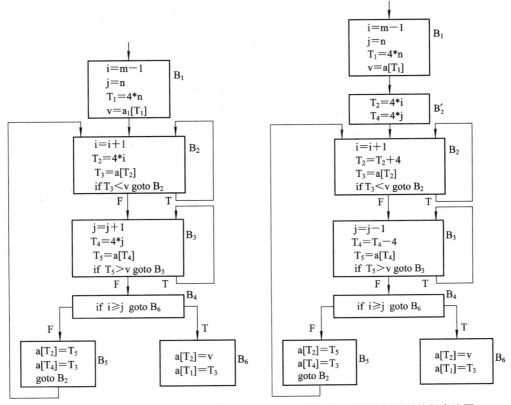

图 5-27　复写传播和删除无用赋值后的程序流图　　　　图 5-28　强度削弱后的程序流图

6．删除归纳变量

由图 5-28 可知，B_2 中每循环一次，i 值加 1，T_2 与 i 之间保持着 $T_2=4*i$ 的线性关系；而 B_3 中每循环一次，j 值减 1，T_4 与 j 之间保持着 $T_4=4*j$ 的线性关系。在对 $T_2=4*i$ 和 $T_4=4*j$

进行了强度削弱后，i 和 j 仅出现在条件句 if i≥j goto B_6 中，其余地方不再被引用。因此，我们可以变换归纳变量而把此条件句变换为 if $T_2 \geq T_4$ goto B_6。经过这种变换，我们又可以将无用赋值 i=i+1 和 j=j−1 删去。删除归纳变量后的程序流图如图 5-29 所示。

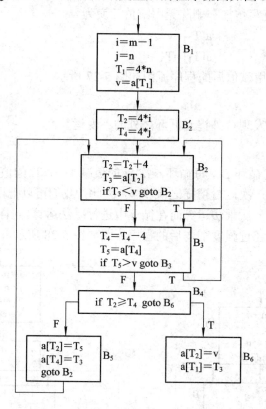

图 5-29　删除归纳变量后的程序流图

通过上述各种优化，最终得到图 5-29 所示的优化结果。比较图 5-25 和图 5-29 可知：B_2 和 B_3 中的四元式从 4 条减为 2 条，而且一条是由乘法变为加法；B_5 中的四元式由 9 条变为 3 条，B_6 中的四元式由 8 条变为 2 条。以上这些优化对循环执行来说，效果是非常明显的。虽然 B_1 的四元式由 4 条变为现在的 B_1 和 B_2' 共 6 条，但因其仅被执行一次，所以影响甚微。

习　题　5

5.1　完成以下选择题：

(1) 优化可生成＿＿＿＿的目标代码。

　　A．运行时间较短　　　　　　　　　　　B．占用存储空间较小

　　C．运行时间短但占用内存空间大　　　　D．运行时间短且占用存储空间小

(2) 下列优化方法中不是针对循环的是＿＿＿＿。

　　A．强度削弱　　　　B．删除归纳变量　　　　C．删除多余运算　　　　D．代码外提

(3) 对一个基本块来说，＿＿＿＿是正确的。

A．有一个入口语句和一个出口语句　　B．有一个入口语句和多个出口语句

C．有多个入口语句和一个出口语句　　D．有多个入口语句和多个出口语句

(4) _____不能作为一个基本块的入口。

　　A．程序的第一个语句　　　　　　　B．条件转移语句转移到的语句

　　C．无条件转移语句后的下一条语句　D．无条件转移语句转移到的语句

(5) 基本块内的优化为_____。

　　A．代码外提，删除归纳变量　　　　B．删除多余运算，删除无用赋值

　　C．强度削弱，代码外提　　　　　　D．循环展开，循环合并

(6) 在程序流图中，称具有_____的结点序列为一个循环。

　　A．非连通的且只有一个入口结点

　　B．强连通的但有多个入口结点

　　C．非连通的但有多个入口结点

　　D．强连通的且只有一个入口结点

(7) 关于必经结点的二元关系，下列叙述中不正确的是_____。

　　A．满足自反性　　　　　　B．满足传递性

　　C．满足反对称性　　　　　D．满足对称性

(8) 已知有向边 a→b 是一条回边，则由它组成的循环是_____的所有结点组成的。

　　A．由结点 a、结点 b 以及有通路到达 b 但该通路不经过 a

　　B．由结点 a、结点 b 以及有通路到达 a 但该通路不经过 b

　　C．仅由结点 a 以及有通路到达 a 但该通路不经过 b

　　D．仅由结点 b 以及有通路到达 b 但该通路不经过 a

(9) 对循环中各基本块的每个四元式，如果它的_____，则将此四元式标记为"不变运算"。

　　A．每个运算对象为常数

　　B．每个运算对象定值点在循环内

　　C．每个运算对象定值点在循环外

　　D．每个运算对象为常数或者定值点在循环外

(10) 循环中进行代码外提时，对循环 L 中的不变运算 S：A=B op C 或 A= op B 或 A=B，要求满足下述条件(A 在离开 L 后仍是活跃的)中错误的是_____。

　　A．S 所在的结点是 L 的所有出口结点的必经结点

　　B．A 在 L 中其它地方未再定值

　　C．不变运算 S 中的 B 和 C 必须是常量

　　D．L 中的所有 A 的引用点只有 S 中 A 的定值才能到达

5.2　何谓局部优化、循环优化和全局优化? 优化工作在编译的哪个阶段进行?

5.3　将下面程序划分为基本块并作出其程序流图：

　　　　read(A, B)

　　　　F=1

　　　　C=A*A

　　　　D=B*B

```
            if C<D goto L₁
            E=A*A
            F=F+1
            E=E+F
            write( E )
            halt
L₁:         E=B*B
            F=F+2
            E=E+F
            write( E )
            if E>100 goto L₂
            halt
L₂:         F=F−1
            goto L₁
```

5.4　基本块的 DAG 如图 5-30 所示。若：

(1) b 在该基本块出口处不活跃；

(2) b 在该基本块出口处活跃；

请分别给出下列代码经过优化之后的代码：

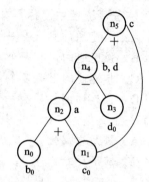

图 5-30　习题 5.4 的 DAG 图

(1) a=b+c

(2) b=a−d

(3) c=b+c

(4) d=a−d

5.5　对于基本块 P：

$S_0=2$

$S_1=3/S_0$

$S_2=T−C$

$S_3=T+C$

$R=S_0/S_3$

$H=R$

$S_4=3/S_1$

$S_5=T+C$

$S_6=S_4/S_5$

$H=S_6*S_2$

(1) 应用 DAG 对该基本块进行优化；

(2) 假定只有 R、H 在基本块出口是活跃的，试写出优化后的四元式序列。

5.6　对图 5-31 所示的流图，求出图中各结点 i 的必经结点集 D(i) 以及流图中的回边与循环。

5.7　证明：如果已知有向边 n→d 是一回边，则由结点 d、结点 n 以及有通路到达 n 而

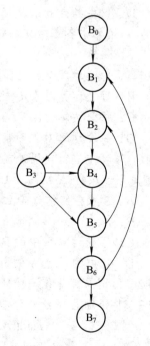

图 5-31　习题 5.6 的程序流图

该通路不经过 d 的所有结点组成一个循环。

　　5.8　对下面四元式代码序列：

$$A=0$$
$$I=1$$

$L_1:$　　$B=J+1$

$$C=B+I$$
$$A=C+A$$

　　if I=100 goto L_2

$$I=I+1$$

　　goto L_1

$L_2:$　　write A

　　halt

(1) 画出其控制流程图；

(2) 求出循环并进行循环的代码外提和强度削弱优化。

　　5.9　某程序流图如图 5-32 所示。

(1) 给出该流图中的循环；

(2) 指出循环不变运算；

(3) 指出哪些循环不变运算可以外提。

　　5.10　一程序流图如图 5-33 所示，试分别对其进行代码外提、强度削弱和删除归纳变量等优化。

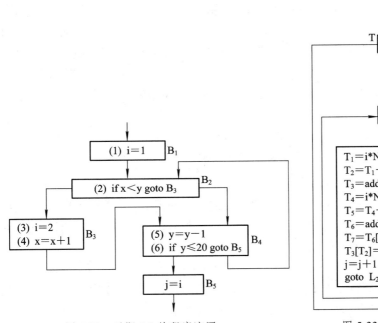

图 5-32　习题 5.9 的程序流图

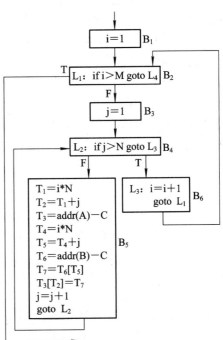

图 5-33　习题 5.10 的程序流图

第6章　目标程序运行时存储空间的组织

　　至今，我们已经研究了对源程序进行静态分析的编译程序的不同阶段，这些分析仅取决于源程序本身的特性，它与目标程序、目标机器以及目标机器的操作系统特性完全无关。但是，编译程序的最终目的是将源程序翻译成能够在目标机器上运行的目标程序，这就要求编译程序不仅能生成目标代码，而且还要在生成目标代码之前进行目标程序运行环境的设计和数据空间的分配，即在生成目标代码之前，需要把程序静态的正文与实现该程序运行时的活动联系起来。如在目标代码运行时，源程序中的各种变量、常量等如何在存储器中存放，又如何对它们进行访问；这些变量或常量的作用域和生存期如何确定；递归过程(函数)的数据空间如何在运行过程中实现动态的分配。这些问题对编译程序来说，都是非常复杂而又十分重要的。

　　从编译角度看，程序语言关于名字的作用域和生存期的定义规则决定了分配目标程序数据空间的基本策略。如果一个程序语言不允许有递归过程(函数)，不允许含有可变体积的数据项目或待定性质的名字，那么就能在编译时完全确定其程序的每个数据项目存储空间的位置，这种策略叫做静态分配策略。如果程序语言允许有递归过程(函数)和可变(体积的)数组，则其程序数据空间的分配需采用某种动态策略(在程序运行时动态地进行程序数据空间的分配)，此时，目标程序可用一个栈作为动态的数据空间。程序运行时，每当进入一个过程(函数)或分程序，其所需的数据空间就动态地分配于栈顶，一旦该过程(函数)或分程序运行结束，其所占用的空间就予以释放，这种方法叫做栈式动态分配策略。如果程序语言允许用户动态地申请和释放存储空间，而且申请和释放之间不一定遵守"先请后放"和"后请先放"的原则，此时就必须让运行程序持有一个大存储区(称为堆)，凡申请者从堆中分给一块，凡释放者退还给堆，这种方法叫做堆式动态分配策略。

6.1　静态存储分配

　　如果在编译时就能够确定一个程序在运行时所需的存储空间大小，则在编译时就能够安排好目标程序运行时的全部数据空间，并能确定每个数据项的单元地址，存储空间的这种分配方法叫做静态分配。

　　对 FORTRAN 语言来说，其特点是不允许过程有递归性，每个数据名所需的存储空间大小都是常量(即不允许含可变体积的数据，如可变数组)，并且所有数据名的性质是完全确定的(不允许出现在运行时再动态确定其性质的名字这种情况)。这些特点确保整个程序所需数据空间的总量在编译时是完全确定的，从而每个数据名的地址就可静态地进行分配。

　　静态存储分配是一种最简单的存储管理。一般而言，适于静态存储分配的语言必须满

足以下条件:

(1) 数组的上下界必须是常数。

(2) 过程调用不允许递归。

(3) 不允许采用动态的数据结构(即在程序运行过程中申请和释放的数据结构)。

满足这些条件的语言除了 FORTRAN 之外，还有 BASIC 等语言。在这些语言中，编译程序可以完全确定程序中数据项所在的地址(通常为相对于各数据区起始地址的位移量)。由于过程调用不允许递归，因此数据项的存储地址就与过程相联系。过程调用所使用的局部数据区可以直接安排在过程的目标代码之后，并把各数据项的存储地址填入相关的目标代码中，以便在过程运行时访问这个局部数据区。在此，不存在对存储区的再利用问题，目标程序执行时不必进行运行时的存储空间管理，过程的进入和退出变得极为简单。

FORTRAN 语言的静态存储管理特点是 FORTRAN 程序中的各程序段均可独立地进行编译。在编译过程中，给程序中的变量或数组分配存储单元的一般做法是: 为每一个变量(或数组)确定一个有序的整数对; 其中，第一个整数用来指示数据区(局部数据区或公用区)的编号，第二个整数则用来指明该变量(或数组)所对应的存储起始单元相对于其所在数据区起点的位移(即相对于数据区起点的地址)，并将这一对整数填入符号表相应登记项的信息栏中。至于各数据区的起始地址在编译时可暂不确定，待各程序段全部编译完成之后，再由连接装配程序最终确定，并将各程序段的目标代码组装成一个完整的目标程序。

一个 FORTRAN 程序段的局部数据区可由图 6-1 所示的项目组成。其中，隐参数是指过程调用时的连接信息(不在源程序中明显出现)，如调用时的返回地址、调用时寄存器的保护等; 形式单元用来存放过程调用时形参与实参结合的实参地址或值。

图 6-1　一个 FORTRAN 程序段的局部数据区

6.2　简单的栈式存储分配

我们首先考虑一种简单程序语言的实现，这种语言没有分程序结构，过程定义不允许嵌套，但允许过程的递归调用，允许过程含有可变数组。例如，C 语言除不允许含有可变数组外，就是这样一种语言。C 语言的程序结构如下:

全局数据说明

void main( )

{

```
        main 中的数据说明
             ⋮
    }
    void R( )
    {
        R 中的数据说明
             ⋮
    }
    void Q( )
    {
        Q 中的数据说明
             ⋮
    }
```

例如，下面计算 n! 的 C 语言程序就是一个递归调用的程序，它的执行过程可以用栈来实现：

```
    #include "stdio.h"
    long factorial( int n )
    {
        if( n>1 )
        return( n*factorial( n−1 ) );
        else
            return( 1 );
    }
    void main( )
    {
        int num;
        do{
            scanf( "%d", &num );
            if( num>=0&&num<15 )
                printf("%d\n",factorial( num ) );
            else
                printf( "error!\n" );
        }while( num>=0 );
    }
```

6.2.1　栈式存储分配与活动记录

使用栈式存储分配法意味着程序运行时，每当进入一个过程(函数)就有一个相应的活动记录累筑于栈顶，此记录含有连接数据、形式单元、局部变量、局部数组的内情向量和临时工作单元等；在进入过程和执行过程的可执行语句之前，再把局部数组所需空间累筑于栈顶,从而形成过程工作时的完整数据区。

注意:每个过程的活动记录的体积在编译时可以静态地确定。但由于允许含有可变数组,所以数组的大小只有在运行时才能知道。因数组区的大小不能预先获知,为了扩充方便,所以只能将数组区累筑于活动记录之上的当前栈顶。当一个过程工作完毕返回时,它在栈顶的数据区(包括活动记录和数组区)也随即不复存在。

对 C 语言来说,由于其不含可变数组,因而它的活动记录本身包含了局部数组的空间。图 6-2 和图 6-3 分别给出了 C 语言和含可变数组的某简单语言程序运行时的数据空间结构,即显示了主程序在调用了过程 Q,Q 又调用了过程 R,且在 R 投入运行后的存储结构。SP 指示器总是指向执行过程活动记录的起点,而 TOP 指示器则始终指向(已占用)栈顶单元。当进入一个过程时,TOP 指向为此过程创建的活动记录的顶端;在分配数组区之后(如果有的话),TOP 又改为指向数组区(从而是该过程整个数据区)的顶端。

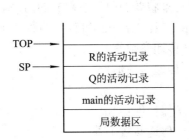

图 6-2　C 语言程序的存储组织

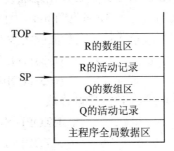

图 6-3　含可变数组程序的存储组织

C 的活动记录含有以下几个区段(如图 6-4 所示):

(1) 连接数据(两项):老 SP 值(即前一活动记录的起始地址)和返回地址。

(2) 参数个数。

(3) 形式单元(存放实在参数的值或地址)。

(4) 过程的局部变量(简单变量)、数组的内情向量和临时工作单元。

C 语言不允许过程(函数)嵌套,也即不允许一个过程的定义出现在另一个过程的定义之内。因此,C 语言的非局部变量仅能出现在源程序头,非局部变量可采用静态存储分配并在编译时确定它们的地址。

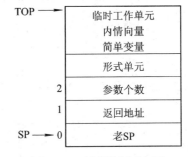

图 6-4　C 过程的活动记录

由图 6-4 可知,过程的每一局部变量或形参在活动记录中的位置都是确定的;也就是说,这些变量或形参所分配的存储单元其地址都是相对于活动记录的基址 SP 的。因此,变量和形参运行时在栈上的绝对地址是

$$绝对地址=活动记录基址(SP)+相对地址$$

于是,对当前正在执行(即活动)的过程,其任何局部变量或形参 X 的引用均可表示为变址访问 X[SP]。此处,X 代表 X 相对于活动记录基址的偏移量,这个偏移量(即相对数)在编译时可完全确定下来。过程的局部数组的内情向量的相对地址在编译时也同样可完全确定下来,一旦数据空间在过程里获得分配,对数组元素的引用也就容易用变址的方式进

行访问了。

6.2.2　过程的执行

1. 过程调用

过程调用的四元式序列为

$$par\ T_1$$
$$par\ T_2$$
$$\vdots$$
$$par\ T_n$$
$$call\ P,n$$

由于此时 TOP 指向被调用过程 P 之前的栈顶，而 P 的形式单元和活动记录起点之间的距离是确定的(等于 3，参见图 6-4)，因而由调用者过程给将要调用的过程 P 的活动记录(正在形成中)的形式单元传递实参值或实参地址，即每个 $par\ T_i(i=1,2,\cdots,n)$ 可直接翻译成如下指令：

$$(i+3)[TOP]=T_i \qquad //传递参数值$$
或
$$(i+3)[TOP]=addr[T_i] \qquad //传递参数地址$$

而四元式 call P,n 则翻译成

$$1[TOP]=SP \qquad //保护现行\ SP$$
$$3[TOP]=n \qquad //传递参数个数$$
$$JSR\ \ P \qquad //转子指令，转向\ P\ 过程的第一条指令$$

过程 P 调用之前，先构造出 P 的活动记录部分内容，如图 6-5 所示。

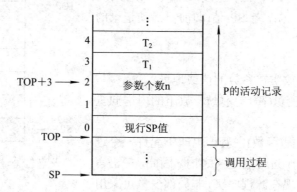

图 6-5　过程 P 调用前先构造 P 的活动记录部分内容

2. 过程进入

转入过程 P 后，首先要做的工作是定义新活动记录的 SP，保护返回地址和定义新活动记录的 TOP 值，即执行下述指令：

$$SP=TOP+1 \qquad //定义新\ SP$$
$$1[SP]=返回地址 \qquad //保护返回地址$$
$$TOP=TOP+L \qquad //定义新\ TOP$$

其中，L 是过程 P 的活动记录所需的单元数，这个数在编译时可静态地计算出来。

对含可变数组(非 C 语言)的情况来说，因为过程可含可变数组且所有数组都分配在活动记录的顶上，所以紧接上述指令之后应是对数组进行存储分配的指令(如果含有局部数组)，这些指令是在翻译数组说明时产生的。对每个数组说明，相应的目标指令组将做以下几件工作：

(1) 计算各维的上、下限。

(2) 调用数组空间分配子程序，其参数是各维的上、下限和内情向量单元首地址。

数组空间分配子程序计算并填好内情向量的所有信息，然后在 TOP 所指的位置之上留出数组所需的空间，并将 TOP 调整为指向数组区的顶端。进入过程 P 后所做的工作如图 6-6 所示。

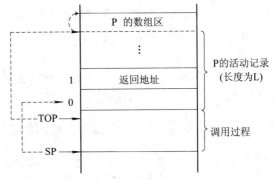

图 6-6　进入过程 P 后所做的工作示意

此后，在过程段执行语句的工作过程中，凡引用形式参数、局部变量或数组元素都将以 SP 为基址进行相对访问。

3. 过程返回

C 语言以及其它一些相似的语言含有 return(E) 形式的返回语句，其中 E 为表达式。假定 E 值已计算出来并存放在某临时单元 T 中，则此时即可将 T 值传送到某个特定的寄存器中(调用过程将从这个特定的寄存器中获得被调用过程 P 的结果)。剩下的工作就是恢复 SP 和 TOP 为进入过程 P 之前的原值(即指向调用过程的活动记录及工作空间)，并按返回地址实行无条件转移，即执行下述指令序列：

TOP=SP–1	//恢复调用过程的 TOP 值
SP=0[SP]	//恢复调用过程的 SP 值
X=2[TOP]	//将返回地址送 X
UJ 0[X]	//无条件转移，即按 X 的地址返回到调用过程

一个过程也可通过它的 end 语句(对 C 语言则是该过程(函数)体结束时的"}")自动返回。如果此过程是一个函数过程，则按上述方法传递结果值，否则仅直接执行上述返回指令序列。过程 P 的返回示意如图 6-7 所示。

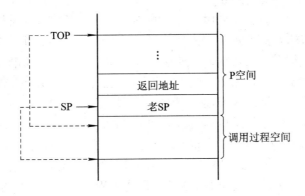

图 6-7　过程 P 的返回示意

6.3　嵌套过程语言的栈式实现

　　在简单程序语言实现中是允许过程的递归调用的，并且过程中可含有可变数组。现在，我们再加上一种功能，即允许过程的嵌套性。从结构上看，PASCAL 就是这样的一种语言。但由于 PASCAL 含有"文件"和"动态变量"，因此，它的存储分配不能简单地用栈式方法来实现。采用 PASCAL 的一个子集，例如去掉"文件"和"动态变量"这种数据类型，那就可以用我们下面将要讨论的方法实现存储分配。

6.3.1　嵌套层次显示(DISPLAY)表和活动记录

　　在讨论中，常常要用到过程定义的"嵌套层次"(简称层数)这个概念。我们始终假定主程序的层数为 0，因此主程序称为第 0 层过程。如果过程 Q 是在层数为 i 的过程 P 内定义的，并且 P 是包围 Q 的最小过程，则 Q 的层数就为 i+1。当编译程序处理过程说明时，过程的层数将作为过程名的一个重要属性登记在符号表中。

　　由于过程定义是嵌套的，因而一个过程可以引用包围它的任一外层过程所定义的变量或数组。也就是说，运行时，一个过程 Q 可能引用它的任一外层过程 P 的最新活动记录中的某些数据。因此，过程 Q 运行时必须知道它的所有外层的最新活动记录的起始地址。由于允许递归和可变数组的存在，过程的活动记录位置(即使是相对位置)也往往是变迁的，因而必须设法跟踪每个外层过程的最新活动记录的位置(起始地址)。例如，下面的 PASCAL 程序其活动记录在栈中的示意如图 6-8 所示(调用顺序为：env→a→b→c→b→c)。

```
        program env;
            procedure a;
                var x:integer;
                procedure b;
                    procedure c;
                        begin x:=x-1; if x>0 then b end; {procedure c}
                    begin c end; {procedure b}
                begin b end; {procedure a}
            begin x:=2; a end. {main}
```

　　由图 6-8 可知，过程 c 访问过程 a 定义的变量 x 时，都要根据每层活动记录所保存的老 SP 值逐层返回(如图 6-8 箭头所示)方可找到。这种做法过于麻烦，能否采取一种更为简单有效的方法呢？一种常用的跟踪每个外层过程最新活动记录位置的有效方法是：每进入一个过程后，在建立它的活动记录区的同时建立一张嵌套层次 DISPLAY 表，将记录它所有外层过程最新活动记录起始位置的 SP 值都放在这张嵌套层次 DISPLAY 表中，这样就可直接在本层查到它的任何一个外层过程最新活动记录的起始位置。假定现在进入的过程层数为 i，则它的 DISPLAY 表含有 i+1 个单元。此表本身是一个小栈，自顶而下每个单元依次存放着现行层、直接外层直至最外层(第 0 层，即主程序层)的每一层的最新活动记录的起始地址。例如，令过程 R 的外层为 Q，Q 的外层为主程序 P，则过程 R 运行时的 DISPLAY 表内容如表 6.1 所示。

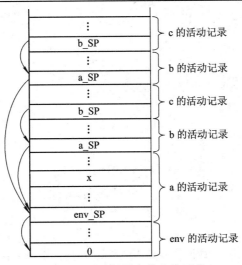

图 6-8 活动记录在栈中的示意

表 6.1 过程 R 运行时的 DISPLAY 表

2	R 的现行活动记录的起始地址(SP 的现行值)
1	Q 的最新活动记录的起始地址
0	P 的活动记录的起始地址

由于过程的层数可静态确定，因此每个过程的 DISPLAY 表的体积在编译时即可知道。为了便于组织存储区和简化处理手续，我们把 DISPLAY 表作为活动记录的一部分置于形式单元的上端，如图 6-9 所示。

由于每个过程的形式单元数目在编译时是已知的，因此 DISPLAY 表的相对地址 d(相对于活动记录的起点)在编译时也是完全确定的。被调用过程为了建立自己的 DISPLAY 表，就必须知道它的直接外层过程的 DISPLAY 表，这意味着必须把直接外层的 DISPLAY 表地址作为连接数据之一(称为"全局 DISPLAY 表地址")传送给被调用过程。于是，此时的连接数据包含老 SP 值、返回地址和全局 DISPLAY 表地址这三项内容。整个活动记录的结构如图 6-9 所示。

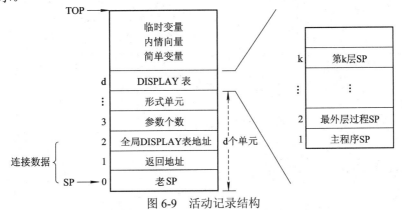

图 6-9 活动记录结构

注意：0 层过程(主程序)的 DISPLAY 表只含一项，这一项就是主程序开始工作时建立的第一个 SP 值。

6.3.2 嵌套过程的执行

1. 过程调用

过程调用所做的工作与简单栈式存储分配大体相同，只是增加了一个连接数据，所以每个 par T_i 相应的指令应改为

$$(i+4)[TOP]=T_i$$

或者

$$(i+4)[TOP]=addr[T_i]$$

call P,n 所对应的指令应为

 1[TOP]=SP   //保护现行 SP

 3[TOP]=SP+d

      //将直接外层的 DISPLAY 表起始地址作为 P 的全局 DISPLAY 表地址

 4[TOP]=n   //传递参数个数

 JSR P   //转向 P 的第一条指令

2. 过程进入

转入过程 P 后，首先执行和简单栈式存储分配相同的指令：

 SP=TOP+1   //定义新的 SP

 1[SP]=返回地址   //保护返回地址

 TOP=TOP+L   //定义新的 TOP

其次，应按第三项连接数据所提供的全局 DISPLAY 表地址，自底向上地抄录 k 个单元内容(k 为 P 的层次)，最后再添上新的 SP 值形成现行过程 P 的 DISPLAY 表(共 k+1 个单元)。其过程如图 6-10 所示。

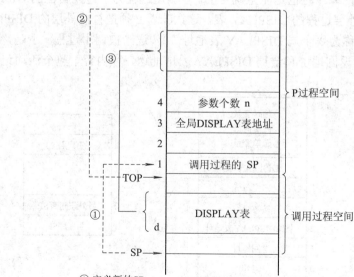

① 定义新的SP；
② 定义新的TOP；
③ 按全局DISPLAY表地址复制DISPLAY表至P的活动记录。

图 6-10 过程 P 进入示意

3. 过程返回

当过程 P 工作完毕要返回到调用段时，若 return 语句含有返回值或 P 是函数过程，则把已算好的值传送到某个特定的寄存器，然后执行：

TOP=SP−1	//恢复调用过程的 TOP 值
SP=0[SP]	//恢复调用过程的 SP 值
X=2[TOP]	//将返回地址送 X
UJ　0[X]	//无条件转移，返回

过程返回执行的指令与简单栈式存储分配的过程返回完全一样。

6.3.3　访问非局部名的另一种实现方法

在允许嵌套的过程中，一个过程可以引用包围它的任一外层过程所定义的变量或数组；也即在运行时，一个过程 Q 可能引用它的任一外层过程 P 的最新活动记录中的某些数据(这些数据视为过程 Q 的非局部量)。为了在活动记录中查找非局部名字所对应的存储空间，过程 Q 运行时必须知道它的所有外层过程的最新活动记录的起始地址。因为过程活动记录的位置(即使是相对位置)往往也因过程的递归而变迁，所以必须设法跟踪每个外层过程的最新活动记录的位置。跟踪的一种有效方法是采用嵌套层次显示(DISPLAY)表，其优点是访问非局部量的速度较快。在此，我们介绍另一种访问非局部名的方法——存取链(也称静态链)方法。

存取链方法引入一个称为存取链的指针，该指针作为活动记录的一项指向直接外层的最新活动记录的起始地址，这就意味着在运行时栈中的每个数据区(活动记录)之间又拉出一条链，这个链称为存取链。注意，运行时栈中数据区之间原先就存在一条链，即每个活动记录中所保存的老 SP 值这一项，它指向调用该过程(子过程)的那个过程(父过程)的最新活动记录的起点，由此向前形成了一条 SP 链。为了区别于存取链，称 SP 链为控制链(也称动态链)，它记录了在运行中过程之间相互调用的关系。注意，控制链是动态的，而存取链是静态的。控制链记录了当前时刻程序中各过程相互调用的情况；而存取链则始终记录着程序静态定义时该过程所有的直接外层(嵌套过程规定，内层过程只允许调用其静态定义时的外层过程说明的变量和数组)。因此，存取链指出了一个过程的当前活动记录指向其直接定义的外层过程直至最外层的最新活动记录的起点。具有存取链的活动记录结构如图 6-11 所示。

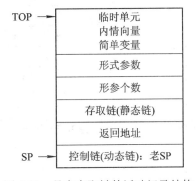

图 6-11　具有存取链的活动记录结构

假定过程的嵌套关系如下：

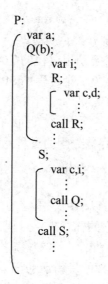

```
P:
    var a;
    Q(b);
        var i;
        R;
            var c,d;
                ⋮
            call R;
            ⋮
        S;
            var c,i;
            ⋮
            call Q;
            ⋮
        call S;
        ⋮
```

程序中每个过程的静态结构(嵌套层次)是确定的，如嵌套深度为 2 的过程 R 引用了非局部量 a 和 b，其嵌套深度分别为 0 和 1。从 R 的活动记录开始，分别沿着 2−0=2 和 2−1=1 个存取链向前查找，则可找到包含这两个非局部量的活动记录。

上述过程 P 调用 S 以及 S 调用 Q 运行时栈的变化过程如图 6-12(a)、(b)所示。

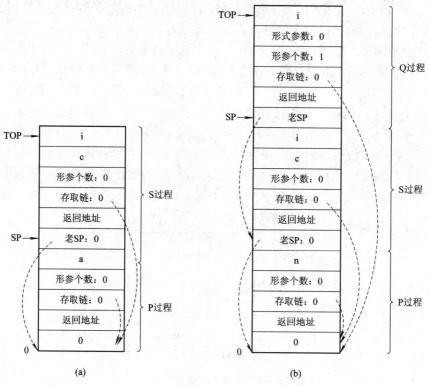

图 6-12 过程调用时运行栈的变化

(a) P 调用 S；(b) S 调用 Q

由图 6-12 可以看出，指针 SP 总是指向当前正在执行过程的活动记录起点，控制链(老 SP)则指向调用运行过程的父过程的活动记录起点。因此，当运行过程调用结束返回时，利用控制链老 SP 值可以得到调用前原父过程活动记录的起点。从程序的静态结构来看，P 是 S 和 Q 的静态直接外层，因此，S 和 Q 活动记录中的存取链均指向其直接外层 P 的活动记录起点。

　　　例 6.1　某程序的结构如图 6-13 所示，其中 A、B、C 为过程名，请分别画出过程 C 调用 A 前后的栈顶活动记录。

　　　[解答]　过程 C 调用 A 前后的栈顶活动记录示意如图 6-14 所示。由图 6-14 可知，当过程 C 执行时，它可使用主程序、A、B 和 C 过程所说明的变量，且其外层嵌套的过程活动记录起始地址由 DISPLAY 表指出。当 C 调用 A 而使过程 A 执行时，我们看到此时的 DISPLAY 表已变为两项，即主程序和 A 过程自身；也即此时 A 只可使用主程序和 A 过程所说明的变量。

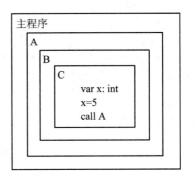

图 6-13　例 6.1 的程序结构示意

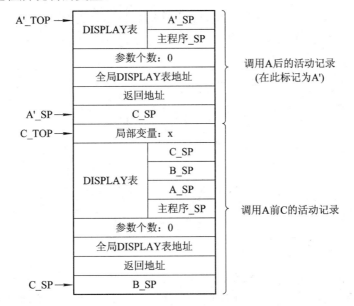

图 6-14　例 6.1 的运行栈与活动记录示意

　　　例 6.2　在下面的 PASCAL 程序中，已经第二次(递归地)进入了 f，请给出第三次进入 f 后的运行栈及 DISPLAY 表的示意图。

```
PROGRAM test(input, output);
    VAR K: integer;
    FUNCTION f( n: integer ): integer;
      BEGIN
        IF n<=0 THEN    f:=1
```

```
        ELSE    f:=n*f(n-1)
   END;
   BEGIN
   K:=f(10);
   write(K)
   END.
```

[解答]　第三次进入 f 后的运行栈及 DISPLAY 表的示意图如图 6-15 所示。由于静态嵌套层次只有两层,故每一次递归调用产生的 DISPLAY 表只有两项,一项是 test 的 SP(即 0),另一项是当前活动记录的 $SP_i(i=1,2,3)$。

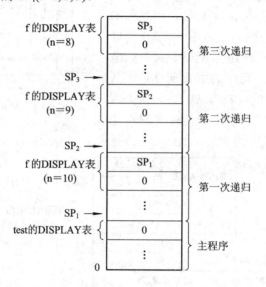

图 6-15　例 6.2 的运行栈及 DISPLAY 表的示意图

6.4　堆式动态存储分配

6.4.1　堆式存储的概念

如果一种程序语言允许数据对象能够自由地分配和释放,或者不仅有过程而且有进程(Process)这样的程序结构,那么由于空间的使用不一定遵循"先申请后释放"的原则,则栈式存储分配就不适用了。在这种情况下,通常使用一种称之为堆的动态存储分配方案。假定程序运行时有一个大的存储空间,需要时就从这个空间中借用一块,不用时再退还给它。由于借、还的时间先后不一,因而经过一段时间的运行后,这个大空间就必然被分割成如图 6-16 所示的许多小块,这些块有些正在使用,有些则是空闲的(未被使用)。

对于堆式存储分配来说,需要解决两个问题:一是堆空间的分配,即当运行程序需要一块空间时应分配哪一块给它;另一个问题是分配空间的回收,由于返回堆的不用空间是按任意次序进行的,所以需要研究专门的回收分配策略。

在许多语言中都有显式的堆空间分配和回收语句或函数,如 PASCAL 语言中的 new 和

dispose、C 语言中的 alloc 和 free 以及 C++语言中的 new 和 delete。

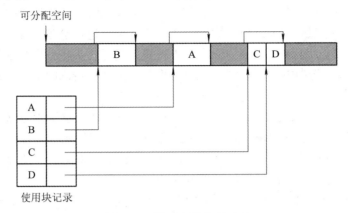

图 6-16　堆式存储分配示意

6.4.2　堆式存储的管理方法

由于堆式分配方式和存储管理技术较为复杂，并且有效的堆管理是数据结构课程研究的问题，故我们只对堆式分配方式作简单的讨论。

当运行程序要求一块体积为 N 的存储空间时应如何分配？从理论上讲，这时应从比 N 稍大一些的空闲块中取出 N 个单元予以分配，这种做法的目的是保持较大的空闲块以备将来之需。但这种方法实现起来难度较大，实际中采用的方法是：扫描空闲块链并在首次遇到的比 N 大的空闲块中取出 N 个单元进行分配。

如果找不到一块比 N 大的空闲块，但所有空闲块的总和却比 N 大，这时就需要用某种紧凑方法使这些空闲块拼接在一起，形成一个可分配的连续空间。如果所有空闲块的总和都不及 N 大，则需要采用更复杂的方法，如废品回收技术(即寻找那些运行程序已不使用但仍未释放的存储块或运行程序目前很少使用的存储块)，把这些存储块回收后再重新分配。

可以采用多种策略进行堆式动态存储管理。在此，我们介绍一种使用可利用空间表进行动态分配的方法。可利用空间表是指将所有空闲块用一张表记录下来，表的结构可以是目录表，也可以是链表，其结构分别如图 6-17(b)、(c)所示。

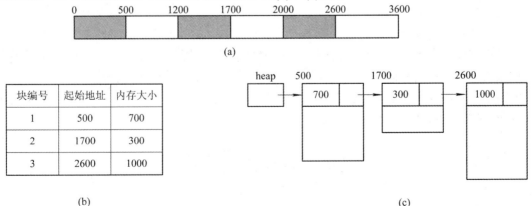

图 6-17　内存状态和可利用空间表

(a) 内存状态；(b) 目录表；(c) 链表

使用可利用空间表进行动态存储分配的方法又可分为如下两种：

(1) 定长块的管理。最简单的堆式存储管理方法是采用定长块的管理方法，即将堆存储空间在初始化时就划分成大小相同的若干块，将各个块通过链表链接起来形成一个单向线性链表。由于各块大小相同，故分配时无需查找，只需将头指针所指的第一块分配给用户即可，然后头指针指向下一块。同样，当回收时，系统将待回收的存储块插入到表头即完成了该块的回收。

(2) 变长块的管理。变长块管理方法是一种常用的堆式存储管理方法，它可以根据实际需要来分配长度不同的空闲块；对空闲块的管理则可以采用图 6-17(c) 中的链表形式。

系统初启时，存储空间是一完整空间，可利用空间表中只有一个大小为整个存储空间的空闲块。在系统运行一段时间后，随着分配和回收的进行，可利用空间表中空闲块的大小和个数也随之改变。由于可利用空间表中的空闲块大小不同，因而存在着如何进行空闲块分配的问题。若可利用空间表存在多个大于所要求空间的空闲块，则可采取以下三种方法之一进行存储分配：

(1)首次满足法。从表头开始查找可利用空间表，将找到的第一个满足需要的空闲块或空闲块的一部分分配出去(当空闲块略大于所要求的空间时，则整块分配出去)，而其余部分仍作为一个空闲块留在表中。

(2) 最优满足法。系统扫描整个可利用空间表，从中找出一块不小于要求的最小空闲块予以分配。为了避免每次分配都要扫描整个表，通常将空闲块按由小到大的顺序进行排列。这样，所找到的第一个大于或等于所需空间的空闲块即为所求，无需再扫描整个表。

(3) 最差满足法。系统将可利用空间表中最大的空闲块予以分配(当然也要求其不小于所需空间的大小)，这种方法应使空闲块按由大到小的顺序排列，此时表头的空闲块即为所求。

最优满足法和最差满足法在回收时都需将待回收的空闲块插入到链表中适当的位置上去。

以上三种方法各有所长。一般来说，最优满足法适用于请求分配的内存大小范围较广的系统；最差满足法适用于请求分配的内存大小范围较窄的系统；而首次满足法则适用于事先无法获知请求分配和回收情况的系统。从时间上来看，最优满足法无论分配与回收都需要查表，故最费时间；最差满足法分配时无需查表，但回收时却需查表并根据回收空闲块的大小确定其在表中应插入的位置；而首次满足法在分配时需要查表，回收时直接插入到表头即可。

对于已分配的存储块，可以采用不同的回收策略。有的程序语言干脆不做回收工作，直到内存空间用完为止；如果当空间用完时还有分配存储块的请求，就停止程序的运行。这样做的缺点是浪费空间，但如果系统具有海量虚存或堆中的多数数据是一分配就一直使用的情形，则这种方法也是可行的。如果程序语言有显式的分配命令，那么就可用显式的回收命令(如 C 语言中的 free)来回收不用的空间。

*6.5　参数传递补遗

定义和调用过程(函数)是程序语言的主要特征之一。过程(函数)是模块程序设计的主要手段，同时也是节省程序代码和扩充语言能力的主要途径。PASCAL 语言的设计者 N.Wirth

曾经说过："在程序设计技巧中,过程是很少几种基本工具中的一种,掌握了这种工具,就能对程序员工作的质量和风格产生决定性的影响。"

一个过程(函数)一旦定义后,就可以在别的地方调用它。调用与被调用(过程)两者之间的信息往来通过全局量或参数传递。例如,下面的 C 语言程序:

```
#include "stdio.h"
void showme( int a, int b, int c )
{
    printf( "a=%d, b=%d, c=%d\n", a, b, c );
}
void main( )
{
    int x=10, y=20, z=30;
    showme( z, y, x );
}
```

就是一个含函数调用的程序。其中 a、b、c 称为形式参数(简称形参),而函数调用语句:

$$showme(z, y, x)$$

中的 z、y、x 则称为实在参数(简称实参)。实参甚至也可以是一个较复杂的表达式而不仅仅只是一个变量。实参和对应的形参在性质上应相容不悖。

6.5.1　参数传递的方法

1．传值

传值是最简单的参数传递方法。所谓传值,就是计算出实在参数的值,然后把它传给被调用过程(函数)相对应的形式参数,具体实现过程如下:

(1) 把形式参数当作过程的局部变量处理,即在被调用过程的活动记录中开辟形式参数的存储空间(即形式单元)。

(2) 调用过程计算出实在参数的值,并将该值放入为形式单元开辟的空间中。

(3) 被调用过程执行时就像使用局部变量一样使用这些形式单元。

传值的一个重要特点是对形式参数的任何运算都不影响调用过程的活动记录中实在参数的值,即参数传递后实在参数与对应的形式参数不再发生联系。

2．传地址

所谓传地址,是指把实在参数的地址传递给相应的形式参数所对应的形式单元。如果实在参数是一个变量(包括下标变量),则直接将该变量的地址传给相应的形式单元;如果实在参数是常数或表达式,则先计算其值并存放在某一临时单元中,然后将这个临时单元的地址传给相应的形式单元。被调用过程执行时,对形式参数的任何引用或赋值都被处理成对形式单元的间接访问,即按形式单元中存放的地址转到调用过程的活动记录中去访问实在参数。对形式参数的任何运算实际上都是对实在参数的运算,而形式参数只不过起到辅助查找到实在参数的指针的作用。因此,当被调用过程工作完毕返回时,形式单元所指的实在参数单元就保留了运算的结果。

3. 传名

传名是高级语言 ALGOL 60 所定义的一种特殊的参数传递方式，其传递参数的方法如下：

(1) 过程调用的作用相当于把被调用过程的过程体复制到调用处(替换调用语句)，并将过程体中所有出现的形式参数在文字上替换成相应的实在参数。这种文字上的替换称为宏扩展(Marcro Expansion)。

(2) 被调用过程中的局部名如果与过程调用的实在参数名发生冲突，则在宏扩展前对被调用过程中的这些局部名重新命名，以避免重名冲突。

(3) 为表现实在参数的整体性，必要时在替换前把实在参数用括号括起来。

传名这种参数传递方法因其操作过于复杂现在已很少采用。

6.5.2　不同参数传递方法比较

为了描述不同参数传递方法下程序的执行，我们将动态栈和活动记录结合起来简化为一种动态图。采用动态图的方法来对程序的执行进行描述时，记录主程序和过程(函数)的调用、运行及撤销各个阶段的状态，以及程序运行期间所有变量和过程(函数)中传值与传地址的变化过程。动态图规则如下：

(1) 动态图纵向描述主程序、过程(函数)各层之间的调用关系，横向由左至右按执行的时间顺序记录主程序、过程(函数)中各变量值的变化情况。

(2) 过程(函数)的传值的形式参数均看作是带初值的局部变量(也可用箭头来表示实在参数传给形式参数的指向)，其后，形式参数就作为局部变量参与过程(函数)的操作。对于传地址方式，由于形式参数的作用就像指向实在参数的指针，故动态图中形式参数一律指向与其对应的实在参数变量(注意，两者位于动态图相邻的两层上；如果实在参数为表达式，则用一个临时变量来代表这个表达式)；此后，所有对形式参数的操作都是根据形式参数箭头所指对实参变量进行的。

(3) 主程序，过程(函数)按运行中的调用关系由上向下分层，各层(相当于活动记录)说明的变量(包括形式参数)都依次列于该层首列，各变量值的变化情况按时间顺序记录在与该变量对应的同一行上。

注意：这里的动态图仅能够描述参数传递中的传值与传地址两种。

以下面的程序为例，对三种参数传递方法进行比较：

```
program parament;
    int A, B;
    procedure P( x, y, z );
        begin
            Y=Y+1;
            Z=Z+X
        end;
    begin
        A=2;
        B=3;
```

> P(A+B, A, A);
>
> > print A
>
> end.

(1) 传值：用 T 代表 A+B 的临时变量，则对图 6-18 所示的动态图分析得 A=2。

(2) 传地址：用 T 代表 A+B 的临时变量，则对图 6-19 所示的动态图分析得 A=8。

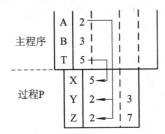

图 6-18　传值时的动态图

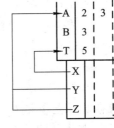

图 6-19　传地址时的动态图

(3) 传名：由于传名时的过程调用就是把过程体抄到调用出现的地方，所以实际执行的程序为

> A=2;
>
> B=3;
>
> A=A+1;　　　　　//形参 Y 换成 A
>
> A=A+(A+B);　　//形参 Z 换成 A，形参 X 换成(A+B)
>
> print A

经分析得 A=9。

不同的参数传递方法得到的结果不同，因此，如何选择参数传递的方法将影响语言的语义，这是编译程序在处理参数传递时应引起重视的问题。

习　题　6

6.1　完成下列选择题：

(1) 分配目标程序数据空间的基本策略分为＿＿＿＿。

　　A．栈式分配和堆式分配　　　　　B．局部分配和整体分配

　　C．静态分配和动态分配　　　　　D．程序运行之前分配

(2) 过程的 DISPLAY 表中记录了＿＿＿＿。

　　A．过程的连接数据　　　　　　　B．过程的嵌套层次

　　C．过程的返回地址　　　　　　　D．过程的入口地址

(3) 过程 P_1 调用 P_2 时，连接数据不包含＿＿＿＿。

　　A．嵌套层次显示表　　　　　　　B．老 SP 值

　　C．返回地址　　　　　　　　　　D．全局 DISPLAY 表地址

(4) 堆式动态分配申请和释放存储空间遵守＿＿＿＿原则。

　　A．先请先放　　B．先请后放　　　C．后请先放　　　D．任意

(5) 栈式动态分配与管理在过程返回时应做的工作有＿＿＿＿。

　　　A．保护老 SP　　　　　　　　　　B．恢复老 SP

　　　C．保护老 TOP　　　　　　　　　D．释放老 TOP

(6) 如果活动记录中没有 DISPLAY 表，则说明_____。

　　　A．程序中不允许有递归定义的过程

　　　B．程序中不允许有嵌套定义的过程

　　　C．程序中既不允许有嵌套定义的过程，也不允许有递归定义的过程

　　　D．程序中允许有递归定义的过程，也允许有嵌套定义的过程

(7) 两个不同过程的活动，其生存期是_____的。

　　　A．重叠且不嵌套　　　　　　　　B．不重叠却嵌套

　　　C．重叠且嵌套　　　　　　　　　D．不重叠也不嵌套

(8) 编译的动态存储分配含义是_____。

　　　A．在运行阶段对源程序中的各种变量、常量进行分配

　　　B．在编译阶段对源程序中的各种变量、常量进行分配

　　　C．编译阶段对源程序中各变量、常量进行分配，运行时也可修改这些变量、常量的地址

　　　D．A～C 都不是

6.2　何谓嵌套过程语言运行时的 DISPLAY 表？它的作用是什么？

6.3　(1) 写出实现一般递归过程的活动记录结构以及过程调用、过程进入与过程返回的指令；

　　(2) 对以 return(表达式) 形式(这个表达式本身是一个递归调用)返回函数值的特殊函数过程，给出不增加时间开销但能节省存储空间的实现方法。假定语言中过程参数只有传值和传地址两种形式。为便于理解，举下例说明这种特殊的函数调用：

```
int gcd( int p, int q )
{
    if( p%q==0 ) return q;
    else return gcd( q, p%q )
}
```

6.4　有一程序如下：

```
program ex;
    a: integer;
    procedure  PP( x: integer );
        begin:
            x:=5; x:=a+1
        end;
    begin
        a:=2;
        PP( a );
        write( a )
    end.
```

试用图表示 ex 调用 PP(a)前后活动记录的过程。

6.5　类 PASCAL 结构(嵌套过程)的程序如下，该语言的编译器采用栈式动态存储分配策略管理目标程序数据空间：

```
program Demo
    procedure A;
        procedure B;
            begin ( *B* )
                …
                if d then B else A;
                …
            end; ( *B* )
        begin ( *A* )
            B
        end; ( *A* )
    begin ( *Demo* )
        A
    end.
```

(1) 若过程调用序列为

① Demo→A；② Demo→A→B；③ Demo→A→B→B；④ Demo→A→B→B→A；
请分别给出这四个时刻运行栈的布局和使用的 DISPLAY 表；

(2) 若该语言允许动态数组，编译程序应如何处置？如过程 B 有动态局部数组 R[m:n]，请给出 B 第 1 次激活时相应的数据空间的情况。

6.6　下面程序的结果是 120。但是如果把第 5 行的 abs(1)改成 1，则程序结果为 1。试分析产生两种不同结果的原因。

```
int fact( )
{
    static int i=5;
    if( i==0 ){ return( 1 ); }
    else { i=i−1; return( ( i+abs( 1 ) )*fact( ) );}
}
void main( )
{
    printf( "factor or 5=%d\n", fact( ) );
}
```

第7章　目标代码生成

代码生成是指把语法分析后或者优化后的中间代码(如四元式或三元式)变换成目标代码，所生成的目标代码一般有如下三种形式：

(1) 能够立即执行的机器语言代码，它们通常放在固定的存储区中并可直接执行，如 PC 机中后缀为 .COM 或 .EXE 的文件。

(2) 待装配的机器语言模块，其地址均为相对地址，所以不能直接执行。当需要执行时由连接装配程序把它们与其它运行程序和库函数连接起来，装配成可执行的机器语言代码，如 PC 机中后缀为 .OBJ 的文件都属于待装配的模块(文件)。

(3) 汇编语言程序，必须通过汇编程序的汇编方可转换成可执行的机器语言代码，如 PC 机中后缀为 .ASM 的文件即为汇编语言程序。

一个高级语言程序的目标代码要经常、反复使用，因此代码生成要着重考虑两个问题：一是如何使生成的目标代码较短，二是如何充分利用计算机的寄存器以减少目标代码中访问存储单元的次数。生成的目标代码越短，寄存器的利用越充分，目标代码的质量也就越高。

设计一个代码生成器需要考虑具体的机器结构、指令格式、字长及寄存器个数和种类，并且与指令的语义和所用的操作系统、存储管理等都密切相关。

7.1　简单代码生成器

我们首先介绍一个简单的代码生成器，此生成器依次把每条中间代码变换成目标代码，并且在一个基本块范围内考虑如何充分利用寄存器的问题。一方面，在基本块中，当生成计算某变量值的目标代码时，尽可能地让该变量的值保留在寄存器中(即不编出把该变量的值存到内存单元的指令)，直到该寄存器必须用来存放其它变量的值或已达基本块出口为止；另一方面，后续的目标代码尽可能地引用变量在寄存器中的值而不访问内存。

例如，一 C 语言语句为 A=(B+C)*D+E，把它翻译为四元式 G：

$$T_1=B+C$$
$$T_2=T_1*D$$
$$A=T_2+E$$

如果不考虑代码的效率，可以简单地把每条中间代码(四元式)映射成若干条目标指令，如将 x=y+z 映射为

　　　　　MOV AX, y　　　　　//AX 为寄存器
　　　　　ADD AX, z

$$MOV\ x, AX$$

其中，x、y、z 均为数据区的内存变量。

这样，上述四元式代码序列 G 就可翻译为

  (1)　MOV AX, B

  (2)　ADD AX, C

  (3)　MOV T_1, AX

  (4)　MOV AX, T_1

  (5)　MUL AX, D

  (6)　MOV T_2, AX

  (7)　MOV AX, T_2

  (8)　ADD AX, E

  (9)　MOV A, AX

  虽然从正确性来看，这种翻译不存在问题，但它却存在冗余。在上述指令序列中，(4) 和(7)两条指令是多余的；而 T_1、T_2 均是中间代码生成时产生的临时变量，它们在出了基本块后将不再使用，故(3)、(6)两条指令也可删去。因此，在考虑了效率和充分使用寄存器之后，应生成如下代码：

  (1)　MOV AX, B

  (2)　ADD AX, C

  (3)　MUL AX, D

  (4)　ADD AX, E

  (5)　MOV A, AX

  为了实现这一目的，代码生成器就必须了解一些信息：在产生 $T_2=T_1*D$ 对应的目标代码时，为了省去指令 MOV AX, T_1，就必须知道 T_1 的当前值已在寄存器 AX 中；为了省去 MOV T_1, AX，就必须知道出了基本块后 T_1 不再被引用。

7.1.1　待用信息与活跃信息

  在一个基本块内的目标代码中，为了提高寄存器的使用效率，应将基本块内还要被引用的值尽可能地保留在寄存器中，而将基本块内不再被引用的变量所占用的寄存器尽早释放。每当翻译一条四元式如 A=B op C 时，需要知道在基本块中还有哪些四元式要对变量 A、B、C 进行引用，为此，需要收集一些待用信息。在一个基本块中，四元式 i 对变量 A 定值，如果 i 后面的四元式 j 要引用 A 且从 i 到 j 的四元式没有其它对 A 的定值点，则称 j 是四元式 i 中对变量 A 的待用信息，同时也称 A 是活跃的。如果 A 被多处引用，则构成了 A 的待用信息链与活跃信息链。

  为了取得每个变量在基本块内的待用信息和活跃信息，可从基本块的出口由后向前扫描，对每个变量建立相应的待用信息链与活跃信息链。如果没有进行数据流分析并且临时变量不允许跨基本块引用，则把基本块中的临时变量均看作基本块出口之后的非活跃变量，而把所有的非临时变量均看作基本块出口之后的活跃变量。如果某些临时变量能够跨基本块使用，则把这些临时变量也看成基本块出口之后的活跃变量。

  假设变量的符号表内有待用信息和活跃信息栏，则计算变量待用信息的算法如下：

(1) 首先将基本块中各变量的符号表的待用信息栏置为"非待用"，对活跃信息栏则根据该变量在基本块出口之后是否活跃而将该栏中的信息置为"活跃"或"非活跃"。

(2) 从基本块出口到基本块入口由后向前依次处理各四元式。对每个四元式 i：A=B op C 依次执行以下步骤：

① 把符号表中变量 A 的待用信息和活跃信息附加到四元式 i 上；

② 把符号表中变量 A 的待用信息和活跃信息分别置为"非待用"和"非活跃"；

③ 把符号表中变量 B 和 C 的待用信息和活跃信息附加到四元式 i 上；

④ 把符号表中变量 B 和 C 的待用信息置为 i，活跃信息置为"活跃"。

注意：以上 ①～④ 次序不能颠倒，如果四元式出现 A=op B 或者 A=B 形式，则以上执行步骤完全相同，只是其中不涉及变量 C。

例 7.1 考察基本块：

$$(1)\quad T=A-B$$
$$(2)\quad U=A-C$$
$$(3)\quad V=T+U$$
$$(4)\quad D=V+U$$

其中，A、B、C、D 为变量，T、U、V 为中间变量。试求各变量的待用信息链和活跃信息链。

[解答] 我们根据计算变量待用信息的算法得到各变量的待用信息链和活跃信息链如表 7.1 所示。表中的"F"表示"非待用"或"非活跃"，"L"表示"活跃"，(1)～(4) 分别表示基本块中的四个四元式。待用信息链和活跃信息链的每列从左到右为每行从后向前扫描一个四元式时相应变量的信息变化情况(空白处表示没有变化)。

表 7.1　例 7.1 的待用信息链和活跃信息链

变量名	待 用 信 息				活 跃 信 息			
	初值	待 用 信 息 链			初值	活 跃 信 息 链		
T	F		(3)		F	F		L		F
A	F			(2)	(1)	L			L	L
B	F				(1)	L				L
C	F			(2)		L			L	
U	F	(4)	(3)	F		F	L	L	F
V	F	(4)	F			F	L	F	
D	F	F				L	F		

待用信息和活跃信息在四元式上的标记如下(每个变量都先去掉待用信息链和活跃信息链最右的值，然后由右向左依次引用所出现的值)：

$$(1)\quad T^{(3)L}=A^{(2)L}-B^{FL}$$
$$(2)\quad U^{(3)L}=A^{FL}-C^{FL}$$
$$(3)\quad V^{(4)L}=T^{FF}+U^{(4)L}$$
$$(4)\quad D^{FL}=V^{FF}+U^{FF}$$

7.1.2　代码生成算法

为了在代码生成中进行寄存器分配，需要随时掌握各寄存器的使用情况，即它是处于空闲状态还是已分配给某个变量或已分配给某几个变量。通常用一个寄存器描述数组 RVALUE 动态地记录各寄存器的当前状况，并用寄存器 R_i 的编号作为它的下标。此外，还需建立一个变量地址描述数组 AVALUE 来记录各变量现行值存放的位置，即其是在某寄存器中还是在某内存单元中，或者同时存在于某寄存器和某内存单元中，可以有如下表示：

RVALUE[R_i]={A}	//寄存器 R_i 分配给变量 A
RVALUE[R_i]={A,B}	//寄存器 R_i 分配给变量 A 和 B
RVALUE[R_i]={ }	//未分配
AVALUE[A]={A}	//表示 A 的值在内存中
AVALUE[A]={R_i}	//表示 A 的值在寄存器 R_i 中
AVALUE[A]={R_i,A}	//表示 A 的值既在寄存器 R_i 中又在内存中

为了简单起见，假设基本块中每个四元式的形式都是 A=B op C，则代码生成算法是对每个四元式 i: A=B op C 执行下述步骤：

(1) 调用函数 GETREG(i: A=B op C)返回存放 A 值结果的寄存器 R。

(2) 通过地址描述数组 AVALUE[B]和 AVALUE[C]确定出变量 B 和变量 C 的现行值存放位置 B'和 C'；如果是存放在寄存器中，则把寄存器取作 B'和 C'。

(3) 如果 B'≠R，则生成目标代码：

$$\text{MOV R, B'}$$
$$\text{op R, C'}$$

否则生成目标代码：

$$\text{op R, C'}$$

如果 B'或 C'为 R，则删除 AVALUE[B]或 AVALUE[C]中的 R。

(4) 令 AVALUE[A]={R}并令 RVALUE[R]={A}，表示变量 A 的现行值只在 R 中且 R 中的值只代表 A 的现行值。

(5) 如果 B 和 C 的现行值在基本块中不再被引用，它们也不是基本块出口之后的活跃变量且它们的现行值存放在寄存器 R_k 中，则删除 RVALUE[R_k]中的 B 和 C 以及 AVALUE[B]中的 R_k，使寄存器 R_k 不再为 B 和 C 所占用。

函数 GETREG(i: A=B op C)用来得到存放 A 的当前值的寄存器 R；其算法如下：

(1) 如果 B 的现行值在某寄存器 R_i 中，且该寄存器只包含 B 的值，或者 B 和 A 是同一标识符，或者 B 在该四元式之后不再被引用，则选取 R_i 为所需寄存器并转(4)。

(2) 如有尚未分配的寄存器，则从中选取一个 R_i 为所需寄存器并转(4)。

(3) 从已分配的寄存器中选取一个 R_i 为所需寄存器 R。选取原则为：占用 R_i 的变量的值也同时放在内存中，或者该值在基本块中要在最远的位置才会引用到。这样，对寄存器 R_i 所含的变量和变量在内存中的情况必须先做如下调整：

对 RVALUE[R_i]中的每一个变量 M，如果 M 不是 A 或者 M 既是 A 又是 C 却不是 B，而 B 又不在 RVALUE[R_i]中，则：

① 如果 AVALUE[R_i]中不包含 M，则生成目标代码 MOV M, R_i；

② 当 M 不是 A 时，如果 M 是 B 或者 M 是 C 且同时 B 也在 RVALUE[R_i] 中，则令 AVALUE[M]={M,R}，否则令 AVALUE[M]={M}；

③ 删除 RVALUE[R_i] 中的 M。

(4) 给出 R，返回。

例 7.2　对例 7.1，假设只有 AX 和 BX 是可用寄存器，用代码生成算法生成目标代码及其相应的 RVALUE 和 AVALUE。

[解答]　用代码生成算法生成的目标代码及其相应的 RVALUE 和 AVALUE，如表 7.2 所示。

表 7.2　例 7.2 的目标代码

四元式	目标代码	RVALUE	AVALUE
T=A−B	MOV AX, A SUB AX, B	AX 含有 T	T 在 AX 中
U=A−C	MOV BX, A SUB BX, C	AX 含有 T BX 含有 U	T 在 AX 中 U 在 BX 中
V=T+U	ADD AX, BX	AX 含有 V BX 含有 U	V 在 AX 中 U 在 BX 中
D=V+U	ADD AX, BX	AX 含有 D	D 在 AX 中

对其它形式的四元式也可仿照上述算法生成其目标代码。这里特别要指出的是，对形如 A=B 的复写，如果 B 的现行值在某寄存器 R_i 中，那么无需生成目标代码，只需在 RVALUE[R_i] 中增加一个 A(即把 R_i 同时分配给 B 和 A)，把 AVALUE[A] 改为 R_i；而且如果其后 B 不再被引用，还可把 RVALUE[R_i] 中的 B 和 AVALUE[B] 中的 R_i 删除。

处理完基本块中所有的四元式后，对现行只在某寄存器中的每个变量，如果它在基本块出口之后是活跃的，则要用 MOV 指令把它在寄存器中的值存放到数据区以它命名的内存单元中。为进行这一工作，我们利用寄存器描述数组 RVALUE 来决定其中哪些变量的现行值在寄存器中，再利用地址描述数组 AVALUE 来决定其中哪些变量的现行值尚不在其内存单元中，最后利用活跃变量信息来决定其中哪些变量是活跃的。例如，由例 7.2 的表 7.2 查 RVALUE 栏可知：U 和 D 的值在寄存器中，而从 AVALUE 栏知 U 和 D 的值都不在内存单元中，又由例 7.1 表 7.1 知，D 在基本块出口之后是活跃变量，因此，在表 7.2 所生成的目标代码后面还要生成一条目标代码：

MOV D, AX

7.1.3　寄存器分配

由于寄存器数量有限，为了生成更有效的目标代码，就必须考虑如何更有效地利用寄存器。为此，我们定义指令的执行代价如下：

每条指令的执行代价=每条指令访问内存单元次数+1

假定在循环中，某寄存器固定分配给某变量使用，那么对循环中的每个基本块，相对于原简单代码生成算法所生成的目标代码，所节省的执行代价可用下述方法计算：

(1) 在原代码生成算法中，仅当变量在基本块中被定值时，其值才存放在寄存器中。

现在把寄存器固定分配给某变量使用，在该变量在基本块中被定值前，每引用它一次就可以少访问一次内存，则执行代价节省 1。

（2）在原代码生成算法中，如果某变量在基本块中被定值且在基本块出口之后是活跃的，则出基本块时要把它在寄存器中的值存放到内存单元中。现在把寄存器固定分配给某变量使用，出基本块时就无需把它的值存放到其内存单元中，则执行代价节省 2。

因此，对循环 L 中的变量 M，如果分配一个寄存器给它专用，那么每执行循环一次，其执行代价的节省数可用下式计算：

$$\sum_{B \in L} [USE(M,B)+2*LIVE(M,B)]$$

其中，$USE(M,B)$=基本块 B 中对 M 定值前引用 M 的次数

$$LIVE(M,B)=\begin{cases} 1 & \text{如果 M 在基本块 B 中被定值且在 B 的出口之后是活跃的} \\ 0 & \text{其它情况} \end{cases}$$

例 7.3　一代码序列及程序流图如图 7-1 所示。假定各基本块出口之后的活跃变量均为 a、b、c，循环中的固定寄存器为 AX、BX，则将 AX、BX 固定分配给循环中哪两个变量可使执行代价节省得最多？

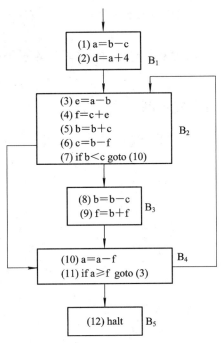

图 7-1　例 7.3 的程序流图

[解答]　（1）考虑变量 a 的情况：基本块 B_2 中没有对 a 进行定值，且引用的次数为 1(e=a−b)；基本块 B_3 没有对 a 进行定值，也没有引用 a；基本块 B_4 对 a 进行了定值，并且定值前引用的次数为 1(a=a−f)。根据执行代价节省数的计算公式得到：

$$USE(a,B_2)=1; \qquad LIVE(a,B_2)=0;$$
$$USE(a,B_3)=0; \qquad LIVE(a,B_3)=0;$$
$$USE(a,B_4)=1; \qquad LIVE(a,B_4)=1;$$

因此，变量 a 在一次循环中执行代价的节省总数为

$$\sum_{B \in L} [USE(a,B)+2*LIVE(a,B)] = 1+0+1+2*(0+0+1) = 4$$

(2) 对于变量 b 有：

$$USE(b,B_2)=2; \qquad LIVE(b,B_2)=1;$$
$$USE(b,B_3)=1; \qquad LIVE(b,B_3)=1;$$
$$USE(b,B_4)=0; \qquad LIVE(b,B_4)=0;$$

因此，变量 b 在一次循环中执行代价的节省总数为

$$\sum_{B \in L} [USE(b,B)+2*LIVE(b,B)] = 2+1+0+2*(1+1+0) = 7$$

(3) 对于变量 c 有：

$$USE(c,B_2)=2; \qquad LIVE(c,B_2)=1;$$
$$USE(c,B_3)=1; \qquad LIVE(c,B_3)=0;$$
$$USE(c,,B_4)=1; \qquad LIVE(c,B_4)=0;$$

因此，变量 c 在一次循环中执行代价的节省总数为

$$\sum_{B \in L} [USE(c,B)+2*LIVE(c,B)] = 2+1+1+2*(1+0+0) = 6$$

综合上述结果可知，将 AX、BX 固定分配给循环中的 b 和 c 两个变量可使执行代价节省得多。

7.1.4　源程序到目标代码生成示例

我们以 PC 机的汇编语言作为目标代码，且假定可用的寄存器为 AX、BX、CX 和 DX，则一 C 语言源程序转换为四元式代码序列，然后再转换为目标代码程序(转换中不考虑优化)的结果如下：

(1) C 语言源程序(局部)：

```
while( a>b)
{
    if( m>=n ) a=a+1;
    else
      while( k==h )
         x=x+2;
    m=n+x*(m+y);
}
```

(2) 四元式代码序列：

```
100 (j>, a, b, 102 )
101 (j, _, _, 117)
102 (j>=, m, n, 104)
103 (j, _, _, 107)
104 (+, a, 1, T₁)
```

```
105 (=,  T₁,  _,  a)
106 (j,  _,  _,  112)
107 (j=,  k,  h,  109)
108 (j,  _,  _,  112)
109 (+,  x,  2,  T₂)
110 (=,  T₂,  _,  x)
111 (j,  _,  _,  107)
112 (+,  m,  y,  T₃)
113 (*,  x,  T₃,  T₄)
114 (+,  n,  T₄,  T₅)
115 (=,  T₅,  _,  m)
116 (j,  _,  _,  100)
```

(3) 目标代码程序(汇编语言程序):

```
; File: compile.asm
;********************************
data segment              ; 定义数据段
        h          DW
        k          DW
        m          DW
        n          DW
        x          DW
        y          DW
        a          DW
        b          DW
data ends                 ; 数据段定义结束
;********************************
code segment              ; 定义代码段
main proc far             ; 程序的执行部分
assum cs:code, ds:data
start:
        push ds
        sub bx, bx
        push bx
        mov bx, data      ; 设置 DS 段为当前数据段
        mov ds, bx
; 语句翻译由此开始:
100:    mov AX, a
        cmp AX, b
        jg    102
```

```
101:    mp 117
102:    mov AX, m
        cmp AX, n
        jge 104
103:    jmp 107
104:    mov AX, a
        add AX, 1D
105:    mov BX, AX
        mov a, BX           ; 跳出基本块前保存寄存器中已改变的变量值
106:    jmp 112
107:    mov AX, k
        cmp AX, h
        je 109
108:    jmp 112
109:    mov AX, x
        add AX, 2D
110:    mov BX, AX
        mov x, BX           ; 跳出基本块前保存寄存器中已改变的变量值
111:    jmp 107
112:    mov AX, m
        add AX, y
113:    mul x
114:    mov BX, n
        add BX, AX
115:    mov CX, BX
        mov m, CX           ; 跳出基本块前保存寄存器中已改变的变量值
116:    jmp 100
117:
        ret
        main endp
        code ends           ; 代码段定义结束
        end start
```

*7.2   汇编指令到机器代码翻译概述

虽然我们已经在"微机原理"或"汇编语言程序设计"课程中学习了 8086/8088 指令系统，但那是从掌握汇编语言和微机原理及使用的角度来学习指令系统的。现在，我们从编译的角度来深入了解 8086/8088 指令系统的设计特点及实现方法。

8086/8088 指令系统的编码格式非常紧凑并且灵活，其机器码指令长度为 1～6 个字节(不包括前缀)。通常指令的第一字节为操作码，用以规定操作的类型；第二字节规定操作数的寻址方式。

典型的单操作数指令结构如图 7-2 所示。

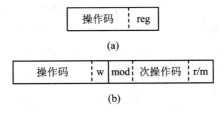

(a)

(b)

图 7-2　典型的单操作数指令结构

(a) 操作数在 16 位寄存器内；(b) 操作数在寄存器或存储器内

典型的双操作数指令结构如图 7-3 所示。

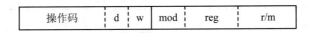

图 7-3　典型的双操作数指令结构

其中，reg 表示寄存器寻址代码；mod 表示寻址方式代码；r/m 表示寄存器或存储器寻址方式(与 mod 字段组合决定)；d 位表示指示操作数的传送方向，用于双操作数指令；w 位表示字操作标志位。d=0 时，reg 字段为源操作数，r/m 和 mod 字段为目的操作数；d=1 时，r/m 和 mod 字段为源操作数，reg 字段为目的操作数。w=0 是字节操作指令；w=1 是字操作指令。

由于双操作数指令只有一个 w 位，因此，两个操作数要么都是 8 位，要么都是 16 位。然而，对于值很小的立即数操作来说，如果用 16 位表示就有些浪费存储空间了。为了减少这种情况下立即数所占用的字节数，8086/8088 指令系统对诸如加法、减法和比较的立即数操作指令设置了符号扩展位 s。s 位只对 16 位操作数(w=1)有效，即：

$$sw= \begin{cases} 01 & \text{16 位(字)操作，不进行符号扩展} \\ 11 & \text{16 位(字)操作，但立即数仅给出低 8 位，应进行符号扩展} \end{cases}$$

这样对一些 16 位立即数操作指令，立即数的存储仅是 8 位的，节省了存储空间和取指时间，只是当 CPU 执行该操作时再将立即数扩展为 16 位。

8086/8088 指令格式主要由操作码域和操作数域构成。操作码域指出了该指令操作的类型，操作码域中的 d、w 位(如果有的话)随传送方向及字还是字节操作而变化，少量指令存在着第二操作码。8086/8088 指令格式设计的精妙之处在于操作数域，根据寻址方式、传送方向(d 位)、字或字节操作(w 位)决定了第二字节(寻址方式字节)中 mod 字段、r/m 字段以及 reg 字段的取值及该条指令机器码的长度(须特别注意机器码长度的确定)。

由 mod 和 r/m 字段组合共同决定一个操作数的寻址方式及有效地址的计算方法见表 7.3。

由 reg 字段规定的寄存器或段寄存器编码见表 7.4。

表 7.3　寻址方式表

mod=11　寄存器寻址			mod≠11　存储器寻址，有效地址的计算			
r/m	w=1	w=0	mod＼r/m	00(不带位移量)	01(带 8 位位移量 D_8)	10(带 16 位位移量 D_{16})
0 0 0	AX	AL	000	[BX+SI]	[BX+SI+D_8]	[BX+SI+D_{16}]
0 0 1	CX	CL	001	[BX+DI]	[BX+DI+D_8]	[BX+DI+D_{16}]
0 1 0	DX	DL	010	[BP+SI]	[BP+SI+ D_8]	[BP+SI+ D_{16}]
0 1 1	BX	BL	011	[BP+DI]	[BP+DI+ D_8]	[BP+DI+ D_{16}]
1 0 0	SP	AH	100	[SI]	[SI+ D_8]	[SI+ D_{16}]
1 0 1	BP	CH	101	[DI]	[DI+ D_8]	[DI+ D_{16}]
1 1 0	SI	DH	110	D_{16}(直接寻址)	[BP+ D_8]	[BP+ D_{16}]
1 1 1	DI	BH	111	[BX]	[BX+ D_8]	[BX+ D_{16}]

表 7.4　寄 存 器 表

寄存器寻址编码	寄存器		段寄存器寻址编码	段寄存器
	w=1	w=0		
0 0 0	AX	AL	0 0	ES
0 0 1	CX	CL	0 1	CS
0 1 0	DX	DL	1 0	SS
0 1 1	BX	BL	1 1	DS
1 0 0	SP	AH		
1 0 1	BP	CH		
1 1 0	SI	DH		
1 1 1	DI	BH		

　　有了表 7.3 和表 7.4，我们就可以根据传送方向位 d、字或字节操作位 w 的值以及所要求的寻址方式及参加操作的寄存器或存储器地址来构造由 mod、r/m 和 reg 字段组成的寻址方式字节并形成属于操作数域的其后各字节内容。例如，数据传送类指令 MOV 所允许出现的指令格式(方式)有：

　　(1) 寄存器/存储器 ⟺ 寄存器：

1 0 0 0 1 0 d w	mod reg r/m

　　(2) 立即数 ⟹ 寄存器/存储器：

1 1 0 0 0 0 1 w	mod 000 r/m	data	data if w=1

　　(3) 立即数 ⟹ 寄存器：

1 0 1 1 w reg	data	data if w=1

(4) 存储器 ⟹ 累加器:

1 0 1 0 0 0 d w	addrlow	addrhight

(5) 累加器 ⟹ 存储器:

1 0 1 0 0 0 1 w	addrlow	addrhight

(6) 寄存器/存储器 ⟹ 分段寄存器:

1 0 0 0 1 1 1 0	mod 0reg r/m

(7) 分段寄存器 ⟹ 寄存器/存储器:

1 0 0 0 1 1 0 0	mod 0reg r/m

对于寄存器/存储器与寄存器之间的传送命令可以采用方式(1),如:

    MOV AX,BX   ;(BX)→AX

由于 d 位值不同,因而第二字节的编码可以有两种形式:

① 当 d=0 时,reg 对应源操作数 BX,即为 BX 的编码 011;r/m 对应目的操作数 AX,即为 AX 的编码 000;此时 mod 值为 11,表示操作数为寄存器,即 mod 值和 r/m 值共同决定了这个操作数的类型是寄存器并且是 AX(000)。因此该指令的机器码如下:

操作码　　d w	mod　reg　r/m
1 0 0 0 1 0 0 1	11　011　000

② 当 d=1 时,reg 对应目的操作数 AX,即为 AX 的编码 000;r/m 对应源操作数 BX,即为 BX 的编码 011;mod 值指示寄存器应为 11;所以此时该指令的机器码如下:

操作码　　d w	mod　reg　r/m
1 0 0 0 1 0 1 1	11　000　011

由此可以看出,对于同一条指令,翻译成机器码指令可以有两种不同的方法,但它们实现的操作功能却完全相同。

如果指令完成寄存器与存储器之间的传送操作,例如:MOV AX,[BX+DI+1234H],则对应的机器指令只能有一种形式。这是因为 reg 段只能表示寄存器而无法表示存储器,而 mod 和 r/m 字段的组合根据 mod 域值既可以表示寄存器又可以表示存储器,故当操作数的一方是存储器时就只能用 mod 和 r/m 字段来表示了。究竟是将寄存器的内容传送到存储器还是将存储器的内容传送到寄存器,这取决于传送方向位 d 的值。本条指令的存储器地址通过查找表 7.3 可知,mod 值为 10,r/m 值为 001;而由表 7.4 得知 reg 所对应的操作数 AX 值为 000,并且 d 位值必须为 1 才能保证将 mod 和 r/m 指定的内容送 AX,所以此时该指令对应的机器码为:

操作码　d w	mod　reg　r/m	16 位位移量	
1 0 0 0 1 0 1 1	10　000　001	0 0 1 1 0 1 0 0	0 0 0 1 0 0 1 0

注意：mod 取值 10 是因为该指令的存储器操作数中还带有 16 位位移 1234H，即在操作码字节及寻址字节之后带有 16 位的位移量，低 8 位值为 34H，高 8 位为 12H。

对于立即数传送到寄存器/存储器的操作可采用方式(2)，如：

　　　　　　　MOV CL, 12H　　　　　　;立即数 12H→CL

这是一个字节传送指令，即 w=0，因此 mod=11 和 r/m=001 表示寄存器 CL，第三字节为立即数 12H，即该指令的机器码如下：

操作码	w	mod	reg	r/m	立即数
11000110		11	000	001	00010010

如果用方式(3)实现该操作则更加简单。由于此时 w=0，reg=001，则该指令所对应的机器码为

操作码	w	reg	立即数
10110	0	01	00010010

与方式(2)的机器码相比节省了一个字节。

下面，我们看一下立即数传送到存储器的操作，这种操作只能用方式(2)实现，例如：

　　　　　　　MOV [BX+DI+1234H], 5678H

查表 7.3 可知：mod=10，r/m=001；此时该指令对应的机器码为

操作码	d	w	mod	reg	r/m	16 位位移量		16 位立即数	
11000111	10000001					00110100	00010010	01111000	01010110

由 mod=10 可知，存储器操作数还带有 16 位位移量，这个 16 位位移量是紧随在机器码第二字节即寻址方式字节之后的，所以位移量必须插到立即数之前，以便形成存储器的有效地址。注意，此时的机器码指令长度为 6 个字节，这是 8086/8088 指令系统中最长的机器码指令形式。

通过机器码指令的形成过程可知，机器码指令的长度是由字或字节操作以及寻址方式决定的。这一点对编译来说很重要，因为在编译过程中必须根据源指令来确定形成的机器码指令所应具有的字节数(即长度)。

由 8086/8088 指令系统的寻址方式和机器码指令的寻址方式字节即 mod、r/m 和 reg 字段可以看出：双操作数指令允许寄存器与寄存器、寄存器与存储器之间进行操作，此外还允许立即数到寄存器/存储器的操作；但无法用 mod、r/m 和 reg 字段来同时表示两个存储器的地址。如果允许存储器到存储器操作的指令出现，则将会使机器码指令变得更长、更复杂。故此，8086/8088 舍去了直接进行存储器之间操作的指令，使得机器指令更加简洁有效。如果要实现存储器到存储器的操作，只需经过寄存器过渡：先进行存储器到寄存器的操作，并将结果保存在寄存器中，然后再使用一条由寄存器传送到存储器的指令操作即可。

我们再看一下增量指令 INC 的处理。INC 指令可以采用的机器码格式(方式)如下：

(1) 寄存器：

01000	reg

(2) 寄存器/存储器：

1 0 0 0 1 0 d w	mod 000 r/m

方式(1)为单操作数指令，由于 reg 字段无法表示出是 8 位寄存器还是 16 位寄存器，因而系统规定它为 16 位寄存器的操作，如 $\boxed{01000100}$ 表示为 INC SP，而不是 INC AH。

对 8 位(或 16 位)寄存器或存储器进行 INC 操作可采用方式(2)，但 16 位寄存器的 INC 则最好按方式(1)翻译成机器码，这样可节省一个字节空间。

算术运算中的加法指令 ADD 可以采用的机器码格式(方式)如下：

(1) 寄存器/存储器与寄存器相加，其结果送二者之一：

0 0 0 0 0 0 d w	mod 000 r/m

(2) 立即数与寄存器/存储器相加，结果送寄存器/存储器：

1 0 0 0 0 0 s w	mod 000 r/m	data	data if w=1

(3) 立即数与累加器相加，结果送累加器(累加器 16 位：AX；8 位：AL)：

0 0 0 0 0 1 0 w	data	data if w=1

例如，立即数与寄存器相加的指令：

　　　　　　ADD AX，12H　　　　　　;(AX)+12H→AX

采用方式(2)实现时，由于该指令是字操作指令，但立即数却是以字节(8 位)表示的，故执行此操作时 CPU 要进行符号扩展($s=1$ 时将 8 位补码操作数扩展为 16 位补码操作数，使高字节的各位与低字节的最高位相同)。因此置 s 位为 1，该指令对应的机器码为

操作码	s w	mod reg	r/m		立即数
1 0 0 0 0 0 1 1		1 1 0 0 0 0 0 0			0 0 0 1 0 0 1 0

当 CPU 执行到该机器码指令时，便自动将第三字节的立即数 12H 扩展为 0012H 参与运算。当然，也可以将该指令改写为

　　　　　　ADD AX，0012H

此时该指令对应的机器码为

操作码	s w	mod reg	r/m	16 位立即数
1 0 0 0 0 0 0 1		1 1 0 0 0 0 0 0	0 0 0 1 0 0 1 0	0 0 0 0 0 0 0 0

即 $sw=01$，对应的机器码指令长度为 4 个字节。

也可以采用方式(3)来实现该相加指令，此方式只对累加器 AX、AL 与立即数的相加有效：

操作码	w	立即数
0 0 0 0 0 1 0 1	0 0 0 1 0 0 1 0	0 0 0 0 0 0 0 0

这种方式机器码长度为 3 个字节。如果是字节操作的话，如 ADD AL，12H，则与方式(2)相比可节省一个字节。

通过上述的例子，我们对 8086/8088 汇编助记符指令到机器码指令的翻译过程有了初步的认识，实际翻译的过程也大致如此。最后，我们将 8086/8088 指令系统的机器码格式归纳如下：

(1) 单字节指令(隐含操作数)：

操 作 码

(2) 单字节指令(寄存器寻址)：

操作码	reg

(3) 寄存器到寄存器：

操 作 码	11 reg r/m

(4) 不带位移量的寄存器与存储器之间的传送：

操 作 码	mod reg r/m

(mod≠11)

(5) 带位移量的寄存器与存储器之间的传送(mod=01 或 mod=10)：

操 作 码	mod reg r/m	位移量低字节	位移量高字节

(使用 16 位位移量时)

(6) 立即数送寄存器：

操 作 码	mod 0 0 0 r/m	立即数低字节	立即数高字节

(使用 16 位位移量时)

(7) 立即数送存储器：

操 作 码	mod 0 0 0 r/m	立即数低字节	立即数高字节	立即数低字节	立即数高字节

(使用 16 位位移量时)　　　(使用 16 位数据时)

mod=01 或 mod=10 时

8086/8088 指令系统的编码空间表见附录 2。

习　题　7

7.1　完成下列选择题：

(1) 评价一个代码生成器最重要的指标是_____。

　　A．代码的正确性　　B．代码的高效性　　C．代码的简洁性　　D．代码的维护性

(2) 编译程序生成的目标代码通常有_____。

    A．可立即执行的机器语言代码　　　　B．汇编语言代码

    C．待装配的机器语言代码模块　　　　D．A～C 项

(3) 设计一个代码生成器要考虑_____。

    A．具体的机器结构　　　　　　　　　B．指令格式

    C．字长及寄存器个数和种类　　　　　D．A～C 项

7.2　对下列四元式序列生成目标代码：

$$T=A-B$$
$$S=C+D$$
$$W=E-F$$
$$U=W/T$$
$$V=U*S$$

其中，V 是基本块出口的活跃变量，R_0 和 R_1 是可用寄存器。

7.3　假设可用的寄存器为 R_0 和 R_1，且所有临时单元都是非活跃的，试将以下四元式基本块：

$$T_1=B-C$$
$$T_2=A*T_1$$
$$T_3=D+1$$
$$T_4=E-F$$
$$T_5=T_3*T_4$$
$$W=T_2/T_5$$

用简单代码生成算法生成其目标代码。

7.4　对基本块 P：

$$S_0=2$$
$$S_1=3/S_0$$
$$S_2=T-C$$
$$S_3=T+C$$
$$R=S_0/S_3$$
$$H=R$$
$$S_4=3/S_1$$
$$S_5=T+C$$
$$S_6=S_4/S_5$$
$$H=S_6*S_2$$

(1) 试应用 DAG 进行优化；

(2) 假定只有 R、H 在基本块出口是活跃的，写出优化后的四元式序列；

(3) 假定只有两个寄存器 AX、BX，试写出上述优化后的四元式序列的目标代码。

7.5　参考附录 1 和附录 2，将下列汇编程序片段翻译为对应的 8086/8088 机器语言代码(汇编地址由 1000 开始)：

    MOV AX, 01

```
        MOV BX, 10
        CMP AX, BX
        JA L1
        ADD AX, BX
L1:     ⋮
```

第 8 章　符号表与错误处理

8.1　符　号　表

8.1.1　符号表的作用

在编译程序工作的过程中，需要不断收集、记录、查证和使用源程序中的一些语法符号(简称为符号)的类型和特征等相关信息。为方便起见，一般的做法是让编译程序在其工作过程中建立并保存一批表格，如常数表、变量名表、数组内情向量表、过程或子程序名表及标号表等，将它们统称为符号表或名字表。符号表中的每一项包括两个部分：一部分填入名字(标识符)；另一部分是与此名字有关的信息，这些信息将全面地反映各个语法符号的属性以及它们在编译过程中的特征，诸如名字的种属(常数、变量、数组、标号等)、名字的类型(整型、实型、逻辑型、字符型等)、特征(当前是定义性出现还是使用性出现等)、给此名字分配的存储单元地址及与此名语义有关的其他信息等。

根据编译程序工作阶段的不同划分，名字表中的各种信息将在编译程序工作过程中的适当时候填入。对于在词法分析阶段就建立符号表的编译程序，当扫描源程序识别出一个单词(名字)时，就以此名字查找符号表；若表中无此名的登记项，就将此名字填入符号表中；至于与此名相关的其它信息，可视工作方便分别在语法分析、语义分析及中间代码生成等阶段陆续填入。在语义分析时，符号表中的信息可以用于语义检查；在代码优化时，编译程序则利用符号表提供的信息选出恰当的代码进行优化；而目标代码生成时，编译程序将依据符号表中的符号名来分配目标地址。几乎在编译程序工作的全过程中，都需要对符号表进行频繁的访问(查表或填表)，其耗费的时间在整个编译过程中占有很大的比例。因此，合理地组织符号表并相应选择好的查、填表方法是提高编译程序工作效率的有效办法。

对于编译程序所用的符号表来说，它所涉及的基本操作大致可以归纳为五类：

(1) 判断一个给定的名字是否在表中。

(2) 在表中填入新的名字。

(3) 对给定的名字访问它在表中的有关信息。

(4) 对给定的名字填入或更新它在表中的某些信息。

(5) 从表中删去一个或一组无用的项。

8.1.2　符号表的组织

由于处理对象的作用和作用域可以有多种，因而符号表也有多种组织方式。按照处理对象的特点，符号表的组织方式一般可分为直接方式和间接方式。

直接方式是指在符号表中直接填入源程序中定义的标识符及相关信息(如图 8-1 所示)。在图 8-1 所示的符号表中，Name(名字)栏的长度是固定的，这种栏目长度固定的表格易于组织、填写或查找，因而是最简单的一种符号表组织方式，它适合于规定标识符长度的程序语言。

Name	Information
wan	···
che	···
xue	···
⋮	⋮

图 8-1　直接组织方式的符号表

然而，并不是所有高级语言都规定标识符的长度。如果对标识符长度不加限制，则上述定长方式必须按最大长度来定长，这显然浪费存储空间。因此，对不定长标识符一般采用间接方式来组织符号表。

间接方式是指单独设置一个字符串数组来存放所有的标识符，并在符号表的名字栏中设置两项内容：一是指针，用来指向标识符在数组中的起始位置；二是一整数值，用来表示该标识符的长度。图 8-2 给出了符号表的间接组织方式。

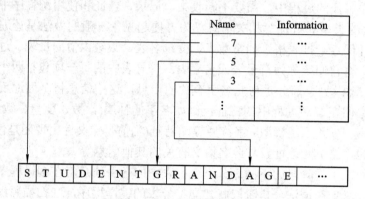

图 8-2　间接组织方式的符号表

另一种组织方式是按标识符的种属，如简单变量、数组、过程等分别建立不同的符号表，如简单变量名表、数组名表、过程名表等。例如，下面的函数：

```
int f( int a, int b )
{
    int c;
    if( a>b ) c=1;
    else c=0;
    return c;
}
```

经编译前期处理后产生的主要表项有简单变量名表、常数表、函数入口名表等(如图 8-3 所示)。

根据符号表名字栏的组织特点，符号表信息栏的组织方式也分为两类：固定信息内容和仅记录信息存放地址。

如果名字栏中的标识符按种属分类，则因同类标识符其基本特征一致，故可将这些信息一一记录在信息栏中。

Name	Information
a	整型，变量，形参
b	整型，变量，形参
c	整型，变量

(a)

Value
1
0

(b)

Name	Information
f	二目子程序，入口地址

(c)

图 8-3 按标识符种属组织的各种符号表

(a) 简单变量名表；(b) 常数表；(c) 函数入口名表

如果符号表的名字不分种属，则由于不同种属的标识符其特征不一致，也即它们所需存储的信息不一致，因而不容易确定一个固定长度的空间来统一安排。这时，可在符号表外另设一组存储空间，并在符号表信息栏中放一指针来指向这个存储空间起始地址。

例如，对数组标识符需要存储有关数组维数，每维上、下界值，数组类型及数组存放的起始地址等信息。如果将信息与名字一起全部放在符号表中，则因维数不同而使记录该信息的空间大小不易确定，因此，通常给它们另外安排一个内情向量表来记录数组的全部信息，同时在符号表的信息栏设置一指针指向内情向量的入口地址(见图 8-4)。此外，对像函数名、过程名等含有较多信息且不容易规范信息长度的名字都可以采取这种办法。

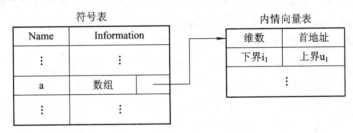

图 8-4 记录数组内情向量的符号表

8.1.3 分程序结构语言符号表的建立

所谓分程序结构语言，是指用这种语言编写的分程序中可以再包含嵌套的分程序，并且可以定义属于它自己的一组局部变量。由于分程序的嵌套导致名字作用域的嵌套，故有时也将允许名字作用域嵌套的语言称为具有分程序结构的语言。典型的分程序结构语言是 PASCAL；虽然通常不把 C 语言视为嵌套分程序结构的语言，但在它的函数定义中，函数体可以是一个嵌套的分程序，因而其中所涉及的各个局部变量的作用域也具有嵌套特征。

对于嵌套的作用域，同名的变量在不同层次出现可能有不同的类型。因此，为了使编译程序在语义及其他有关处理上不至于发生混乱，可采用分层建立和处理符号表的方式。

在 PASCAL 程序中，标识符的作用域是包含说明(定义)该标识符的一个最小分程序；也即 PASCAL 程序中的标识符(或标号)的作用域总是与说明(定义)这些标识符的分程序的层次相关联。为了表征一个 PASCAL 程序中各个分程序的嵌套层次关系，可将这些分程序按其开头符号在源程序中出现的先后顺序进行编号。这样，在从左至右扫描源程序时就可以按分程序在源程序中的这种自然顺序(静态层次)，对出现在各个分程序中的标识符进行处理，具体方法如下：

(1) 当在一个分程序首部某说明中扫描到一个标识符时，就以此标识符查找相应于本层分程序的符号表，如果符号表中已有此名字的登记项，则表明此标识符已被重复说明(定义)，应按语法错误进行处理；否则，应在符号表中新登记一项，并将此标识符及有关信息(种属、类型、所分配的内存单元地址等)填入。

(2) 当在一分程序的语句中扫描到一个标识符时，首先在该层分程序的符号表中查找此标识符；若查不到，则继续在其外层分程序的符号表中查找。如此下去，一旦在某一外层分程序的符号表中找到此标识符，则从表中取出有关的信息并作相应的处理；如果查遍所有外层分程序的符号表都无法找到此标识符，则表明程序中使用了一个未经说明(定义)的标识符，此时可按语法错误予以处理。

为了实现上述查、填表功能，可以按如下方式组织符号表：

(1) 分层组织符号表的登记项，使各分程序的符号表登记项连续地排列在一起，而不许为其内层分程序的符号表登记项所分割。

(2) 建立一个"分程序表"，用来记录各层分程序符号表的有关信息。分程序表中的各登记项是在自左至右扫描源程序中按分程序出现的自然顺序依次填入的，且对每一分程序填写一个登记项。因此，分程序表各登记项的序号也就隐含地表征了各分程序的编号。分程序表中的每一登记项由三个字段组成：OUTERN 字段用来指明该分程序的直接外层分程序的编号；COUNT 字段用来记录该分程序符号表登记项的个数；POINTER 字段是一个指示器，它指向该分程序符号表的起始位置。

下面，我们给出建造满足上述要求符号表的算法。为了使各分程序的符号表登记项连续地排列在一起，并结合当扫描具有嵌套分程序结构的源程序时总是按先进后出的顺序来扫描其中各个分程序的特点，可设置一个临时工作栈，每当进入一层分程序时，就在这个栈的顶部预造该分程序的符号表，而当遇到该层分程序的结束符 END 时(此时该分程序的全部登记项都出现在栈的顶部)，再将该分程序的全部登记项移至正式符号表中。建立符号表的算法描述如下：

(1) 给各指示器赋初值。

(2) 自左至右扫描源程序：

① 每当进入分程序的首符号或过程(函数)时，就在分程序表中登记一项，并使之成为当前的分程序。

② 当扫描到当前分程序中一个定义性出现的标识符时，将该名字及其有关信息填入临时工作栈的顶部(当然，在填入前应在临时工作栈本层分程序已登入的项中检查是否已有重名问题)；然后在分程序表中，把当前分程序相应登记项的 COUNT 值加 1 且使 POINTER 指向新的栈顶。

③ 当扫描到分程序的结束符 END 时，将记入临时工作栈的本层分程序全部登记项移至正式的符号表中，且修改 POINTER 值使其指向本层分程序全部名字登记项在符号表中的起始位置。此外，在退出此层分程序时，还应使它的直接外层分程序成为当前的分程序。

(3) 重复上面的步骤(2)，直至扫描完整个源程序为止。

注意：对一遍扫描的编译程序而言，在它工作过程中，当遇到某分程序的结束符 END 时，该分程序中的全部标识符已经完成它们的使命。因此，只需将它们从栈中逐出，也即将栈顶部指示器回调至刚进入本分程序时的情况即可，而不再需要把这些登记项上移。事实上，如上所述的工作栈就完全可作为编译程序的符号表来使用，我们将这种符号表称为栈式符号表。

　　例 8.1　一示意性源程序如下：

```
PROGRAM PP( input, output );
    COUNT norw=13;
    VAR ll,kk:integer;
    word:ARRAY[ 1..norw ] OF char;
    PROCEDURE getsym;
        VAR i,j: integer;
        PROCEDURE getch;
            BEGIN
                ⋮
            END; {getch}
        BEGIN
            ⋮
          j:=1;
          kk:=i+j
        END; {getsym}
    BEGIN
        ⋮
    END. {pp}
```

当编译程序扫描上述源程序时，生成栈式符号表，试就此符号表回答以下问题：

　　(1) 画出"扫描到 getsym 过程体之前"的栈符号表；

　　(2) 画出"扫描完 getsym 过程说明(即扫描完 END; {getsym})"时的栈符号表。

　　[解答]　假定所有的名字在数据区中都只需要一个单元。

　　(1) "扫描到 getsym 过程体之前"的栈符号表如图 8-5 所示。

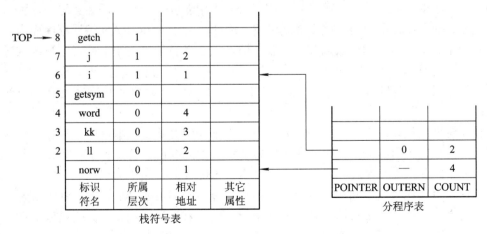

图 8-5　"扫描到 getsym 过程体之前"的栈符号表

　　(2) "扫描完 getsym 过程说明"时的栈符号表如图 8-6 所示。

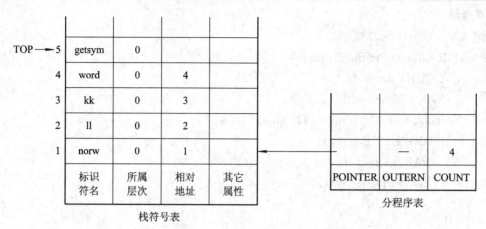

图 8-6 "扫描完 getsym 过程说明"的栈符号表

8.1.4 非分程序结构语言符号表的建立

　　典型的非分程序结构语言就是 FORTRAN 语言。FORTRAN 语言是一种块结构的程序设计语言，一个 FORTRAN 可执行程序由一个或若干个相对独立的程序段组成，其中有且仅有一个主程序段，其余的则是子程序段。程序段之间的数据传送主要是通过过程调用时的形参与实参的结合，或访问公共区中的元素来进行的。对于一个 FORTRAN 程序来说，除了程序段名和公共区名的作用域是整个程序之外，其余的变量名、数组名、语句函数名以及标号等，都分别是定义它们的那个程序段中的局部量。此外，由于语句函数定义句中的形参与程序段中的其他变量名毫不相干，因此，它们的作用域就是该语句函数定义句本身。

　　根据 FORTRAN 程序中各类名字作用域的特点，原则上可把程序中每一程序段均视为一个可独立进行编译的程序单元，即对各程序段分别进行编译并产生相应的目标代码，然后再连接装配成一个完整的目标程序。这样，在一个程序段编译完成后，该程序段的全部局部名登记项即完成了使命，可以将它们从符号表中删除。至于全局名登记项，因为它们还可能为其他程序段所引用，故需继续保留。因此，对于 FORTRAN 编译程序而言，可分别建立一张全局符号表和一张局部符号表，前者供编译各程序使用，后者则只用来登记当前正编译的程序段中的局部符号名。一旦将该程序段编译完成，就可将局部符号表空白区首地址指针再调回到开始位置，以便腾出空间供下一个要编译的程序段建立局部符号表使用。

　　在考虑全局优化的多遍扫描编译系统中，由于一般并不是在编译当前程序段时就产生该程序段的目标代码，而是先生成各程序段的相应中间代码，待进行优化处理之后再产生目标代码。因此，在一个程序段被处理完之后，不能立即将相应的局部名表撤销，而应将它们暂存起来。在生成中间代码时，对于各程序段中的局部变量名，如果都用该名字的名表登记项序号去代替，那么局部名表的名字栏就用不着再继续保留，因为只要知道了登记项的序号就同样可以查到该登记项的有关信息。然而，对于同一个登记项序号而言，所在的局部名表的不同将代表完全不同的登记项，这一点也必须注意。

8.1.5　常用符号表结构

1．线性符号表

符号表中最简单且最容易实现的数据结构是线性表，它是按程序中标识符出现的先后次序建立的符号表，编译程序不做任何整理次序的工作。线性符号表如图 8-7 所示。

在扫描源程序时，根据各标识符在程序说明部分出现的先后顺序将标识符及其有关信息填入符号表中。当编译过程中需要查找符号表中的某个标识符时，只能采用线性查找方法，即从符号表的第一项开始直到表尾一项一项地顺序查找。这种查找方法的缺点是效率较低。

2．有序符号表

为了提高查表速度，可以在造表的同时把各标识符按照一定的顺序进行排列。显然，这样的符号表是有序的。对图 8-7 所示的线性符号表排序后的情况如图 8-8 所示。

序号	Name	Information
1	sum	…
2	abs	…
3	be	…
4	ave	…
⋮	⋮	⋮

图 8-7　线性符号表

序号	Name	Information
1	abs	…
2	ave	…
3	be	…
4	sum	…
⋮	⋮	⋮

图 8-8　有序符号表

对于有序符号表，一般采用折半查找法进行查表，即首先从表的中项开始比较，如果未找到则将查找范围缩小一半，然后继续查找，直到找到或查找失败为止。使用这种折半查找法对一个含有 N 项的符号表来说，查找其中的一项最多只需做 $1+\text{lb}N$(注：$\text{lb}N=\log_2 N$)次比较。虽然这种查找法的效率有所提高，但是对于一个边填写边引用的动态查找符号表来说，每填进一项就引起表中内容重新排序，这无疑会增加时间的开销。

对于动态查找的符号表，可以采用二叉树结构来组织有序符号表。对二叉树中的任一结点 P 来说，它的左子树上的任何结点都大于结点 P 的值，而右子树上的任何结点都小于结点 P 的值(见图 8-9)，这样一棵二叉树实际上是二叉排序树。每当向符号表中填入一项时，总是将其作为二叉排序树的叶结点插入到合适位置。查找的过程也是这样，首先将给定值 K 与二叉排

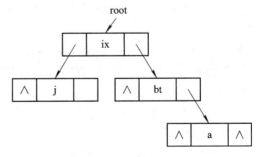

图 8-9　二叉排序树

序树根结点值比较，若相等则查找成功；若不等，则当根结点值小于 K 时到根的左子树去继续查找，否则到根的右子树去继续查找。在随机情况下，二叉排序树的平均查找长度为 $1+4\text{lb}N$。较之折半查找法，虽然二叉排序树的查找速度略有降低，但它大大减少了生成有

序符号表的时间，是一种较好的有序符号表结构。

3. 散列符号表

散列符号表是大多数编译程序采用的一种符号表。符号表采用散列技术，相对来讲具有较高的运行效率，特别适用于边填写边引用的动态查找符号表。

散列符号表又称哈希(Hash)符号表，其关键在于引进了一种函数——哈希函数，并将程序中出现的标识符通过哈希函数进行映射，得到的函数值作为该标识符在符号表中的位置。

哈希函数一般具有如下性质：

(1) 函数值只依赖于对应的标识符。

(2) 函数的计算简单且高效。

(3) 函数值能比较均匀地分布在一定范围内。

构造散列函数的方法很多，如直接定址法、数字分析法、平方取中法和除留余数法等。散列表的表长通常是一个定值 N，因此散列函数应该将标识符的编码散列成 0～N-1 之间的某一个值，以便每一个标识符都能散列到这样的符号表中。

由于用户使用的标识符是随机的，因而很难找到一种散列函数使得标识符与函数值一一对应。两个或两个以上的不同标识符散列到同一表项地址的情况称为散列冲突。由于冲突是不可避免的，因此，解决冲突问题也是构造散列符号表要考虑的重要问题。关于冲突的处理，详见"数据结构"课程中的有关内容。

8.1.6　符号表内容

对于常见的程序设计语言而言，其变量名及过程名登记项的信息栏通常包含如下信息：

(1) 变量名：

① 种属(简单变量、数组、记录结构等)。

② 类型(整型、实型、双精度实型、逻辑型、字符串型、标号或指针等)。

③ 所分配的数据区地址(一般为相对地址)。

④ 若为数组，应填写其内情向量并给出内情向量的首址。

⑤ 若为记录(结构体)结构，则应把该登记项与其各分量(即域)按某种方式连接起来。

⑥ 是否为形式参数，若是则应记录其类型。

⑦ 定义性出现或引用性出现标志(指标号)。

⑧ 是否对该变量进行过赋值的标志，等等。

(2) 过程名：

① 是否为程序的外部过程。

② 若为函数，应指出它的类型。

③ 是否处理过相应的过程或函数定义。

④ 是否递归定义。

⑤ 指出过程(函数)的形参，并按形参排列的顺序将它们的种属、类型等信息与过程名相联系，以便其后检查实参在顺序、种属及类型上是否与形参一致。

8.2 错 误 处 理

由于编译程序处理的源程序总是或多或少地包含有错误，因而一个好的编译程序应具有较强的查错或改错能力。所谓查错，是指编译程序在工作过程中能够准确、及时地将源程序中的各种错误查找出来，并以简明的形式报告错误的性质及出错位置。所谓改错，就是当编译程序发现源程序中的错误时，适当地做一些修补工作，使得编译工作不至于因此而中止，以便能够在一次编译过程中尽可能多地发现源程序中的错误。然而，更正所发现的错误并不是一件容易的事，许多编译程序实际上并不做改正错误的工作，而只对源程序中的错误进行适当的处理并跳过错误所在的语法成分，如单词、说明、表达式或语句等，然后继续对源程序的后继部分进行编译。

源程序中的错误通常分为语法错误和语义错误两类。所谓语法错误，是指编译程序在词法分析阶段和语法分析阶段所发现的错误，如关键字拼写错误、语法成分不符合语法规则等。一般来说，编译程序查找此类错误比较容易，并且也能准确地确定出错位置。至于语义错误，则主要来源于对源程序中某些量的不正确使用，如使用了未经说明的变量，某些变量被重复说明或不符合有关作用域的规定，运算的操作数类型不相容、实参与形参在种属或类型上不一致等，都是典型的语义错误，这些错误也能被编译程序查出。此外，由于编译实现的技术原因，或为目标计算机的资源条件所限，在实现某一程序语言时，编译系统对语言的使用又提出了进一步的限制，例如对各类变量数值范围的限制，对数组维数、形参个数、循环嵌套层数的限制等。对于违反这些限制而出现的语义错误，多半要到目标程序运行时才能查出，但这时源程序已被翻译成目标代码程序，要确定源程序中的错误位置就比较困难。

8.2.1 语法错误校正

对源程序错误的处理通常有两种不同的方法：一类是对错误进行适当的修补，以便编译工作能够继续下去；另一类是跳过有错误的那个语法成分，以便把错误限制在一个尽可能小的局部范围内，从而减少因某一错误而引起的一连串假错。第二类方法又称为错误的局部化法。

1．单词错误校正

词法分析的主要任务是把字符串形式的源程序转换为一个单词系列。由于每一类单词都可以用某一正规式表示，因而在识别源程序中的单词符号时，通常采用一种匹配最长子串的策略。如果在识别单词的过程中发现当前余留的输入字符串的任何前缀都不能和所有词型相匹配，则调用单词出错程序进行处理。然而，由于词法分析阶段不能收集到足够的源程序信息，因此让词法分析程序担负校正单词错误的工作是不恰当的，事实上还没有一种适用于各种词法错误的校正方法。最直接的做法是，每当发现一个词法错误时，就跳过其后的字符直到出现下一个单词为止。

单词中的错误多数属于字符拼写错误，通常采用一种"最小海明距离法"来纠正单词中的错误。当发现源程序中的一个单词错误时，程序试图将错误单词的字符串修改成一个合法的单词。我们以插入、删除和改变字符个数最小为准则考虑下面几种情况：

(1) 若知道下一步是处理一个关键字，但当前扫描的余留输入字符串的头几个字符却无法构成一个关键字，此时可查关键字表并从中选出一个与此开头若干字符最接近的关键字来替换。

(2) 如果源程序中某标识符有拼写错误，则以此标识符查符号表，并用符号表中与之最接近的标识符取代它。

在多数编译程序中不是采用"最小海明距离法"来校正错误，而是采用一种更为简单、有效的方法。这种方法的依据是程序中所有错误多半属于下面几种情况之一：

(1) 拼错了一个字符。

(2) 遗漏了一个字符。

(3) 多写了一个字符。

(4) 相邻两字符顺序颠倒了。

通过检测这四种情况，编译程序就可以查出源程序中大部分的拼写错误。对这些错误进行简单的检测与校正的方法是：

(1) 从符号表中选出一个子集，使此子集包含所有那些可能被拼错的符号。

(2) 检查此子集中的各个符号，看是否可按上述四种情况之一把它变为某一正确的符号，然后用它去替换源程序中的错误符号。

还有一种简易的方法，可以根据拼错符号所含字符的个数进行检查，即若拼错的字符串含有 n 个字符，则只需查看符号表中那些长度为 n–1、n 和 n+1 的字符即可。

2．自顶向下分析中的错误校正

编译过程中大部分查错和改错工作集中在语法分析阶段。由于程序语言的语法通常是用上下文无关文法描述的，并且该语言可通过语法分析器得到准确的识别，因而源程序中的语法错误总会被语法分析程序自动查出。当分析器根据当前的状态(分析栈的内容以及现行输入符号)判明不存在下一个合法的分析动作时，就查出了源程序中的一个语法错误。此时，编译程序应准确地确定出错位置并校正错误，然后对当前的状态(格局)进行相应的修改，使语法工作得以继续进行。上述过程虽然可以实现，但却不能保证错误校正总会获得成功，而校正错误的方法则因语法分析方法的不同而异。

首先讨论自顶向下分析中的错误校正问题。在语法分析过程的每一时刻，总可以把源程序输入符号串 $a_1 a_2 \cdots a_n$ 划分为如下形式：

$$a_1 a_2 \cdots a_n = w_1 a_i w_2 \qquad\qquad (8.1)$$

其中 w_1 是已经扫描和加工过的部分，a_i 为现行输入符号，而 w_2 则是输入串的余留部分。假定编译程序现在发现了源程序中的一个语法错误，这对自顶向下分析来说，就意味着分析器目前已为输入串建立了一棵部分语法树，并且此部分语法树已经覆盖了子串 w_1，但却无法再扩大而覆盖 a_i。此时，就必须确定如何修改源程序来"更正"这个错误。可供采用的修改措施如下：

(1) 删去符号 a_i 再进行分析。

(2) 在 w_1 与 a_i 之间插入一终结符号串 α，即把式(8.1)修改为

$$w_1\alpha\ a_iw_2 \tag{8.2}$$

然后再从 αa_iw_2 的首部开始分析。

(3) 在 w_1 与 a_i 之间插入终结符号串 α (见式(8.2))，但从 a_i 开始分析。

(4) 从 w_1 的尾部删去若干个符号。

以上各种修改措施既可单独使用，也可联合使用。但(3)、(4)两种措施需对源程序已加工部分进行修改，从而可能更改相应语义信息，因此实现起来比较困难而较少采用。

假定在语法分析过程中，当扫描到输入符号 a_i 时发现了一个语法错误(见式(8.1))，且已构造的部分语法树不能进行扩展，则可执行下面的算法对该语法错误进行校正：

(1) 建立一个符号表 L，它由所有未完成分支的各个未完成部分中的符号组成。

(2) 对于从出错点开始的余留输入串 a_iw_2，删去 a_i 并考察 $w_2=a_{i+1}w_3$，看 L 中是否存在这样的一个符号 U 且满足 $U\Rightarrow a_{i+1}\cdots$。如果这样的 U 不存在，则再删去 a_{i+1} 并继续考察 $w_3=a_{i+2}w_4$，直到找到某个 a_j 满足 $U\Rightarrow a_j\cdots$ 为止。

(3) 根据(2)所得到的 U 确定它所在的那个未完成分支。

(4) 确定一个符号串 α，使得若把 α 插入到 a_j 之前便能使分析继续下去。为了确定这样的 α，只需要考察(3)所找到的那个未完成分支以及其各个子树的未完成分支，并对它们都确定一个终结符号串以补齐相应的分支，最后再把这些终结符号串依次排列在一起就得到了所需的 α。

(5) 把 α 插到 a_j 之前并从 α 的首部开始继续分析过程。

例 8.2　已知文法 G[P]：P→A;

$$A\rightarrow i=E$$
$$E\rightarrow T\{+T\}$$
$$T\rightarrow F\{*F\}$$
$$F\rightarrow(E)\mid i$$

试用自顶向下分析中的错误校正方法说明校正输入串 "i=i+)" 的错误校正过程。

[解答]　从建立语法树的角度看，经语法分析之后，我们总能得到一棵或若干棵分支不完全的语法树。对于输入串 "i=i+)"，经过若干步语法分析后可得到如图 8-10 所示的不完全语法树。图中，实线表示已完成的部分树，虚线表示如何去完成那些名为 P 和 E 的分支。

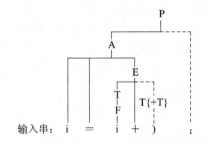

图 8-10　输入串 "i=i+)" 的不完全语法树

名为 U 的一个未完成分支对应下面的规则：

$$U\rightarrow X_1X_2\cdots X_{i-1}X_i\cdots X_n$$

其中，$X_1X_2\cdots X_{i-1}$ 是该分支的已完成部分，而 $X_iX_{i+1}\cdots X_n$ 是该分支的未完成部分。在图 8-10 中，名为 P 的未完成分支对应于使用规则 "P→A;"，而 ";" 是该分支的未完成部分。名为 E 的未完成分支对应于使用规则 "E→T{+T}"，为了完成此分支，我们需要一个 T 再跟上 0 个或若干个 "+T"，从而知其未完成部分为 T{+T}。分支中这些未完成部分在错误校正中起着重要作用，它告诉我们在源程序后面应该出现些什么。下面执行语法错误校正算法来校正输入串"i=i+)"中的错误。

(1) 建立一个符号表 L，它由所有未完成分支的各未完成部分中的符号组成，由此得 L={;, T, +}。

(2) 对从出错点开始的余留输入串 a_iw_2，删去其首符号 a_i，考察 $w_2=a_{i+1}w_3$，看 L 中是否存在这样的一个符号 U，它满足 $U \Rightarrow a_{i+1}\cdots$；如果不存在则再删去 a_{i+1} 并继续考察 $w_3=a_{i+2}w_4$，直到找到某个 a_j 满足 $U \Rightarrow a_j\cdots$ 为止。对输入串"i=i+)"来说，出错点从")"开始，把")"删去(L 中无此符号)后只剩下未完成的";"，而 L 中恰有此符号，故所求的 a_j 就是";"。

(3) 根据(2)所得的 U，确定它所在的那个未完成分支，即使得";"放入 L 中的未完成分支只能是"P→A;"。

(4) 确定一个符号串 α，使得把 α 插到 a_j 之前就能使分析继续下去。为了确定这样的 α，只需考察(3)所找到的那个未完成分支以及其各子树的未完成分支，并对它们都确定一个终结符号串以补齐相应的分支，最后再把这些终结符号串依次排列在一起就得到所需的 α。因此，由(3)得知未完成的分支名为 P，而它的子树中有名为 E 的不完全分支，即必须插入一符号串去补全"E→T{+T}"这个分支，所要插入的最简单符号串是标识符 i(即 α = i)。

(5) 把 α 插到 a_j 之前，并从 α 的首部开始继续分析，即将 i 插入到"i=i+;"中,得到"i = i + i;"。

至此，我们完成了对输入串"i = i +)"的错误校正。

对递归下降分析器来说，虽然原则上可用上述校正错误的方法，但因无法将语法树已构造部分明显表示出来，故上述方法未必可行。考虑到递归下降分析器实际上是由一组递归程序组成的，其中每一递归程序都对应一个文法的非终结符号，并且在语法分析的每一时刻，当前正在执行的递归程序也代表了与之对应的非终结符的未完成分支。因此，我们可以采用这样的策略来校正源程序中的语法错误：在执行某递归程序中，当扫描到输入符号 a_i 时发现一个语法错误，则除报错之外还将根据 a_i 及它所表示的未完成分支的结构，尽量设法插入或删除一些符号对该错误进行校正，使语法分析能够继续进行下去；若无法做到这一点，则带着该语法错误的有关信息返回到调用此过程的上一层过程，在那里再谋求对语法错误进行校正。

此外，对 LL(1)分析器和算符优先分析器，我们还可以用分析表作为工具来进行错误校正。例如，使用 LL(1)分析表会遇到两种语法分析错误：

(1) 栈顶终结符与输入字符不匹配。

(2) 栈顶非终结符为 A 而输入字符为 a，但分析表 M[A,a]中为空。

处理这两种出错情况的基本思想是跳过一些分析步骤，继续进行分析。具体有两种处理方法：

(1) 将输入指针移向下一个输入字符，即跳过当前输入字符 a，但分析栈不变。这种处理方法是把输入字符 a 作为多余的字符来处理的，以寻求栈顶符号与下一个输入字符的匹配。

(2) 将栈顶符号弹出而输入字符不变，这意味着输入串中缺少了与栈顶终结符匹配的输入字符或与栈顶非终结符匹配的短语，由此可以跳过栈顶符号继续分析下去。

例如，表 3.1 的 LL(1)分析表在增加了错误处理功能后如表 8.1 所示。

表 8.1　具有错误处理的 LL(1)分析表

	i	+	*	(	)	#
E	E→TE'			E→TE'	e	e
E'		E'→+TE'			E'→ε	E'→ε
T	T→FT'	e		T→FT'	e	e
T'		T'→ε	T'→*FT'		T'→ε	T'→ε
F	F→i	e	e	F→(E)	e	e

在这个分析表中，有两种错误入口：一种仍用空白符，即输入指针移向下一个字符；另一种用 e 标记，即弹出栈顶符号。

不难发现所有标记 e 的位置是由 FOLLOW(E)={), #}、FOLLOW(T)={+,), #} 和 FOLLOW(F)={*,+,),#}所确定的。

3. 自底向上分析中的错误校正

对于算符优先分析器来说，会产生这样一类错误：栈顶终结符和当前输入字符之间无优先关系。此时，可在优先关系表中的相应位置标记错误处理子程序编号。表 8.2 就是表 3.6 优先关系表增加了错误处理后的结果。其中：

(1) e1：栈顶符号为"i"或")"而当前输入字符为"i"或"("，即缺少运算符，这时可在当前输入字符之前插入假想运算符"+"。

(2) e2：栈顶符号为"("而当前输入符号为"#"，即缺少右括号")"，故从栈中弹出"("。

(3) e3：栈顶符号为"#"而当前输入符号为")"，即右括号不配对，故从输入串中删去")"。

表 8.2　带错误信息的算符优先关系表

	+	*	i	(	)	#
+	⋗	⋖	⋖	⋖	⋗	⋗
*	⋗	⋗	⋖	⋖	⋗	⋗
i	⋗	⋗	e1	e1	⋗	⋗
(	⋖	⋖	⋖	⋖	≐	e2
)	⋗	⋗	e1	e1	⋗	⋗
#	⋖	⋖	⋖	⋖	e3	≐

算符优先分析器会产生的另一类错误是：当按优先关系表进行归约时，却发现没有一个产生式的候选式可与分析栈中的"可归约串"匹配，这时应按下述几种情况处理：

(1) 按"+"、"*"归约时，其两端均应有非终结符，否则表示缺少运算对象。

(2) 按"i"归约时，其两端若有非终结符，则表示缺少运算符。

(3) 按"("、")"归约时，在括号之间若没有非终结符，则表示缺少表达式。

LR 分析器是根据分析表来确定各个分析动作的。当分析器处于某一状态 s 并面临输入符号为 a 时，就以符号对(s, a)查 LR 分析表。如果分析表中 ACTION[s, a]栏为"空"(即在分析器当前格局下既不能移进输入符号 a 也不能将其归约)，就表明已经发现了一个语法错误，此时分析器应调用相应的出错处理子程序进行处理。因此，可以在 ACTION 表的每一空白项中填入一个指向相应出错处理子程序的编号。至于每一出错处理子程序所完成的操作，则可根据各类语法错误所在语法结构的特点预先进行设计。通常各出错处理子程序所要完成的校错操作无非是从分析栈或(和)余留输入字符串中插入、删除或修改一些符号。由于 LR 分析器的各个归约动作总是正确的(因为在每次归约之后，分析栈中的内容必然是文法的一个活前缀，而此活前缀即代表输入的那一部分已被成功分析)，故在设计出错处理程序时，应避免将那些与非终结符相对应的状态从栈中弹出。

例如，表 3.21 算术表达式的 SLR(1)分析表(略有改动，实际上改为 LR(0))在增加了错误处理功能后如表 8.3 所示。

表 8.3　具有错误处理的 LR 分析表

状态	ACTION						GOTO
	i	+	*	(	)	#	E
0	s_3	e1	e1	s_2	e2	e1	1
1	e3	s_4	s_5	e3	e2	acc	
2	s_3	e1	e1	s_2	e2	e1	6
3	r_4	r_4	r_4	r_4	r_4	r_4	
4	s_3	e1	e1	s_2	e2	e1	7
5	s_3	e1	e1	s_2	e2	e1	8
6	e3	s_4	s_5	e3	s_9	e4	
7	r_1	r_1	s_5	r_1	r_1	r_1	
8	r_2	r_2	r_2	r_2	r_2	r_2	
9	r_3	r_3	r_3	r_3	r_3	r_3	

其中，错误处理子程序 e1～e4 的含义和功能如下。

(1) e1：在分析器状态 0、2、4 或 5 时，所扫描的输入符号应为"i"或"("；若此时输入符号为"+"、"*"或"#"，就调用此子程序将一假想的"i"与状态 3 压栈并给出"缺少运算量"错误信息。

(2) e2：在分析器状态 0～5 且扫描的输入符号为")"时，调用此程序删除符号")"，并给出"右括号不匹配"错误信息。

(3) e3：在分析器状态 1 或 6 时，所扫描的输入符号应为一运算符；若此时输入符号为"i"或"("，则调用此程序将假想运算符"+"及状态 4 压栈并给出"缺少运算符"错误信息。

(4) e4：当分析器处于状态 6 时，所扫描的输入符号应为运算符或右括号；若此时扫描的输入符号为"#"，则调用此程序将")"和状态 9 压栈并给出"缺少右括号"错误信息。

例 8.3　试根据表 8.3 分析输入串 (i+(*i)# 的错误校正处理过程。

[解答]　按表 8.3 对输入串 (i+(*i)# 的分析及错误校正处理过程如表 8.4 所示。

表 8.4　(i+(*i)# 的分析及错误校正处理过程

步骤	状态栈	符号栈	输入串	说　　　　明
0	0	#	(i+(*i)#	移进
1	02	# (	i+(*i)#	移进
2	023	# (i	+(*i)#	归约
3	026	# (E	+(*i)#	移进
4	0264	# (E+	(*i)#	移进
5	02642	# (E+(	*i)#	调用 e1 将"i"和状态 3 压栈并输出"缺少运算量"
6	026423	# (E+(i	*i)#	归约
7	026426	# (E+(E	*i)#	移进
8	0264265	# (E+(E*	i)#	移进
9	02642653	# (E+(E*i	)#	归约
10	02642658	# (E+(E*E	)#	归约
11	026426	# (E+(E	)#	移进
12	0264269	# (E+(E)	#	归约
13	02647	# (E+E	#	归约
14	026	# (E	#	调用 e4 将")"和状态 9 压栈并输出"缺少右括号"
15	0269	# (E)	#	归约
16	01	# E	#	分析完毕

8.2.2　语义错误校正

对程序语言的语义描述还不存在一种被广泛接受的形式化方法，这给语义错误的校正带来了较大困难。至今仍没有一种较为系统且行之有效的出错处理方法。

语义错误主要来源于在源程序中错用了标识符或表达式(如程序中使用的标识符未经说明、表达式中各运算量的类型不相容等)。校正此种错误的一种简单方法是用一个"正确"的标识符或表达式去代替出错的标识符或表达式，并把新的标识符登入符号表中，同时根据出错处的上下文尽可能将与之相关联的一些属性填入相应的登记项内，然后修改源程序中有关的指针，使之指向这个新登记项，但这种校正未必正确或完全。

下面，简单地讨论如下两个问题：遏止那些由于单个错误所引起的错误株连信息；遏止那些因多次出现同一错误所引起的重复出错信息。

1. 遏止错误株连信息

所谓错误株连，是指当源程序出现一个错误时，此错误将导致发生其它错误，而后者可能并不是一个真正的错误。例如，当编译程序处理一个形如 $A[e_1, e_2, \cdots, e_n]$ 的下标变量时，假定由查符号表得知 A 不是一个数组名，这就出现了一个错误；而其后核对此下标变量的下标个数是否与相应数组的维数一致时，由于 A 不是数组名而查不到内情向量，从而只能认为两者不一致，于是又株连产生了第二个错误。

为了遏止这种株连信息，一种简单的办法是在源程序中用一个"正确"的标识符去替换出错的标识符，同时把新标识符登入符号表中并尽可能填入各种属性。在此，这种符号表登记项是为改正错误而临时插入的，故对它们加以特殊标志。这样就可按下述方法实现遏止株连信息：每当发现一个引起错误的标识符时，就以该标识符的符号表登记项指针作为参数去调用输出出错信息子程序，这个子程序将查看相应的登记项，如果它已加以标志（即此标识符是为改正错误而引入的），则不再输出出错信息。

2. 遏止重复出错信息

在源程序中，如果某一标识符未加说明或者说明不正确，则会导致程序中对该标识符的错误使用。例如，对于下面的程序：

```
int f( int a, int b );
void main( )
{
    char c;
    int i=2,p;
    p=f( i, ++i );
    printf( "%d\n", p );
}
int f( int a, int b )
{
    c=1;
    if( a>b ) c=c+1;
    else c=c-1;
    return c;
}
```

由于未在函数 f 中对整型变量 c 加以说明，因而赋值句中对 c 的每次引用都将输出"变量的类型不相容"错误信息。

防止诸如此类的重复出错信息比较容易。当在源程序中发现使用了一个未经说明的标识符时，就将它登入符号表中，并根据上下文填写所查出的一些属性；再建立另一张表，其中各个登记项有相应标识符的各种错误用法，在遇到一个错用的标识符时就顺序检查这张表。如果以前曾按同样方式使用过该标识符，就不再输出出错信息；否则，除输出出错信息外，还要将本次错用的情况登入该表。

习　题　8

8.1　完成下列选择题：

(1) 符号表的组织方式中不包括_____方式。

　　　A．按标识符种属　　　　B．按标识符名字　　　　C．直接　　　　　　D．间接

(2) 分程序结构的高级语言中，编译程序使用_____来区别标识符的作用域。

　　　A．说明标识符的过程或函数名

　　　B．说明标识符的过程或函数的静态层次

　　　C．说明标识符的过程或函数的动态层次

　　　D．标识符的行号

(3) 在常用的符号表构造和处理方法中，_____符号表常把符号表组织成二叉树形式。

　　　A．线性　　　　　　　　B．无序　　　　　　　　C．散列　　　　　　D．有序

(4) 在目标代码生成阶段，符号表用于_____。

　　　A．目标代码生成　　　B．语义检查　　　　　　C．语法检查　　　　D．地址分配

(5) 错误的局部化是指_____。

　　　A．把错误理解成局部的错误

　　　B．对错误在局部范围内进行纠正

　　　C．当发现错误时，跳过错误所在的语法单位继续分析下去

　　　D．当发现错误时立即停止编译，待用户改正错误后再继续编译

8.2　在编译过程中为什么要建立符号表？

8.3　对出现在各个分程序中的标识符，扫描时是如何处理的？

8.4　对下列程序，当编译程序编译到箭头所指位置时，画出其层次表(分程序索引表)和符号表：

```
program stack( output );
    var m, n: integer;
        r: real;
    procedure setup( ns: integer, check: real );
        var k, l: integer;
        function total( var at: integer, nt: integer ) : integer;
            var i, sum: integer;
            begin
                for i:=1 to nt do sum:=sum+at[i];
                total:=sum;
            end;
        begin
```

$$l:=27+total(\ a,\ ns\ );\ \longleftarrow$$

```
        end;
    begin
        n:=4;
        setup( n, 5.75 )
    end.
```

8.5　已知文法 G[S]：　S→while(e) S

$$\qquad\qquad\qquad\qquad S→\{L\}$$

$$\qquad\qquad\qquad\qquad S→a \qquad\qquad\qquad\qquad //a\ 代表赋值句$$

$$\qquad\qquad\qquad\qquad L→S; L$$

$$\qquad\qquad\qquad\qquad L→S$$

构造该文法的 **LR** 型的错误校正分析程序。

*第 9 章　并行编译技术简介

并行计算机在近 40 年来得到了迅速发展。由于这类计算机在体系结构的各个层次上采用了并行结构，如流水线、向量操作、多处理机等，从而获得了极高峰值速度；当今高性能计算机都是并行计算机，目前最快的并行计算机其运算峰值已达到每秒百亿亿次以上。需要指出的是，在并行计算机上能够获得的实际运行速度在很大程度上还取决于并行程序设计和并行编译技术的水平。因此，并行编译系统已成为现代高性能计算机系统的一个重要组成部分；并行编译技术的发展促进了人们对并行计算机体系结构和并行程序设计的认识，进而又促进了并行计算机体系结构和并行程序设计技术的发展。

9.1　并行计算机体系结构

现代高性能计算机为了克服大规模集成电路和计算机制造工艺水平的限制，满足用户不断增强的高速计算要求，自然地趋于采用并行体系结构来提供高速运算能力。并行体系结构大致可分为向量计算机、共享存储器多处理机和分布式存储器大规模并行计算机三类。

9.1.1　向量计算机

向量是由类型相同的标量数据项组成的集合。向量计算机是具有向量处理能力的计算机，它是在标量处理机的基础上增加了向量处理部分而构成的。向量处理部分通常含有若干向量寄存器、若干向量流水功能部件以及一个控制向量操作长度的寄存器。向量操作可以是算术或逻辑运算、存储器读/写等。与通常标量操作只对一个或一对操作数进行处理不同，向量操作同时对向量的所有元素进行处理；每次向量操作涉及的元素个数由向量长度寄存器控制，当实际向量长度大于系统允许的一次向量操作的最大长度时，可以分段进行处理。

并行编译针对向量计算机的一个重要功能就是串行程序向量化。显然，程序中的向量成分越多，向量机的运行效率就越高。向量化自动地寻找源程序中可以向量化的循环，必要时可对循环作适当的改写或变换，以利于进行向量化计算。

9.1.2　共享存储器多处理机

共享存储器多处理机是由多个处理机和一个共享存储器以及专门的同步通信部件构成的计算机系统，其结构如图 9-1 所示。其中，P_0、P_1、$\cdots$、P_{n-1} 为同构的处理机，这些处理机可以是标量机也可以是向量机，每个处理机可以执行相同或不同的指令流。这些处理机共享一个中央存储器，并且它们可以同时访问存储器中的数据；但一个处理机能够访问哪

些数据、一个数据应由哪些处理机访问以及访问的先
后次序都是由程序控制的(硬件无法控制)。同步通信
部件提供了处理机之间同步通信的硬件支持。

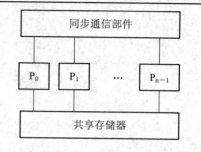

图 9-1　共享存储器多处理机结构示意图

　　共享存储器多处理机在更大范围内提供了并行
处理能力。向量机只能并行处理向量操作，而多处理
机则可执行多个循环迭代、语句块以及子程序段。当
多处理机系统的每个处理机都是向量处理机时，还可
以实现高层次的并行处理和低层次的向量处理，运算
速度上也大大优于向量计算机。

　　共享主存多处理机的并行编译系统有许多专门工作要做，它包括：

　　(1) 串行程序并行化：识别串行程序中可以并行执行的部分，并将它们表示成可在多
个处理机上并行执行的多个任务。通常并行化的对象是循环，即将可并行执行的循环改写
成并行语法形式或在其前面插入并行化编译指导命令。

　　(2) 编译并行语法成分：将采用并行语言或并行编译指导命令表示的并行程序转换成
可由多个处理机并行执行的目标程序。并行程序的执行包括任务调度、处理机分配和任务
同步等，并且由并行机系统中的并行库来提供完成这些工作的子程序。因此，并行编译要
做的工作就是在程序中的适当位置插入对这些库子程序的调用，以实现并行语法或并行编
译指导命令所要求的并行控制，同时还要恰当的进行存储分配，根据要求使各种数据或私
有化或全局化。

9.1.3　分布式存储器大规模并行计算机

　　分布式存储器大规模并行计算机是由成千上万
个终点构成的并行机，每个结点都有自己的处理器
和存储器，结点之间通过互联网络相连，其体系结
构示意如图 9-2 所示，其中，P_0、P_1、…、P_{n-1} 为处
理机，通常是微处理器；M_0、M_1、…、M_{n-1} 是局部
存储器；每一对 P_i 和 M_i 构成一个结点 N_i。这类计
算机的特点是对远程存储器访问的时间要远远多于
对本地存储器的访问时间。后来研制的分布式共享
存储大规模并行机，增加了由硬件支持处理机访问
远程存储器的功能，在一定程度上缩短了访问时间。

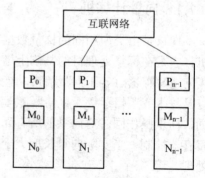

图 9-2　分布式存储器大规模并行
计算机结构示意图

　　分布式存储器大规模并行机得以发展的原因，
一方面是它的结点机由微处理机构成，这相对于向量机而言要廉价得多；另一方面是硬件
不存在共享存储器的瓶颈问题，因而可以将成千上万个结点连接在一起获得极高的峰值运
算速度。

　　数据并行程序设计语言是分布式存储器大规模并行机上主要的并行程序设计语言，它
主要扩充了数据分布和并行任务的描述能力。这种数据并行语言使用户能够用比较简单和
直观的方法来编写并行程序，而不拘泥于并行库子程序的调用细节。

　　目前大规模并行机上的并行编译系统主要是针对数据并行语言的，其主要处理有：

(1) 数据分布：目的是提高数据的局部性和并行性，减少通信开销，从而提高程序的执行速度。并行编译根据程序中的数据分布描述将数据按用户指定的方式或编译内定的方式分配到各个结点的存储器上。

(2) 任务划分：指如何在多处理机上分配并行任务，使得程序可以高效地并行执行。针对分布式存储器，大规模并行机的任务划分原则是尽可能使计算与参与计算的数据同属于相同处理机。数据并行语言一般提供了循环一级的并行描述，并行编译的任务划分就是确定并行循环的迭代如何分配到多个处理机上去执行。

(3) 同步与通信：并行编译对同步与通信的处理包括确定同步与通信点并插入相应的并行库子程序调用，其二是进行同步通信优化。

9.2　并行编译技术

9.2.1　并行编译技术的概念

随着并行计算机的发展，并行编译技术也在不断发展、分化。按照针对目标机的体系结构分类，并行编译技术可分为向量编译技术和并行编译技术两类。针对向量机的向量编译技术，是使用处理机的向量运算来加速一个程序运行的技术，主要包括串行程序向量化技术和向量语言处理技术。并行编译技术是针对共享存储器并行机和并行程序的，是一种实行使多个处理机同时执行一个程序的技术。不同的并行程序设计技术要用不同的并行编译技术来支持，可以把并行编译技术分成串行程序并行化技术、并行语言处理技术、并行程序组织技术这三个方面。

并行编译的关键技术是程序的并行化。程序并行化的对象可以是串行程序，也可以是并行程序。通过对程序进行依赖关系分析，可以确定程序中哪些部分可以并行化，哪些部分存在妨碍并行化的依赖关系。而并行化技术可以将一些妨碍并行化的依赖关系消除，从而使程序被更有效地并行化。

程序并行化一般是针对循环进行的。为了尽可能地挖掘程序中的并行性，并行编译系统需要对循环施加一些等价变换以增加循环的粒度，最大限度地利用并行计算机体系结构特点。实际上，并行化技术就是一种优化技术，它对程序实施以实行并行执行、提高运行速度为目的的等价变换，因此又称之为程序变换技术。程序并行化时所关心的是正确性和效率这两个方面：既要改善程序的性能，又不能破坏程序的正确性。因此，进行程序变换时要保证变换前后的程序在语义上是等价的。

对一个程序来说，并行化的对象可以是子程序、循环和语句块，但串行程序自动并行化技术主要是针对循环的。由于循环一般占用程序的大部分运行时间，而循环的并行化分析和改写又相对容易，所以在这方面进行了大量的研究并取得了较好的效果。针对循环并行化的循环变换，其效率不仅与目标机的体系结构和系统软件的支持有关，而且也与循环的迭代次数和循环体的粒度有关。由于循环变换需要花费一定的开销，因此是否实施循环变换还要权衡得失。由于子程序和语句块的并行化分析和改写不太规则，因而这方面的技术发展较慢，但子程序并行化的一个明显优点是并行的粒度较大。

对程序进行并行化时通常要施加多种并行化变换,每一种变换可能带来一定的效益但也会花费一定的开销;各种变换之间可能相互有一定的影响,并且实施各种变换的顺序和变换的时刻的不同会产生不同的效果。

并行语言处理技术指的是对并行语言或指导命令进行语法语义分析,采用适当的任务调度、同步和通信方式,生成正确高效的并行指令的技术。此外,并行程序要在多机上执行,硬件只可能提供一些同步通信支持。因此,多指令流的创建、控制和终止以及多数据流的管理等,都要由编译系统在操作系统和并行库的支持下来实现,这就是并行程序组织技术。

9.2.2　并行编译系统的功能和结构

并行编译系统的功能就是将并行源程序转换为并行目标代码,它可以分为如下两类:

(1) 不具有自动并行化功能的系统:这类系统以程序员编写的并行程序为输入,将其编译成并行目标程序。在共享存储器并行机上,这类系统要有栈式存储分配和程序可再入功能。此外,这类系统又可分为两个子类:一是只能处理并行编译指导命令或并行运行库子程序调用系统,二是能处理并行语言的系统。

(2) 具有自动并行化功能的系统:串行程序自动并行化功能可以由独立于并行编译器的并行化工具来实现,也可以由嵌入在并行编译器中作为一遍扫描的并行化过程来实现。

有些并行编译系统既具有串行程序自动并行化的功能,又具有处理并行语言的功能,从而为并行程序设计提供了更有力的支持。

向量编译系统包括向量化工具和向量编译器。并行编译系统包括并行化工具、并行编译器和并行运行库等,其结构图如图 9-3 所示。并行化工具可以独立于并行编译器,也可嵌入其中,其输入是串行源程序,输出是并行源程序。并行编译器通常包括预处理器、前端、主处理器和后端四个部分。预处理器的输入是经过并行化工具改写的或用户自己编写的并行源程序,预处理器根据并行编译指导命令对源程序进行改写,或插入适当的并行运行库子程序调用;前端对程序进行词法和语法分析,将程序转换成中间形式;主处理器对中间形式的程序进行处理和优化;后端将中间形式的程序转换成并行目标程序并同时完成面向体系结构或并行机制的优化;后端也可生成源语言加编译指导命令的程序或并行源语言的程序(这样的并行编译器为源到源的并行编译器)。

注意,一个编译器可以有几个预处理

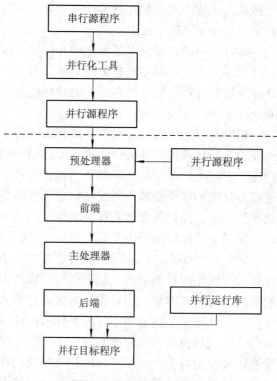

图 9-3　并行编译系统结构

器和前端来分别处理不同的语言或不同并行机制的程序；一个编译器也可以有几个后端来分别针对不同的机器或并行机制。由于采用了这种组织结构，现在的并行编译器可以是多语言、多工作平台、多目标机和多并行机制的。

9.3　自动并行编译

利用并行编译技术将已有的串行代码直接并行化是并行化应用程序最理想的方法。并行编译和串行编程有着本质的区别，并行程序开发涉及并行算法、并行语言、并行软硬件支持环境等多方面。并行语言是联系并行算法和并行软硬件支持环境的纽带。大部分并行语言都加入了描述性语言成分(对原有串行语言进行扩展)，把并行性的主要责任交给编译器，用户只需要根据算法利用并行语言描述出并行性即可，从而将用户从繁重的代码手工并行化工作中解放出来。

这种在串行语言基础上扩充显式开发并行性成分的方法，其一是采用带关键字注释行的方式来扩充形成并行编译指导命令。在这种情况下，并行程序设计是由用户或并行编译系统自动地或交互地在串行程序中插入编译指导命令。如果输入全部为串行程序，则编译器称为全自动并行编译器；如果输入为带编译指导命令的串行程序，则编译器称为半自动并行编译器。其二是扩充并行语句。在这种情况下，用户可用原有的串行语言成分和扩充的显式表达并行性的语言成分来编写并行程序，或对已有的串行程序进行扩充。

自动并行编译为并行化现有的串行程序及编写新的并行程序提供了重要支持，因此，40 年来一直受到重视。自动并行编译为充分发挥并行计算环境不断增强的计算能力提供了一条重要途径，它有以下优点：

(1) 在缺乏被普遍接受的并行程序设计语言的情况下，自动并行化工具能有效解决代码的可重用和可移植问题。

(2) 解决了用一种语言难以显式地表达从指令层到任务层各个层次的并行性，并进行基于体系结构的优化问题。

(3) 自动并行化工具为大量存在于应用领域的，并经过长时间的设计、使用和测试的成熟大型串行应用程序的并行化提供了唯一可行的选择。

自动并行编译要比半自动并行编译困难得多，主要是因为编译器难以确定较好的数据分布和计算分割方式。通过加入并行编译指导命令，用户可以把一些编译器难以确定的信息告诉编译器，使编译器能够生成高效的并行目标代码。

自动并行编译牵涉到数据依赖关系分析、程序变换、数据分布及调度等许多技术。如果说基于共享内存的自动并行编译技术已具有一定程度的实用性，则基于分布内存的技术因数据分布的困难而离实用化还有相当一段距离。自 20 世纪 90 年代以来，对自动并行编译技术的研究有了很大进展，出现了一批有代表性的自动并行化系统。

9.3.1　依赖关系分析

循环体中的依赖关系分析和过程间依赖关系分析的质量决定了数据并行性和任务并行性的开发程度，多年来它们一直是研究的热点。

1. 循环体中的依赖关系分析

循环占用了串行程序的绝大部分执行时间。因此，对循环体的依赖关系分析一直是最受关注的。早期的工作主要集中于数组是线性下标的精确方法和运行速度足够快的近似方法，分析也都是静态的。因此，在大多数情况下只能得到保守的结果。现在的依赖关系分析可以归结为求解一组任意的线性等式和不等式集合的整数解，即整数规划问题，使用这种方法得到了速度快且精确的结果。

以往绝大多数依赖关系分析方法要求循环边界和数组下标循环索引变量的线性函数表示，而不能处理循环边界和数组下标中出现非线性表达式的情况，因此对一部分程序不能进行分析。现在则是通过确定一组符号不等式是否得到保持的符号处理方法来处理循环边界和数组下标是符号和非线性表达式的情况。

依赖关系分析方法按分析的时刻可分为静态分析和运行时分析两种。静态分析方法用于内存存取模式静态确定的规则程序；运行时分析方法则用于内存存取模式在运行时才知道的不规则程序，及由于内存存取模式复杂而不能用静态分析算法分析的内存存取模式来静态确定的规则程序。现在可采取的是从循环中抽取一个"观察"循环，通过它的执行来判断在考虑数组私有化和归约并行后循环能否并行化，若不能并行化则串行执行循环；对"观察"循环的执行是要求其不能改变程序的状态。由于抽取"观察"循环困难，以及在某些情况下不可能在不影响程序状态下执行"观察"循环，一种改进的措施是首先保存程序状态，在执行循环同时判定循环的可并行性，如果循环执行结束后发现循环不能并行，则恢复循环执行前的状态重新串行执行循环。

2. 过程间的依赖关系分析

传统上有两种方式用于处理程序中的过程调用。第一种是过程嵌入方法，即在过程被调用处直接加入过程体的一个副本。这种方法的优点是对过程的优化可以根据调用点的上下文来进行，而缺点是可能导致程序代码的过度膨胀以及编译时间过长，并且可能有一些过程(如递归过程)不能被嵌入。第二种是上下文不敏感的过程间的数据流分析技术，即在分析一个过程时将所有调用点信息的综合作为入口信息，因此每个调用点所获得的被调用过程的信息将是一致的。采用这种技术的优点是只需为每个过程生成一个实现，其缺点主要是对具体调用点而言不够精确，这将影响过程和整个程序的优化。目前采用的过程繁衍技术集中了上述两种方式的优点，即对源程序中任意一个过程生成多个实现，并根据过程调用的上下文对同一过程的不同调用点进行分类，每一个实现对应一类调用点。依据各类调用点获得不同程序属性信息，来对过程施加不同的程序变换及优化，从而生成不同的实现；程序中的调用点将根据其上下文属性信息来确定调用过程的某个实现。这种方法的优点一是过程副本少于过程嵌入，不致于程序过度膨胀；二是可以有针对性地对过程实现进行优化。

传统的过程间数据流分析或是由于全部采用过程嵌入技术而难以分析大程序，或是由于缺少特定路径的过程间信息而精度不够，或是分析的效率太低。为了获得精确的过程间信息，现在采用一种基于区域的流敏感分析技术，即根据程序中每条可能的控制流路径导出分析结果，使得分析的精度和效率都得到提高。对于程序中由多条路径激活的过程，则采用选择性过程繁衍技术，即只有在能提供优化机会时才使用路径特定信息，这样既可得到与完全嵌入相同的精度，也避免了不必要的复制。

对过程中的数组区域来说，传统的描述方法只是描述单区域。由于合并操作的不封闭性，采用单区域描述合并操作的结果只能采用近似方法，这样会丢失概要信息，而使用规则数组区域的链表来表示访问区域，可为数组概要信息提供更精确的表示，并有利于数组私有化等优化措施的进行。

3．指针分析

指针分析的目的，是在程序中的每一个语句位置识别出指针的可能值，以便为指针别名分析提供更精确的信息。目前指针分析的研究主要集中于面向过程的语言。

9.3.2　程序转换及数据分布

1．数组私有化

在程序并行化中，数组私有化、归约操作并行化和广义归纳变量替换是开发并行性最重要的程序转换技术，在此我们仅涉及数组私有化问题。

标量或数组的私有化是指将标量或数组的拷贝分配于每一个处理节点。私有化可以消除循环反依赖和输出依赖。开发并行性标量的私有化技术已被普遍采用，而由于确认可私有化数组的复杂性，导致数组私有化技术还未被普遍采用。

数组私有化判定的条件很简单：如果数据项在循环迭代中定值先于引用，则可私有化。为了发现这些信息，需要对数组或数组的定值和引用进行复杂的分析。由于可私有化的数据结构常常是数组的一部分，它的范围一般由标量变量的值确定，而确定这些标量变量的值常常需要进行过程间分析，这包括对变量的值、变量间关系、关系保持条件的分析以及过程间的常量传播和符号值传播；且分析的精确程度还与编译器对数组区域的表示能力有关。因此，数组私有化能力的开发密切依赖于过程间分析的能力。

2．数据分布

对基于分布内存的自动并行化系统而言，数据分布的选择对程序性能的影响多高都不过分。数据分布的选择依赖于目标机器、问题大小以及可用的处理器数量。

数据分布的一个研究热点是自动数据分布，即在程序分析的基础上全盘考虑数据分布与计算分割的需要，推导出一个全局较优的数据分布模式，从而在开发程序并行性的同时，减少程序中通信、同步的开销。但是由于确定数据分布策略是 NP-难题，故已提出的算法大多是启发性算法。

对于数据重分布，其重分布开销是由索引计算和处理器间通信两部分组成。减少重分布开销的方法是采用一种有效的索引计算方法来降低索引计算时间。此外，如果在重分布算法中不使用通信调度则可能发生通信竞争，由此导致通信等待时间增加。解决的办法是：首先产生表示发送结点和接收结点之间通信关系的通信表，根据通信表进而产生通信调度表，通信调度表的每一列是每一通信步接收结点编号的排列。这样的通信是无竞争的。

9.3.3　调度

并行编译中的调度研究是如何分配给处理器一个作业的任务，以使得作业的执行时间最短；这个工作一般由编译系统和运行环境负责。在编译时刻进行的调度工作称为静态调度，在运行时刻进行的调度工作称为动态调度。静态调度已有很多研究成果；由于在很多情况下程序任务图的计算粒度和通信代价只有程序运行时才能知道，例如循环结点的迭代次数，因此根据运行时的粒度大小和通信代价来进行动态调度越来越受重视。

1．动态分配处理器

由于并行开销的存在，可能使某些可并行循环由于粒度不够大而导致并行执行反而比串行执行慢的现象发生。由于并行开销是程序、程序输入以及机器配置的函数，即只有在运行时才能确定。解决的方法是：对每一循环，首先并行执行并获得其执行时间，判定算法据此判定此循环的并行执行是否有并行开销支配，若是则此循环串行执行。

由于很多应用程序并不具有加速比随处理器数量增加而单调增加的现象，即应用程序的性能可能随着输入数据的变化而发生明显的变化，但事先确定最佳数量的处理器有时是不可能的。作业的加速比可能随着时间的变化而发生明显的变化，但可能不存在对一个作业的执行生命周期来说都是最优的静态处理器分配方案。目前出现的循环并行应用程序执行过程中自动调节处理器分配数量的系统采用如下方法：

(1) 动态地测量作业 job 在分配了不同处理器数量时的效率。

(2) 使用已测量的数据计算相应的加速比。

(3) 自动调节处理器分配数量来最大化加速比。

2．工作站网络的动态调度

由于典型的工作站大量时间空闲且单机价格比超级计算机的一个结点便宜，所以工作站网络为大规模的应用程序提供了强大的廉价计算资源。但是由于工作站加入和退出计算的随意性，工作站网络的调度适合采用动态调度。

工作站网络的调度面临的主要挑战是其通信启动开销远大于超级计算机，而通信带宽则远小于超级计算机。因此，其调度目标是针对一些应用程序，调度器能够将处理器之间的通信所带来的通信性能降低，但不影响整个应用程序的性能。目前采用的"空闲启动"技术，即空闲计算机主动寻找作业而不是等待分配作业的技术，它由宏层和微层两层调度构成。宏层负责将处理器分派给并行作业，并采用如下策略：

(1) 分用处理器。

(2) 处理器随作业并行性的增减而动态地加入或退出。

(3) 允许工作站对机器保留特权。

微层负责将构成特定并行作业的任务分派给参与此作业处理的处理器，它采用如下策略：

(1) 维护通信和内存局部性。

(2) 适应动态并行性。

自动并行编译在近年有了长足的进步，特别是基于共享内存自动并行化系统已达到实用阶段，但基于分布内存的自动并行化系统实用化还需假以时日。为了开发更加实用和强大的自动并行化系统，还需要对下述问题加以研究：

(1) 开发通用的编译器研究平台。编译技术如果脱离了编译器是没有意义的，为了使新的编译技术能够容易地集成于编译器上，以便测试和评价其性能，需要独立的编译器平台。

(2) 收集大量与实际应用有关的测试程序。测试编译技术离不开测试程序，很好刻画实际程序性质的测试程序对推进编译器技术的发展具有不可取代的作用。

(3) 开发高效的编译算法。为了将编译器的运行时间限制在可接受范围内，包括依赖关系分析问题、多种循环重构技术的选择和组合问题、数据分布的选择、通信的优化、任务粒度的动态控制等问题，都需要更高效的算法出现。

(4) 开发自适应代码的产生算法。由于运行系统的变化性和程序对输入的依赖，为了提高加速比需要开发产生自动适应系统变化和程序输入的代码算法，包括运行时刻的依赖关系分析问题、运行时的数据分布和动态调度算法。

附录 1　8086/8088 指令码汇总表

Mnemonic and Description	Instruction Code			
DATA TRANSFER	76543210	76543210	76543210	76543210
MOV=Move:				
Register/Memory to/from Register	100010dw	mod reg r/m		
Immediate to Register/Memory	1100011w	mod 000 r/m	data	data if w=1
Memory to Register	1011wreg	data	data if w=1	
Memory to Accumulator	1010000w	addr-low	addr-high	
Accumulator to Memory	1010001w	addr-low	addr-high	
Register/Memory to Segment Register	10001110	mod 0reg r/m		
Segment Register to Register/Memory	10001100	mod 0reg r/m		
PUSH=Push:				
Register/Memory	11111111	mod 110 r/m		
Register	01010reg			
Segment Register	000reg110			
POP=Pop:				
Register/Memory	10001111	mod 000 r/m		
Register	01011reg			
Segment Register	000reg111			
XCHG=Excgange:				
Register/Memory with Register	1000011w	Mod reg r/m		
Register With Accumulator	10010reg			
IN=lnput from:				
Fixed Port	1110010w	port		
Variable Port	1110110w			
OUT=Output to:				
Fixed Port	1110011w	port		
Variable Port	1110111w			
XLAT=Translate Byte to AL	11010111			
LEA=Load EA to Register	10001101	mod reg r/m		
LDS=Load Pointer to DS	11000101	mod reg r/m		

LES=Load Pointer to ES	11000100	mod reg r/m		

LAHF=Load AH With Flags	10011111

SAHF=Store AH into Flags	10011110

PUSHF=Push Flags	10011100

POPF=Pop Flags	10011101

ARITHMETIC

ADD=Add:

Reg./Memory With Register to Either	000000dw	mod reg r/m		
Immediate to Register/Memory	100000sw	mod 000 r/m	data	data if sw=01
Immediate to Accumlator	0000010w	data	data if w=1	

ADC=Add with Carry:

Reg./Memory with Register to Either	000100dw	mod reg r/m		
Immediate to Register/Memory	100000sw	mod 010 r/m	data	data if sw=01
Immediate to Accumulator	0001010w	data	data if w=1	

INC=Increment:

Register/Memory	1111111w	mod 000 r/m
Register	01000reg	

AAA=ASCII Adjust for Add	00110111

DAA=Decimal Adjust for Add	00100111

SUB=Subtract:

Reg./Memory and Register to Either	001010dw	mod reg r/m		
Immediate from Register/Memory	100000sw	mod 101 r/m	data	data if s w=01
Immediate from Accumulator	0010110w	data	data if w=1	

SSB=Subtract with Borrow

Reg./Memory and Register to Either	000110dw	mod reg r/m		
Immediate from Register/Memory	100000sw	mod 011 r/m	data	data if sw=01
Immediate from Accumulator	000111w	data	data if w=1	

DEC=Decrement:

Register/Memory	1111111w	mod 001 r/m
Register	01001 reg	

NEG=Change sign	1111011w	mod 011 r/m

CMP=Compare:

Register/Memory and Register	001110dw	mod reg r/m		
Immediate with Register/Memory	100000sw	mod 111 r/m	data	data if sw=01
Immediate with Accumulator	0011110w	data	data if w=1	

AAS=ASCII Adjust for Subtract	00111111			
DAS=Decimal Adjust for Subtract	00101111			
MUL=Multiply(Unsigned)	1111011w	mod 100 r/m		
IMUL=Integer Multiply(Signed)	1111011w	mod 101 r/m		
AAM=ASCII Adjust for Multiply	11010100	00001010		
DIV=Divide(Unsigned)	1111011w	mod 110 r/m		
IDIV=Integer Divide(Signed)	1111011w	mod 111 r/m		
AAD=ASCII Adjust for Divide	11010101	00001010		
CBW=Convert Byte to Word	10011000			
CWD=Convert Word to Double Word	10011001			
LOCIC				
NOT=Invert	1111011w	mod 010 r/m		
SHL/SAL=Shift Logical/Arithmetic Left	110100vw	mod 100 r/m		
SHR=Shift Logical Right	110100vw	mod 101 r/m		
SAR=Shift Arithmetic Right	110100vw	mod 111 r/m		
ROL=Rotate Left	110100vw	mod 000 r/m		
ROR=Rotate Right	110100vw	mod 001 r/m		
RCL=Rotate Through Carry Flag Left	110100vw	mod 010 r/m		
RCR=Rotate Through Carry Flag Right	110100vw	mod 011 r/m		
AND=And:				
Reg./Memory and Register to Either	001000dw	mod reg r/m		
Immediate to Register/Memory	1000000w	mod 100 r/m	data	data if w=1
Immediate to Accumulator	0010010w	data	data if w=1	
TEST=And Function to Flags, No Result:				
Register/Memory and Register	1000010w	mod reg r/m		
Immediate Data and Register/Memory	1111011w	mod 000 r/m	data	data if w=1
Immediate Data and Accumulator	1010100w	data	data if w=1	
OR=Or:				
Reg./Memory and Register to Either	000010dw	mod reg r/m		
Immediate to Register/Memory	1000000w	mod 001 r/m	data	data if w=1
Immediate to Accumulator	0000110w	data	data if w=1	
XOR=Exclusive or:				
Reg./Memory and Register to Either	001100dw	mod reg r/m		
Immediate to Register/Memory	1000000w	mod 110 r/m	data	data if w=1
Immediate to Accumulator	0011010w	data	data if w=1	

STRING MANIPULATION

REP=Repeat	1111001z
MOVS=Move Byte/Word	1010010w
CMPS=Compare Byte/Word	1010011w
SCAS=Scan Byte/Word	1010111w
LODS=Load Byte/Word to AL/AX	1010110w
STOS=Store Byte/Word from AL/AX	1010101w

CONTROL TRANSFER

CALL=Call:

Direct within Segment	11101000	disp-low	disp-high
Indirect within Segment	11111111	mod 010 r/m	
Direct Intersegment	10011010	offset-low	offset-high
		seg-low	seg-high
Indirect intersegment	11111111	mod 011 r/m	

JMP=Unconditional Jump:

Direct within Segment	11101001	disp-low	disp-high
Direct within Segment Short	11101011	disp	
Indirect within Segment	11111111	mod 100 r/m	
Direct Intersegment	11101010	offset-low	offset-high
		seg-low	seg-high
Indirect Intersegment	11111111	mod 101 r/m	

RET=Return from CALL:

Within Segment	11000011		
Within Segment Adding Immed to SP	11000010	data-low	data-high
Intersegment	11001011		
Intersegment Adding Immediate to SP	11001010	data-low	data-high
JE/JZ=Jump on Equal/Zero	01110100	disp	
JL/JNGE=Jump on Less/Not Greater or Equal	01111100	disp	
JLE/JNG=Jump on Less or Equal/Not Greater	01111110	disp	
JB/JNAE=Jump on Below/Not Above or Equal	01110010	disp	
JBE/JNA=Jump on Below or Equal/Not Above	01110110	disp	
JP/JPE=Jump on Parity/Parity Even	01111010	disp	
JO=Jump on Overflow	01110000	disp	
JS=Jump on Sign	01111000	disp	
JNE/JNZ=Jump on Not Equal/Not Zero	01110101	disp	
JNL/JGE=Jump on Not Less/Greater or Equal	01111101	disp	

JNE/JG=Jump on Not Less or Equal/Greater	01111111	disp
JNB/JAE=Jump on Not Below/Above or Equal	01110011	disp
JNBE/JA=Jump on Not Below or Equal/Above	01110111	disp
JNP/JPO=Jump on Not Par/Par Odd	01111011	disp
JNO=Jump on Not Overflow	01110001	disp
JNS=Jump on Not Sign	01111001	disp
LOOP=Loop CX Times	11100010	disp
LOOPZ/LOOPE=Loop While Zero/Equal	11100001	disp
LOOPNZ/LOOPNE=Loop While Not Zero/Equal	11100000	disp
JCXZ=Jump on CX Zero	11100011	disp
INT=interrupt		
Type Specified	11001101	type
Type 3	11001100	
INTO=Interrupt on Overflow	11001110	
IRET=Interrupt Return	11001111	
PROCESSOR CONTROL		
CLC=Clear Carry	11111000	
CMC=Complement Carry	11110101	
STC=Set Carry	11111001	
CLD=Clear Direction	11111100	
STD=Set Direction	11111101	
CLI=Clear Interrupt	11111010	
STI=Set Interrupt	11111011	
HLT=Halt	11110100	
WAIT=Wait	10011011	
ESC=Escape(to External Device)	11011xxx	mod xxx r/m
LOCK=Bus Lock Prefix	11110000	

附录 2　8086/8088 指令编码空间表

主操作码空间

	0	1	2	3	4	5	6	7	8	9	A	B	C	D	E	F
0	ADD r/m,reg	ADD w r/m,reg	ADD d reg,r/m	ADD d w reg,r/m	ADD AL,imm	ADD w AX,imm	PUSH ES	POP ES	OR r/m,reg	OR w r/m,reg	OR d reg,r/m	OR d w reg,r/m	OR AL,imm	OR w AX,imm	PUSH CS	POP CS
1	ADC r/m,reg	ADC w r/m,reg	ADC d reg,r/m	ADC d w reg,r/m	ADC AL,imm	ADC w AX,imm	PUSH SS	POP SS	SBB r/m,reg	SBB w r/m,reg	SBB d reg,r/m	SBB d w reg,r/m	SBB AL,imm	SBB w AX,imm	PUSH DS	POP DS
2	AND r/m,reg	AND w r/m,reg	AND d reg,r/m	AND d w reg,r/m	AND AL,imm	AND w AX,imm	SEGMENT ES	DAA	SUB r/m,reg	SUB w r/m,reg	SUB d reg,r/m	SUB d w reg,r/m	SUB AL,imm	SUB w AX,imm	SEGMENT CS	DAS
3	XOR r/m,reg	XOR w r/m,reg	XOR d reg,r/m	XOR d w reg,r/m	XOR AL,imm	XOR w AX,imm	SEGMENT SS	AAA	CMP r/m,reg	CMP w r/m,reg	CMP d reg,r/m	CMP d w reg,r/m	CMP AL,imm	CMP w AX,imm	SEGMENT DS	AAS
4	INC AX	INC CX	INC DX	INC BX	INC SP	INC BP	INC SI	INC DI	DEC AX	DEC CX	DEC DX	DEC BX	DEC SP	DEC BP	DEC SI	DEC DI
5	PUSH AX	PUSH CX	PUSH DX	PUSH BX	PUSH SP	PUSH BP	PUSH SI	PUSH DI	POP AX	POP CX	POP DX	POP BX	POP SP	POP BP	POP SI	POP DI
6																
7	JO	JNO	JB/JNAE	JNB/JAE	JE/JZ	JNE/JNZ	JBE/JNA	JNBE/JA	JS	JNS	JP/JPE	JNP/JPO	JL/JNGE	JNL/JGE	JLE/JNG	JNLE/JG
8	...	... w	... s	... sw	TEST r/m,reg	TEST w r/m,reg	XCHG r/m,reg	XCHG w r/m,reg	MOV r/m,reg	MOV w r/m,reg	MOV d reg,r/m	MOV d w reg,r/m	MOV r/m,seg	LEA reg,r/m	MOV seg,r/m	...
9	XCHG AX,AX	XCHG CX,AX	XCHG DX,AX	XCHG BX,AX	XCHG SP,AX	XCHG BP,AX	XCHG SI,AX	XCHG DI,AX	CBW	CWD	CALL inter	WAIT	PUSHF	POPF	SAHF	LAHF
A	MOV AL,mem	MOV AX,mem	MOV mem,AL	MOV mem,AX	MOVS	MOVS w	CMPS	CMPS w	TEST AL,imm	TEST w AX,imm	STOS	STOS w	LODS	LODS w	SCAS	SCAS w
B	MOV AL,imm	MOV CL,imm	MOV DL,imm	MOV BL,imm	MOV AH,imm	MOV CH,imm	MOV DH,imm	MOV BH,imm	MOV AX,imm	MOV CX,imm	MOV DX,imm	MOV BX,imm	MOV SP,imm	MOV BP,imm	MOV SI,imm	MOV DI,imm
C			RET intra+	RET intra	LES reg,r/m	LDS reg,r/m	MOV r/m,imm	MOV w r/m,imm			RET inter+	RET inter	INT type 3	INT	INTO	IRET
D	...	... w	... v	... vw	AAM	AAD		XLAT	ESC 0	ESC 1	ESC 2	ESC 3	ESC 4	ESC 5	ESC 6	ESC 7
E	LOOPNZ/LOOPNE	LOOPZ/LOOPE	LOOP	JCXZ	IN AL,port	IN w AX,port	OUT port,AL	OUT w port,AX	CALL intra	JMP intra	JMP inter	JMP short	IN AL,var	IN w AX,var	OUT var,AL	OUT w var,AX
F	LOCK		REP/REPNE/REPNZ	REPE/REPZ	HLT	CMC	...	... w	CLC	STC	CLI	STI	CLD	STD	...	... w

注：...的意思是参见次操作码空间。

次操作码空间（第二个字节内的操作码）

	0	1	2	3	4	5	6	7
80～83	ADD r/m, imm	OR r/m, imm	ADC r/m, imm	SBB r/m, imm	AND r/m, imm	SUB r/m, imm	XOR r/m, imm	CMP r/m, imm
8F	POP r/m							
D0～D3	ROL r/m	ROR r/m	RCL r/m	RCR r/m	SHL/SAL r/m	SHR r/m		RAR r/m
F6～F7	TEST r/m, imm		NOT r/m	NEG r/m	MUL r/m	IMUL r/m	DIV r/m	IDIV r/m
FE	INC r/m	DEC r/m						
FF	INC w r/m	DEC w r/m	CALL intra	CALL inter	JMP intra	JMP inter	PUSH r/m	

参 考 文 献

[1] 陈火旺，钱家骓，孙永强. 程序设计语言编译原理. 北京：国防工业出版社，1984

[2] 陈火旺，刘春林，等. 程序设计语言编译原理. 3版. 北京：国防工业出版社，2000

[3] 蒋立源，康慕宁. 编译原理. 西安：西北工业大学出版社，2000

[4] 吕映芝，张素琴. 蒋维杜. 编译原理. 北京：清华大学出版社，1998

[5] 胡伦骏，徐兰芳. 刘建农. 编译原理. 北京：电子工业出版社，2002

[6] 侯文永，张冬茉. 编译原理. 北京：电子工业出版社，2002

[7] 崔冬华，冯秀芳，范辉. 编译原理简明教程. 北京：电子工业出版社，2002

[8] 郑洪. 编译原理. 北京：中国铁道出版社，2006

[9] 胡元义. 编译原理教程. 4版. 西安：西安电子科技大学出版社，2015

[10] 胡元义，等. 编译原理教程. 西安：西安电子科技大学出版社，2003

[11] 胡元义，邓亚玲，谈妹辰.《编译原理教程》习题解析与上机指导. 4版. 西安：西安电子科技大学出版社，2017

[12] 胡元义，等. 编译原理课程辅导与习题解析. 北京：人民邮电出版社，2002

[13] 胡元义，邓亚玲，胡英. 编译原理实践教程. 西安：西安电子科技大学出版社，2002

[14] 胡元义，等. 编译原理辅导. 西安：西安电子科技大学出版社，2001

[15] 胡元义，等. 编译原理考研全真试题与解答. 西安：西安电子科技大学出版社，2002

[16] 胡元义，等. C语言与程序设计. 西安：西安交通大学出版社，2010

[17] 胡元义，李长河. 预测分析法与人工智能. 第二届全球华人智能控制与智能自动化会议，西安：1997，6

[18] Hu Yuanyi, Deng Yaling, Hu Ying. Application of LR analyzer to artificial intelligence. Proceedings of the 3rd World Congress on Intelligent Control and Automation, 2000